"十四五"职业教育国家规划教材

国家职业教育软件技术专～～～～～～设奖
教学资源库配套教材

JSP 程序设计
案例教程（第3版）

▶主　编　宁云智　刘志成
▶副主编　刘雄军　肖素华
　　　　　裴来芝　林东升

中国教育出版传媒集团

高等教育出版社·北京

内容简介

　　本书为"十四五"职业教育国家规划教材，也是国家职业教育软件技术专业教学资源库配套教材。本书第2版曾获首届全国教材建设奖全国优秀教材二等奖。

　　本书通过一个电子商城系统的完整案例，详细介绍了使用JSP技术进行Web应用开发的基础知识和编程技巧，主要内容包括JSP语言基础、JSP核心技术及JSP高级应用，并通过电子商务网站常见的8大功能（用户注册、用户登录、网站计数器、商品信息查询、商品信息浏览、购物车、购物结算及订单查询、后台管理）的实现，详细讲述了使用JSP技术开发电子商务网站的过程和方法。本书将知识介绍和技能训练有机结合，融"教、学、练、思"于一体，适合"案例教学、任务驱动、理论实践一体化"的教学模式。

　　本书配有微课视频、课程标准、授课计划、授课用PPT、习题答案等丰富的数字化学习资源。与本书配套的数字课程"JSP程序设计案例教程"在"智慧职教"平台（www.icve.com.cn）上线，学习者可登录平台在线学习，授课教师可调用本课程构建符合自身教学特色的SPOC课程，详见"智慧职教"服务指南。授课教师如需获得本书配套教辅资源，请登录"高等教育出版社产品信息检索系统"（xuanshu.hep.com.cn）搜索下载。

　　本书可作为高等职业院校计算机类专业的教材，也适合自学JSP程序设计的读者使用。

图书在版编目（CIP）数据

　　JSP程序设计案例教程 / 宁云智，刘志成主编. --3版. -- 北京：高等教育出版社，2024.8
　　ISBN 978-7-04-061976-8

　　Ⅰ.①J⋯　Ⅱ.①宁⋯②刘⋯　Ⅲ.①JAVA语言 – 程序设计 – 高等职业教育 – 教材　Ⅳ.①TP312.8

　　中国国家版本馆CIP数据核字（2024）第053543号

JSP Chengxu Sheji Anli Jiaocheng

策划编辑　傅　波	责任编辑　傅　波　柴佳昭	封面设计　赵　阳	版式设计　徐艳妮
责任绘图　李沛蓉	责任校对　陈　杨	责任印制　高　峰	

出版发行	高等教育出版社	网　址	http://www.hep.edu.cn
社　址	北京市西城区德外大街4号		http://www.hep.com.cn
邮政编码	100120	网上订购	http://www.hepmall.com.cn
印　刷	山东新华印务有限公司		http://www.hepmall.com
开　本	787 mm×1092 mm　1/16		http://www.hepmall.cn
印　张	17.75	版　次	2013年4月第1版
字　数	380千字		2024年8月第3版
购书热线	010-58581118	印　次	2024年8月第1次印刷
咨询电话	400-810-0598	定　价	49.80元

本书如有缺页、倒页、脱页等质量问题，请到所购图书销售部门联系调换
版权所有　侵权必究
物　料　号　61976-00

"智慧职教" 服务指南

"智慧职教"（www.icve.com.cn）是由高等教育出版社建设和运营的职业教育数字教学资源共建共享平台和在线课程教学服务平台，与教材配套课程相关的部分包括资源库平台、职教云平台和 App 等。用户通过平台注册，登录即可使用该平台。

● 资源库平台：为学习者提供本教材配套课程及资源的浏览服务。

登录"智慧职教"平台，在首页搜索框中搜索"JSP 程序设计案例教程"，找到对应作者主持的课程，加入课程参加学习，即可浏览课程资源。

● 职教云平台：帮助任课教师对本教材配套课程进行引用、修改，再发布为个性化课程（SPOC）。

1. 登录职教云平台，在首页单击"新增课程"按钮，根据提示设置要构建的个性化课程的基本信息。

2. 进入课程编辑页面设置教学班级后，在"教学管理"的"教学设计"中"导入"教材配套课程，可根据教学需要进行修改，再发布为个性化课程。

● App：帮助任课教师和学生基于新构建的个性化课程开展线上线下混合式、智能化教与学。

1. 在应用市场搜索"智慧职教 icve" App，下载安装。

2. 登录 App，任课教师指导学生加入个性化课程，并利用 App 提供的各类功能，开展课前、课中、课后的教学互动，构建智慧课堂。

"智慧职教"使用帮助及常见问题解答请访问 help.icve.com.cn。

第 3 版前言

本书第 2 版自 2019 年出版以来，获评首届全国教材建设奖全国优秀教材二等奖、湖南省职业教育优秀教材，并先后入选"十三五""十四五"职业教育国家规划教材。本书受到广大读者的好评，同时也收到了读者的许多宝贵意见和建议。

随着新一代信息技术的进步，Web 开发技术得到了迅速发展，对 Web 应用程序开发人才的需求也越来越大。目前，JSP 技术已成为 Web 应用开发的主流技术之一，受到广大 Web 开发人员的喜爱，很多 Web 开发人员使用 JSP 技术开发动态网站。JSP 技术已被广泛应用于电子商务、电子政务、远程教育、网上资源管理等领域。为适应行业发展需求，特对本书进行了修订。

本书以一个 Web 应用系统——电子商城的开发为主线，采用"项目 + 任务"的方法讲解了如何应用 JSP 技术开发 Web 应用系统。本书主要有以下特色。

① 基于真实软件开发过程，选用典型的 Web 应用系统（电子商城）作为教学载体。按照真实的软件开发过程，完整介绍了电子商城的 8 个主要模块的设计和实现以及各个模块的整合，将 JSP 的主要对象和技术合理地分解到各个模块中予以介绍，使读者在完成开发任务的过程中掌握了知识的具体应用。

② 基于学生认知规律，精心设置教材内容和教材结构。每一个模块的设计按照"学习目标—项目展示—知识讲解—课堂实践"的顺序进行，符合高职学生的认知规律和职业技能的形成规律。

③ 基于课堂教学全过程，设置完整的教学环节。将知识讲解、技能训练、态度培养有机结合。在教学内容中合理穿插实践环节和师生互动环节，既有利于调整课堂节奏，也有利于培养学生自学能力。

④ 基于"理论实践一体化"教学模式，融"教、学、练、思"四者于一体，强化技能训练，提高实战能力。让读者在反复动手实践过程中，学会应用所学知识解决实际问题，体现了"边做边学、学以致用"的教学理念。

为加快推进党的二十大精神进教材、进课堂、进头脑，通过提炼与归纳，本书在每单元学习目标中增加"素养目标"，强调养成严谨细致的工作作风、增强精益求精的工匠精神等，加强思想意识引领；优化各单元项目引入部分内容，如在搭建 JSP 开发环境部分引入"管中窥豹"的传统故事，引导学生要具备全局思维和大局观，落实"必须坚持系统观念"的精神；新增体现我国最新成果及应用的内容，如在网络数据库技术部分引入华为自主研发的高斯数据库 openGauss 开源课程内容，增强学生自主创新意识和文化自信，贯彻"科技是第一生产力、创新是第一动力"理念。

　　本书由湖南铁道职业技术学院宁云智、刘志成任主编，由正方软件股份有限公司刘雄军、湖南铁道职业技术学院肖素华、裴来芝、林东升任副主编，岳阳职业技术学院曾长雄、吴彬，长沙商贸旅游职业技术学院赵湘民，湖南铁道职业技术学院张军、邝允新、粟慧龙、林保康、谭佳武、高峰、贺静波、胡程凯、周剑、汤梦姣、侯伟、黄刘婷、陈乡城、蔡小成参与了部分章节的编写工作。阳新文帮助调试了部分代码，在此表示感谢。

　　本书可作为高等职业教育计算机类专业"JSP 程序设计"课程的教材，也可作为相关培训教材。由于时间仓促及编者水平有限，书中难免存在疏漏之处，欢迎广大读者提出宝贵意见。

编　者

2024 年 7 月

第 1 版前言

一、缘起

Java Server Page（简称 JSP）是于 1999 年 6 月推出的一种基于 Java Servlet 的 Web 开发技术。它以 Java 语言为基础，与 HTML 语言紧密结合，可以很好地实现 Web 页面设计和业务逻辑的分离，可以让 Web 程序员专注于业务逻辑的实现。JSP 程序不仅编写灵活、执行容易，而且大大提高了系统的执行性能。随着 Internet 的发展和普及，基于 Web 的应用系统的开发也成为软件行业的主流，与 ASP 和 PHP 相比有着明显优势的 JSP 开发技术，在 Web 开发中占据着主导的地位。

为了适应软件市场上的这种变化，各普通高校、高职院校和中职学校的计算机相关专业都开设了"JSP 程序设计"这门课程。"JSP 程序设计"课程已成为软件技术、计算机网络技术、信息管理等专业的必修课程，也是电子商务、多媒体技术等专业的选修课程。一些著名的 IT 培训机构都确立了以 Java 程序员为主的培训体系，以 JSP 为核心的 Web 开发是其培养的重点方向。因此，我们结合 JSP 技术本身的特点和软件市场上对 Web 程序员的需求状况，将本课程作为软件技术专业和网络技术专业的核心课程。课程的目标是培养学生掌握 Web 应用程序开发的基本方法；培养学生应用 JSP 技术进行中小型 Web 应用程序开发的能力，并形成良好的编程习惯和团队合作精神；培养学生的自主学习和创新能力；使学生能胜任中小型软件企业中基于 JSP 技术的 Web 程序员岗位。

二、结构

本书是作者在总结了多年软件开发实践与教学经验的基础上编写的，全书围绕一个实际项目，从语言基础、核心技术、高级应用 3 个层次全面、翔实地介绍了 JSP 开发所需的各种知识和技术。全书共分为 9 个单元，单元 1——Web 技术概述，主要向读者介绍 Web 开发技术的基础知识，包括静态网页与动态网页、Web 服务器和网络数据库、几种 Web 开发技术、C/S 结构与 B/S 结构等内容；单元 2——电子商城系统介绍，本单元向读者详细介绍本书所用的案例系统——eBuy 电子商城系统的基本设计，系统分析和设计是软件系统成败的关键，eBuy 电子商城系统的分析和设计主要包括系统需求分析、系统功能模块设计、系统界面设计、系统主要流程设计、数据库设计和系统详细设计；单元 3——搭建 JSP 开发环境，主要介绍 JDK 的安装配置、Tomcat 的安装配置、Eclipse 开发环境的配置；单元 4——JSP 语法基础，本单元向读者详细介绍 JSP 的语法规则，JSP 的语法主要包括 JSP 注释、指令元素、脚本元素和动作元素，一个 JSP 页面由元素和模板数据组成，元素（JSP2.0 规范中，有指令元素、脚本元素和动作元素 3 种类型）是必须由 JSP 容器处理的部分，模板数据是 JSP 容器不处理的部分；单元 5——JSP 内置对象，本单元向读者详细介绍 JSP 内置对象的相关知识，JSP 的内置对象主要包括 out 对象、request 对象、response 对象、pageContext 对象、session 对象、application 对象、page 对象、config 对象和 exception 对象；单元 6——数据库访问技术，本单元向读者详细介绍 JSP 数据库编程的基础知识和 JDBC 应用，主要包括 JDBC 概述、JDBC API、编写 JDBC 应用程序的基本流程、数据库的插入操作、数据库的删除操作、数据库的修改操作、数据库的查询操作和相关类及接口等内容；单元 7——JavaBean 技术，本单元向读者详细介绍 JavaBean 的相关内容，JavaBean 在 JSP 改进的开发模式 1 和开发模式 2 中具有重要的作用；单元 8——Servlet 技术，本单元向读者详细介绍 Servlet 的相关知识，主要包括 Servlet 的基本概念、编写和配置 Servlet、调用 Servlet、Servlet 的生命周期、Servlet 的典型应用、Servlet 过滤器、Servlet 监听器；单元 9——组件应用，本单元向读者详细介绍 JSP 的高级应用，主要包括应用 jspSmartUpload 组件实现上传和下载、应用 JavaMail 组件实现电子邮件发送、利用图片功能实现彩色验证码、应用 JFreeChart 组件绘制统计图形、应用 jExcelAPI 组件读写 Excel 文件。

三、特点

作为"任务驱动、案例教学、理论实践一体化"教学方法的载体，本书主要有以下特点。

（1）准确的课程定位

根据软件企业对 JSP 技术的应用现状和软件程序员职业标准，对基于 JSP 的 Web 开发技术框架进行细分。将课程目标定位为培养掌握 JSP 基本开发技术的 Web 程序员，确保课程设置和课程内容对接职业标准和岗位要求。

（2）层次化的知识架构

按照软件开发的实际过程，遵循学生的认知规律，设计了"语言基础—核心技术—高级应用"这种层次递进式的知识模块架构，如下图所示。

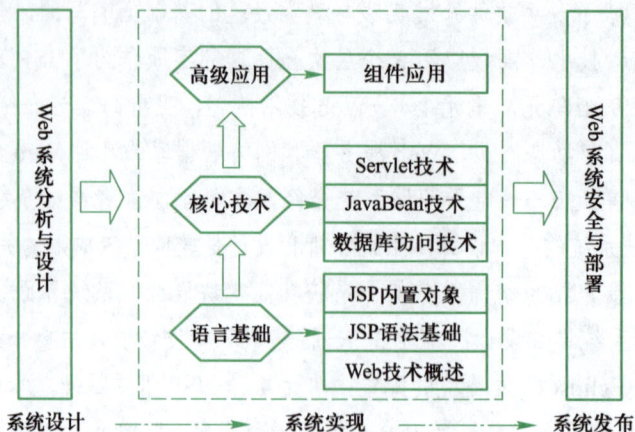

（3）精心设计的教学任务

围绕实用项目，针对重点和难点精心设计了 64 个教学任务。每个任务的讲解都按照"任务目标—知识要点—任务完成步骤"的流程详细展开。融知识讲解和技能训练于一体，有助于学生编程技能的持续提高。

四、使用

（1）教学内容模块化设计

"JSP 程序设计"这门课程是以培养学生 JSP 开发能力为主要目标的课程，相关理论知识必须在技能训练过程中得以理解和掌握，职业态度和习惯要经过持续的训练得以潜移默化。本书根据软件企业对基于 JSP 的 Web 开发能力的实际需求，坚持理论够用、适用、实用原则，以项目为中心，以能力为本位，将 JSP 基本应用开发知识和技能重新进行组合，形成了三大模块的教学内容，如下图所示。

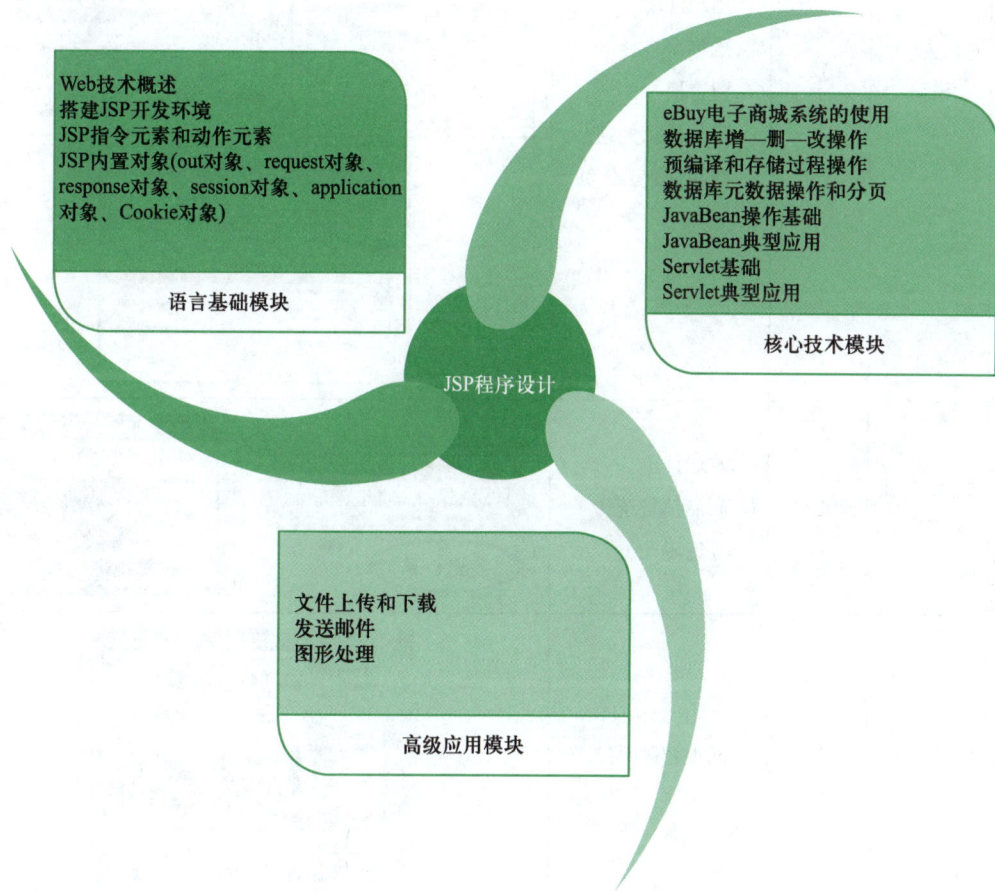

语言基础模块
Web技术概述
搭建JSP开发环境
JSP指令元素和动作元素
JSP内置对象(out对象、request对象、response对象、session对象、application对象、Cookie对象)

核心技术模块
eBuy电子商城系统的使用
数据库增—删—改操作
预编译和存储过程操作
数据库元数据操作和分页
JavaBean操作基础
JavaBean典型应用
Servlet基础
Servlet典型应用

高级应用模块
文件上传和下载
发送邮件
图形处理

JSP程序设计

（2）教学内容模块与项目功能模块的对应设计

教学模块与项目功能模块的对应如下表所示。

序号	教学模块	总课时	工作任务	项目模块（教学载体）
1	语言基础模块	28	体验电子商城系统 体验图书管理系统 网站计数器 用户登录 用户注册	
2	核心技术模块	32	用户登录 用户注册 购物车 留言板 商品信息处理 商品搜索 / 分页	
3	高级应用模块	12	发送订单 商品销量统计 验证码	
4	综合实训	28	网上招聘系统	

注：表中教学模块 4 "综合实训" 所涉及的网上招聘系统将在本教材所配的教学资源中提供系统开发文档和实际系统，选用本教材的教师可根据自身情况选讲。

（3）实践环节的系统化设计

遵循"任务驱动、案例教学、理论实践一体化"的教学模式，通过精选真实项目，将项目精心分解，让学生在学习案例的同时，掌握 JSP 开发技术，进而培养项目开发能力。同时，将理论教学和实践教学在同一教学时间和教学地点开展，将实践环节（课堂模仿、课堂实践、课外拓展、单元实践、综合实训）进行系统化设计，体现"学生为主体，教师为主导"的教学思想，实现"教、学、做"的完美统一，如下图所示。

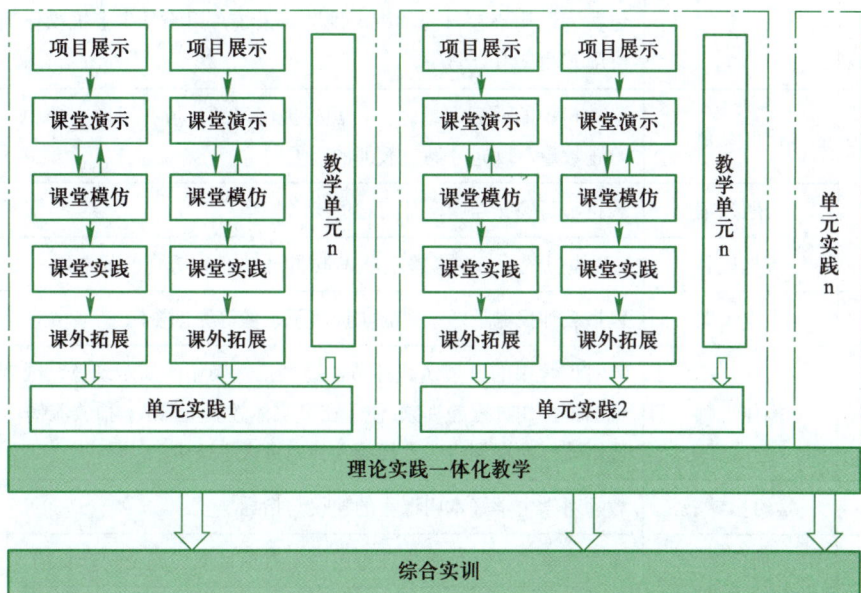

在教学过程中，针对每一个教学单元，可以在实训室进行教学，授课时边讲边练，以调动学生学习的积极性和主动性，融教、学、做、考于一体，通过操作训练提高学生对课程技能点、知识点的理解和掌握。

本课程作为国家职业教育软件技术专业教学资源库建设课程之一，开发了丰富的数字化教学资源，如下表所示。

序　号	资源名称	表现形式与内涵
1	课程标准	Word 电子文件，包含教学目标要求、教材目录、学时分配建议等内容，可供教师备课时使用
2	授课计划	是教师组织教学的实施计划表，包括具体教学进程、授课内容及时间、课外作业、授课方式等
3	教学设计	电子教案，教师对教学如何实施的设计方案，包括教学目标、重点难点、教学环节、时间分配等
4	微课	MP4 视频文件，可通过扫描书中二维码观看教学视频

续表

序　号	资源名称	表现形式与内涵
5	PPT课件	PPT电子文件，同时提供PowerPoint 2003/2007两种格式，可以直接使用，也可供教师根据具体需要加以修改
6	考核手册	本课程最终对学生的知识、态度、技能的评价方案与标准，包括考核的形式、内容及所占比重等
7	题库	免费为选购该教材的学校提供题库系统，用于学生上机操作训练，教师可用其测试考查学生
8	拓展习题	除教材中的课后习题之外，额外提供习题，放在习题文档中，从而增大习题数量，以充分满足教师的需要
9	习题答案	教材与习题文档中全部习题的参考答案
10	模拟试卷	6套模拟试卷与参考答案，Word电子文件，方便教师选用
11	教学录像	包括教师授课录像、实验实训演示录像等原创资源
12	操作视频	针对课程中的典型实践环节，提供正规操作的演示录像，或者记录计算机屏幕操作过程的视频；便于在多媒体教室里播放，播放流畅，配音清晰，选用流行的视频格式，视频文件容量大小适中
13	学习指导书	教师对学生学好本门课程的建议与指导
14	项目库	课内教学用、课外学生训练用的所有项目源代码及配套文档

　　上述资源的开发，可以弥补单一纸质教材的不足，有利于教师利用现代教育技术手段完成教学任务；同时也提高了教材的适用性与普及性，特别是在部分教学条件较弱或教学条件较强但学生接受能力较弱的学校，教师利用资源结合教材，可更好地组织教学活动。

　　教师可发邮件至编辑邮箱1548103297@qq.com获取教学基本资源。

五、致谢

　　本书由湖南铁道职业技术学院宁云智、刘志成任主编，由正文软件股份有限公司刘雄军、湖南铁道职业技术学院林东升任副主编，岳阳职业技术学院曾长雄、吴彬，长沙商贸旅游职业技术学院赵湘民，湖南铁道职业技术学院李蓓蓓、彭勇、杨茜玲、王云、郭外萍、侯伟参与了部分章节的编写工作。阳新文帮助调试了部分代码，在此表示感谢。

　　本书可作为高职高专计算机类专业"JSP程序设计"课程的教材，也可作为相关培训教材。由于时间仓促及编者水平有限，书中难免存在疏漏之处，欢迎广大读者提出宝贵意见。

编　者

2013年4月

目　　录

单元 1

Web 技术概述

学习目标

【知识目标】

- 了解静态网页中静态的含义
- 了解动态网页中动态的含义
- 了解 Web 服务器
- 了解网络数据库
- 了解 ASP、PHP、JSP 和 ASP.NET
- 了解 C/S 结构与 B/S 结构

【技能目标】

- 能识别静态网页和动态网页
- 能选择合适的 Web 服务器
- 能选择合适的网络数据库

【素养目标】

- 增强科技报国、自主创新的信心
- 增强爱国主义情怀
- 养成严谨细致、精益求精的工匠精神

任务 1 认识静态网页和动态网页

微课 1.1 静态
网页与动态网页

WWW 是 World Wide Web（环球信息网）的缩写，也可以简称为 Web，中文名字为"万维网"。它起源于 1989 年 3 月，是由欧洲量子物理实验室（the European Laboratory for Particle Physics，CERN）所研究出来的主从结构分布式超媒体系统。通过万维网，人们只要进行简单的操作，就可以很迅速、方便地取得丰富的信息资料。由于用户在通过 Web 浏览器访问信息资源的过程中无须再关心一些技术性的细节，而且界面非常友好，因而 Web 刚推出就受到了热烈的欢迎，并迅速得到了发展。

长期以来，人们只是通过传统的媒体（如电视、报纸、杂志和广播等）获得信息，但随着计算机网络的发展，人们想要获取信息，已不再满足于传统媒体那种单方面传输和获取的方式，而希望有一种主观的选择性。到了 1993 年，WWW 的技术有了突破性的进展，它解决了远程信息服务中的文字显示、数据连接以及图像传递的问题，使得 WWW 成为 Internet 上最为流行的信息传播方式。现在，Web 服务器成为 Internet 上最大的计算机群。Internet 上提供的各种类别的数据库系统，如文献期刊、产业信息、气象信息、论文检索等，都是基于 WWW 技术的。这种方式使得信息的获取变得非常及时、迅速和便捷。可以说，Web 为 Internet 的普及迈出了开创性的一步。

1.1.1 静态网页

静态网页是指没有后台数据库、不含程序、不可交互的网页。作者编的是什么，页面显示的就是什么，不会有任何改变。静态网页更新起来比较麻烦，适用于一般更新较少的展示型网站。

在网站设计中，纯粹 HTML 格式的网页通常被称为"静态网页"。早期的网站一般都是由静态网页制作的，通常以 htm、html、shtml 等为扩展名。在 HTML 格式的网页上，也可以呈现各种动态的效果，如 GIF 格式的动画、Flash 和滚动字幕等，这些动态效果只是视觉上的，与下面将要介绍的动态网页是不同的概念。

静态网页的主要特点如下。

● 静态网页没有数据库的支持，在网站制作和维护方面工作量较大，因此，当网站信息量很大时，完全依靠静态网页制作方式比较困难。

● 网页内容一经发布到网站服务器上，无论是否有用户访问，每个静态网页的内容都是保存在网站服务器上的。也就是说，静态网页是实实在在保存在服务器上的文件，每个网页都是一个独立的文件。

- 每个静态网页都有一个固定的 URL（Uniform Resource Locator，统一资源定位符），且网页 URL 以 ".htm" ".html" ".shtml" 等常见形式为扩展名。
- 静态网页的内容相对稳定，因此容易被搜索引擎检索。
- 静态网页的交互性较差，在功能方面有较大的限制。

1.1.2　动态网页

动态网页是相对于静态网页而言的，是指可交互的、有后台数据库、含有程序的网页，它显示的内容随着用户需求的改变而改变。

动态网页通常以 .asp、.jsp、.php、.aspx 等为扩展名。这里说的动态网页，与网页上的各种动画、滚动字幕等视觉上的动态效果没有直接关系。动态网页可以是纯文字内容的，也可以包含各种动画的内容，这些只是网页具体内容的表现形式。无论网页是否具有动态效果，采用动态网站技术生成的网页都称为动态网页。

动态网页的主要特点如下。

- 动态网页以数据库技术为基础，可以大大降低网站维护的工作量。
- 动态网页实际上并不是独立存在于服务器上的网页文件，只有当用户请求时，服务器才返回一个完整的网页。
- 采用动态网页技术的网站可以实现更多的功能，如用户注册、用户登录、在线调查、用户管理和订单管理等。
- 搜索引擎一般不可能从一个网站的数据库中访问全部动态网页。

任务 2　认识 Web 服务器和网络数据库

1.2.1　Web 服务器

Web 服务器不是人们常常提到的物理机器（服务器），而是一种软件，可以管理各种 Web 文件，并为提出 HTTP 请求的浏览器提供 HTTP 响应。

Web 服务器可以解析 HTTP。当 Web 服务器接收到一个 HTTP 请求时，会返回一个 HTTP 响应，如送回一个 HTML 页面。为了处理一个请求，Web 服务器可以返回一个静态页面，进行页面跳转，或者把动态响应委托给一些其他的程序，如 CGI 脚本、JSP 脚本、Servlets、ASP 脚本和 JavaScrip。无论处理方式如何，这些服务器端的程序通常为浏览器产生一个 HTML 的响应。

在 UNIX 和 Linux 平台下使用最广泛的免费 HTTP 服务器是 W3C、NCSA

微课 1.2　Web 服务器与网络数据库

和 Apache 服务器，Windows 平台使用的是 IIS 的 Web 服务器。选择使用 Web 服务器应考虑的特性因素有性能、安全性、日志和统计、虚拟主机、代理服务器、缓冲服务和集成应用程序等。下面介绍几种常用的 Web 服务器。

1. IIS

Microsoft 的 Web 服务器产品为 Internet Information Server (IIS)，是允许在 Intranet 或 Internet 上发布信息的 Web 服务器。IIS 是目前最流行的 Web 服务器产品之一，很多著名的网站都建立在 IIS 的平台上。IIS 提供了一个图形界面的管理工具，称为 Internet 服务管理器，可用于监视配置和控制 Internet 服务。

IIS 提供的 Web 服务组件包括 Web 服务器、FTP 服务器、NNTP 服务器和 SMTP 服务器，分别用于网页浏览、文件传输、新闻服务和邮件发送等方面。它使得在网络（包括互联网和局域网）上发布信息成了一件很容易的事。它提供 ISAPI（Internet Server API）作为扩展 Web 服务器功能的编程接口；同时，还提供一个 Internet 数据库连接器，可以实现对数据库的查询和更新。

2. WebSphere

WebSphere Application Server 是一种功能完善、开放的 Web 应用程序服务器，是基于 Java 的应用环境，用于建立、部署和管理 Internet 和 Intranet 的 Web 应用程序。IBM 公司对这一整套产品进行了扩展，以适应 Web 应用程序服务器的需要，范围从简单到高级，直到企业级。

WebSphere 面向以 Web 为中心的开发人员，他们都是基于 HTTP 服务器和 CGI 编程技术成长起来的。WebSphere 产品系列通过提供综合资源、可重复使用的组件、功能强大并易于使用的工具，以及支持 HTTP 和 IIOP 通信的可伸缩运行时环境，来帮助这些用户从简单的 Web 应用程序转移到电子商务世界。

3. BEA WebLogic

BEA WebLogic Server 是一种多功能、基于标准的 Web 应用服务器，为企业构建自己的应用提供了坚实的基础。无论是集成各种系统和数据库，还是提交服务、跨 Internet 协作，起始点都是 BEA WebLogic Server。由于它具有全面的功能、遵从开放标准、多层架构、支持基于组件的开发，基于 Internet 的企业很多都选择它来开发、部署应用。

BEA WebLogic Server 在使应用服务器成为企业应用架构的基础方面技术先进，为构建集成化的企业级应用提供了稳固的基础，其以 Internet 的容量和速度，在联网的企业之间共享信息、提交服务，实现协作自动化。

4. Apache

Apache 仍然是世界上应用广泛的 Web 服务器，市场占有率在 60% 左右。它源于 NCSAhttpd 服务器，当 NCSA WWW 服务器项目停止后，那些使用

NCSA WWW 服务器的人们开始交换用于此服务器的补丁，这也是 Apache 名称的由来。世界上很多著名的网站都是 Apache 的产物，它的成功之处主要在于它的源代码开放、有一支开放的开发队伍、支持跨平台的应用（可以运行在几乎所有的 UNIX、Windows、Linux 系统平台上）以及它的可移植性等方面。

5. Tomcat

Tomcat 是一个开放源代码、运行 Servlet 和 JSP Web 应用软件的基于 Java 的 Web 应用软件容器。Tomcat Server 遵从 Servlet 和 JSP 规范，因此可以说，Tomcat Server 也实行了 Apache-Jakarta 规范，且比绝大多数商业应用软件服务器要好。

Tomcat 是 Java Servlet 2.2 和 Java Server Pages 1.1 技术的标准实现，是基于 Apache 许可证开发的自由软件。Tomcat 是完全重写的 Servlet API 2.2 和 JSP 1.1 兼容的 Servlet/JSP 容器，使用了 JServ 的一些代码，特别是 Apache 服务适配器。随着 Catalina Servlet 引擎的出现，Tomcat 第 4 版的性能得到提升，使得它成为一个值得考虑的 Servlet/JSP 容器，因此目前许多 Web 服务器都采用了 Tomcat。

1.2.2 网络数据库技术

数据库技术产生于 20 世纪 60 年代末 70 年代初，其主要目的是有效地管理和存取大量的数据资源。数据库技术主要研究如何存储、使用和管理数据。

近年来，数据库技术和计算机网络技术的发展相互渗透、相互促进，已成为当今计算机领域发展迅速、应用广泛的两大领域。数据库技术不仅应用于事务处理，并且进一步应用到情报检索、人工智能、专家系统和计算机辅助设计等领域。

网络数据库也叫 Web 数据库，促进 Internet 发展的因素之一就是 Web 技术。由静态网页技术的 HTML 到动态网页技术的 CGI、ASP、PHP、JSP 等，Web 技术经历了一个重要的变革过程。Web 已经不再局限于仅仅由静态网页提供信息服务，而改变为动态的网页，可提供交互式的信息查询服务，使信息数据库服务成为可能。Web 数据库就是将数据库技术与 Web 技术融合在一起，使数据库系统成为 Web 的重要有机组成部分，从而实现数据库与网络技术的无缝结合。这一结合不仅把 Web 与数据库的优势集合在一起，而且充分利用了大量已有数据库的信息资源。Web 数据库由数据库服务器（Database Server）、中间件（Middle Ware）、Web 服务器（Web Server）和浏览器（Browser）4 部分组成，其基本结构如图 1-1 所示。

图 1-1　Web 数据库的基本结构

Web 数据库的工作过程可简单地描述为：用户通过浏览器端的操作界面以交互的方式经由 Web 服务器来访问数据库。用户向数据库提交的信息以及数据库返回给用户的信息都以网页的形式显示。

任务 3　认识 ASP、PHP、JSP 和 ASP.NET

微课 1.3　JSP 与 ASP.NET 比较

1.3.1　ASP

ASP（Active Server Pages）是微软开发的一种类似 HTML、Script（脚本）与 CGI（公用网关接口）的结合体。它没有提供自己专门的编程语言，而是允许用户使用许多已有的脚本语言编写 ASP 的应用程序。它在 Web 服务器端运行，运行后再将运行结果以 HTML 格式传送至客户端的浏览器。因此 ASP 与一般的脚本语言相比，要安全得多。

ASP 的最大好处是可以包含 HTML 标签，也可以直接存取数据库及使用无限扩充的 ActiveX 控件，因此在程序编制上要比 HTML 方便，而且更富有灵活性。通过使用 ASP 的组件和对象技术，用户可以直接使用 ActiveX 控件，调用对象方法和属性，以简单的方式实现强大的交互功能。

但 ASP 技术也非完美无缺，由于它基本上局限于微软的操作系统平台之上，主要工作环境是微软的 IIS 应用程序结构，且 ActiveX 对象具有平台特性，所以 ASP 技术不能很容易地在跨平台 Web 服务器上工作。

ASP 网页主要有以下特点。

● 利用 ASP 可以突破静态网页的一些功能限制，实现动态网页技术。

● ASP 文件是包含在 HTML 代码所组成的文件中的，易于修改和测试。

● 服务器上的 ASP 解释程序会在服务器端制定 ASP 程序，并将结果以 HTML 格式传送到客户端浏览器上，因此使用各种浏览器都可以正常浏览 ASP 所产生的网页。

● ASP 提供了一些内置对象，使用这些对象可以使服务器端脚本功能更强。例如，可以从 Web 浏览器中获取用户通过 HTML 表单提交的信息，并在脚本中对这些信息进行处理，然后向 Web 浏览器发送信息。

● ASP 可以使用服务器端 ActiveX 组件来执行各种各样的任务，如存取数据库、发送 E-mail 或访问文件系统等。

● 由于服务器是将 ASP 程序执行的结果以 HTML 格式传回客户端浏览器，因此使用者不会看到 ASP 所编写的原始程序代码，可防止 ASP 程序代码被窃取。

1.3.2 PHP

PHP（Hypertext Preprocessor，超文本预处理器）是一种 HTML 内嵌式的语言。PHP 与微软的 ASP 颇有几分相似，都是一种在服务器端执行的嵌入 HTML 文档的脚本语言，语言的风格类似于 C 语言，现在被很多的网站编程人员广泛运用。

PHP 独特的语法混合了 C、Java、Perl 以及 PHP 自创的新语法。它可以比 CGI 或者 Perl 更快速地执行动态网页。与其他的编程语言相比，PHP 是将程序嵌入到 HTML 文档中去执行，执行效率比完全生成 HTML 标记的 CGI 要高许多；与同样是嵌入 HTML 文档的脚本语言 JavaScript 相比，PHP 在服务器端执行，充分利用了服务器的性能；PHP 执行引擎还会将用户经常访问的 PHP 程序驻留在内存中，其他用户再一次访问这个程序时就不需要重新编译程序了，只要直接执行内存中的代码就可以了，这也是 PHP 高效率的体现之一。

PHP 具有非常强大的功能，它能实现所有 CGI 或者 JavaScript 的功能，而且支持几乎所有流行的数据库以及操作系统。PHP 提供了标准的数据库接口，数据库连接方便，兼容性好，扩展性强，可以进行面向对象编程。

PHP 的主要特点如下。

● 开放的源代码：所有的 PHP 源代码事实上都可以方便获取。

● 免费使用：PHP 是免费的。

● 基于服务器端：由于 PHP 是运行在服务器端的脚本，可以运行在 UNIX、Linux、Windows 下。

● 嵌入 HTML：因为 PHP 可以嵌入 HTML 语言，所以学习起来并不困难。

● 简单：与 Java 和 C++ 不同，PHP 坚持以脚本语言为主，使用简单。

● 效率高：PHP 消耗的系统资源相当少。

● 便于图像处理：PHP 可以用来动态创建图像。

1.3.3 JSP

JSP（Java Server Pages）是由 Sun 公司（现已被其他公司收购）于 1999 年 6 月推出的新技术。JSP 技术有点类似 ASP 技术，它在传统的网页 HTML 文件（*.htm,*.html）中插入 Java 程序段（JavaScript），从而形成 JSP 文件（*.jsp）。

JSP 和 ASP 在技术方面有许多相似之处，不过两者来源于不同的技术规范组织，以至于 ASP 一般只应用于 Windows 平台，而 JSP 则可以在 85% 以上的服务器上运行。JSP 将网页逻辑与网页设计和显示分离，支持可重用的基于组件的设计，使基于 Web 的应用程序的开发变得迅速和容易。

Web 服务器在遇到访问 JSP 网页的请求时，首先执行其中的程序段，然后将执行结果连同 JSP 文件中的 HTML 代码一起返回给客户。插入的 Java 程序段可以操作数据库、重新定向网页等，以实现建立动态网页所需要的功能。JSP 与 Java Servlet 一样，是在服务器端执行的，通常返回给客户端的是一个 HTML 文本，因此客户端只要有浏览器就能浏览。

自 JSP 推出后，众多大公司都支持 JSP 技术，所以，JSP 迅速地成为了商业应用的服务器端语言。

JSP 的主要特点如下。

● 一次编写，到处运行。在这一点上，JSP 比 PHP 更出色，除了系统之外，代码不用做任何更改。

● 系统的多平台支持。基本上可以在所有平台上的任意环境中开发，在任意环境中进行系统部署，在任意环境中扩展。相比之下，ASP 和 PHP 的局限性是显而易见的。

● 强大的可伸缩性。从只有一个小的 Jar 文件就可以运行 Servlet/JSP，到由多台服务器进行集群和负载均衡，再到多台应用服务器进行事务处理、消息处理，从一台服务器到无数台服务器，JSP 显示出了巨大的生命力。

● 多样化和功能强大的开发工具支持。这一点与 ASP 很像，JSP 已经有了许多非常优秀的开发工具，而且许多工具可以免费得到，并且其中许多已经可以顺利地运行于多种平台之下。

1.3.4　ASP.NET

ASP.NET 不是 Active Server Page（ASP）的一个简单升级版本，而是一种建立在通用语言上的程序构架，能被用于建立强大的 Web 应用程序。ASP.NET 提供了许多比现在的 Web 开发模式更强大的优势。ASP.NET 构架可以用 Visual Studio.NET 开发环境进行开发，这是一种所见即所得的编辑环境。

ASP.NET 与 ASP 相比，主要有以下几点不同。

（1）开发语言不同

ASP 仅局限于使用脚本语言来开发，用户给 Web 页添加 ASP 代码的方法与在客户端脚本中添加代码的方法相同，导致代码杂乱；ASP.NET 允许用户选择并使用功能完善的编程语言，也允许使用 .NET Framework。

（2）运行机制不同

ASP 是解释性的编程框架，所以执行效率较低。ASP.NET 是编译性的编程框架，运行的是服务器上编译好的公共语言，可以利用早期绑定，实施编译来提高效率。

（3）开发方式不同

ASP 把界面设计和程序设计混在一起，维护困难；ASP.NET 把界面设计和程序设计以不同的文件分离开，复用性和维护性得到了提高。

任务 4　比较 C/S 结构与 B/S 结构

1.4.1　C/S 结构

微课 1.4　C/S 结构与 B/S 结构的比较

C/S 结构全称为 Client/Server，即客户 / 服务器模式。C/S 结构的系统分为两部分：客户端和服务器。应用程序也分为服务器程序和客户端程序。服务器程序负责管理和维护数据资源，并接受客户端的服务请求（如数据查询或更新等），向客户端提供所需的数据或服务。对于用户的请求，如果客户端能够满足就直接给出结果；反之，则交给服务器处理。该结构模式可以合理均衡事务的处理，充分保证数据的完整性和一致性。

客户端应用软件一般包括用户界面和本地数据库等。它面向用户，接受用户的应用请求，并通过一定的协议或接口与服务器进行通信，将服务器提供的数据等资源经过处理后提供给用户。当用户通过客户端向服务器发出数据访问请求时，客户端将请求传送给服务器，服务器对该请求进行分析、执行，最后将结果返回给客户端，显示给用户。客户端的请求可采用 SQL 语句，或直接调用服务器上的存储过程来实现。客户端和服务器之间的通信通过数据库引擎（如 ODBC 引擎、OLE DB 引擎等）来完成，数据库一般采用大型数据库（如 SQL Server、Oracle 等）。C/S 结构的示意如图 1-2 所示。

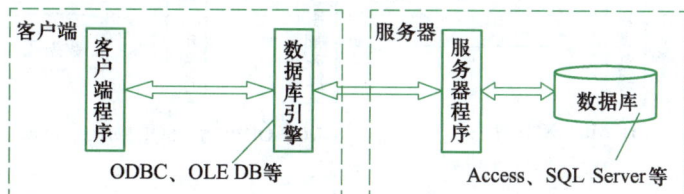

图 1-2　C/S 结构示意图

C/S 结构能够在网络环境中完成数据资源的共享，提供了开放的接口，在

客户端屏蔽掉了后端的复杂性，使客户端的开发、使用更加容易和简单，适合管理信息系统的一般应用。但 C/S 结构也存在许多不足，主要体现在以下几点。

- C/S 结构只适用于中、小规模的局域网，对于大规模的局域网或广域网，不能很好地胜任。

- 开发成本高。C/S 结构对客户端软硬件要求较高，尤其是随着软件的不断升级换代，对硬件要求不断提高，增加了整个系统的成本。

- 当系统的用户数量增加时，服务器的负载急剧增加，使系统性能明显下降。

- 移植困难。不同开发工具开发的应用程序，一般兼容性差，不能移植到其他平台上运行。

- 由于不同客户端安装了不同的子系统软件，用户界面风格不一，使用繁杂，因此系统管理和维护工作较困难。

1.4.2 B/S 结构

B/S 结构全称为 Browser/Server，即浏览器 / 服务器模式。随着 Internet 的不断普及，以 Web 技术为基础的 B/S 结构正日益显现其先进性，当今很多基于大型数据库的管理信息系统采用了这种全新的结构。

1. B/S 结构的工作原理

B/S 结构由浏览器、Web 服务器、数据库服务器 3 个层次组成。在这种结构下，客户端使用一个通用的浏览器，代替了形形色色的各种应用程序软件，用户的所有操作都是通过浏览器进行的。该结构的核心是 Web 服务器，它负责接受本地或远程的 HTTP 查询请求，然后根据查询条件到数据库服务器中提取相关数据，再将查询结果翻译成 HTML，传回提出查询请求的浏览器。同样，浏览器也会将更改、删除、新增数据记录的请求传到 Web 服务器，由 Web 服务器完成相关工作。B/S 结构的示意如图 1-3 所示。

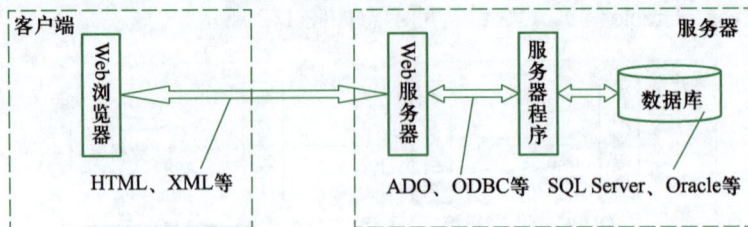

图 1-3 B/S 结构示意图

2. B/S 结构的优点

- 使用简单：用户使用单一的浏览器软件，操作方便、易学易用。

● 维护方便：应用程序都放在 Web 服务器端，软件的开发、升级与维护只在服务器端进行，减轻了开发与维护的工作量。

● 对客户端硬件要求低：客户端只需安装一种 Web 的浏览器软件，如 IE 浏览器等。

● 能充分利用现有资源：B/S 结构采用标准的 TCP/IP、HTTP，可以与现有 Intranet 网很好地结合。

● 可扩展性好：B/S 结构可直接通过 Internet 访问服务器。

● 信息资源共享程度高：Intranet 网中的用户可方便地访问系统外资源，Intranet 网外的用户也可访问 Intranet 网内的资源。

1.4.3　C/S 结构与 B/S 结构的比较

C/S 结构是建立在局域网基础上的，而 B/S 结构是建立在广域网基础上的。虽然 B/S 结构在电子商务、电子政务等方面得到了广泛的应用，但并不是说 C/S 结构没有存在的必要。相反，在某些领域中，C/S 结构还将长期存在。下面对 C/S 结构和 B/S 结构进行简单的比较。

1. 支撑环境

C/S 结构一般建立在专用的网络上、小范围的网络环境中，局域网之间再通过专门的服务器提供连接和数据交换服务；B/S 结构建立在广域网之上，不必使用专门的网络硬件环境，有比 C/S 结构更强的适用范围，一般只要有操作系统和浏览器就行。

2. 安全控制

C/S 结构一般面向相对固定的用户群，对信息安全的控制能力很强，一般高度机密的信息系统适宜采用 C/S 结构；B/S 建立在广域网之上，对安全的控制能力相对较弱，面向不可知的用户群时，可以通过 B/S 结构发布部分可公开信息。

3. 程序架构

C/S 结构的程序更加注重流程，对权限多层次校验，较少考虑系统运行速度；B/S 结构对安全以及访问速度有更高的要求，B/S 结构的程序架构是发展的趋势。.NET 系列与 JavaBean 构件技术将使 B/S 结构更加成熟。

4. 软件重用

C/S 结构的程序侧重于整体性考虑，构件的重用性不是很好；B/S 结构一般采用多重结构，要求构件有相对独立的功能，能够相对较好地重用。

5. 系统维护

由于 C/S 结构的程序具有整体性，所以必须整体考虑，处理出现的问题以及系统升级都比较难,一旦升级,可能要求开发一个全新的系统;B/S 结构的程序由构件组成,通过更换个别的构件,可以实现系统的无缝升级,使系统维护开销减到最小,用户从网上自己下载安装,就可以实现升级。

6. 用户接口

C/S 结构多建立在 Windows 平台上,表现方法有限,对程序员要求普遍较高;B/S 结构建立在浏览器上,与用户交流时有更加丰富和生动的表现方式,并且降低了开发难度和开发成本。

7. 信息流

C/S 结构的程序一般是典型的集中式、机械式处理,交互性相对较低;B/S 结构的信息流向可变化,如电子商务的 B2B、B2C 和 B2G 等,信息流向的变化很多。

C/S 结构与 B/S 结构各有优势,在相当长的时间内二者将会共存。

课外拓展

【拓展 1】访问"当当网",体验网上售书和网上买书的过程。

【拓展 2】弘道书店需要建立一个名为"HongDaoBook"的网站来实现网上售书,请您根据弘道书店的图书销售情况从操作系统、Web 服务器、数据库管理系统角度考虑,确定开发该网站的方案,并说明依据。

单元 **2**

电子商城系统介绍

学习目标

【知识目标】

- 理解 eBuy 电子商城系统的基本设计思想
- 熟悉系统需求分析
- 熟悉系统功能模块设计
- 熟悉系统界面设计
- 熟悉系统主要流程设计
- 熟悉数据库设计和详细设计

【技能目标】

- 会配置 eBuy 电子商城系统
- 能熟练操作 eBuy 电子商城系统

【素养目标】

- 增强团结互助、诚实守信的意识
- 坚定科技创新、技术报国的信心

任务 1 认识 eBuy 电子商城系统

eBuy 电子商城系统是一个典型的 B2C 模式的电子商城，主要采用 JSP+JavaBean 技术（部分模块采用 MVC 模式）完成。该系统要求实现基本的电子商务功能，即实现前台购物和后台管理两大部分功能。MVC 模式如图 2-1 所示。

微课 2.1 认识 ebuy

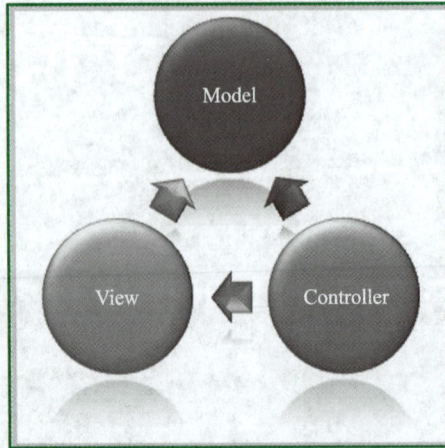

图 2-1 MVC 模式

2.1.1 前台购物系统

1. 用户注册 / 登录

系统考虑到用户购买的真实性，规定访客只能在系统中查看商品信息，不能进行商品的订购。但是，访客可以通过注册的方式，登记基本信息，成为系统的注册会员。注册会员登录系统后即可进行商品的查看和购买操作。

2. 商品展示 / 搜索

注册会员可以通过商品列表、新品上架、特价商品等板块了解商品的基本信息，然后通过商品详细资料页面了解商品的详细情况。同时，注册会员可以根据自己的需要按照商品编号、商品名称、商品类别和热销度等条件进行商品的查询，方便快捷地了解自己需要的商品信息。

3. 购物车 / 订单

注册会员在浏览商品的过程中，可以将自己需要的商品放入购物车中，最终从购物车中购买需要的商品。注册会员在购物过程中可以随时查看购物车中的商品，以了解所选择的商品信息；注册会员在选购商品后，在确认购买之前，可以对购物车中的商品进行二次选择，既可以从购物车中删除不要的商品，也可以修改商品的数量。确认购买后（选择购物车中的所有商品），系统会为注册会员生成购物订单，注册会员可以查看自己的订单信息，以了解付款信息和商品配送情况。

4. 个人信息设置

用户注册以后，通过个人信息设置功能可以查看、修改个人资料。

① 改变个人信息设置：注册会员可以修改自己的账号、密码及其他个人信息。

② 注销：注册会员在购物过程中或购物结束后，可以注销自己的账号，以保证账号的安全。

5. 意见反馈

用户可以通过系统提供的留言板将自己对网站的服务情况和网站商品信息的意见反馈给商城，以便及时与网站沟通，有助于提高网站的服务质量。

2.1.2　后台管理系统

1. 管理用户

系统管理员可以根据需要添加、修改或删除后台管理系统中的用户，也可以修改密码等基本信息。

2. 维护商品库 / 商品类别

具有商品管理权限的管理员进入系统后可以添加商品信息（主要在进货后）、修改已有商品信息（如商品价格调整、商品信息变化等）以及删除商品信息（不再销售某种商品），也可以新增、修改和删除商品类别信息。

3. 处理订单

订单是在用户前台购物过程中生成的，后台管理员可以对订单变动情况进行修改处理，同时，根据订单情况通知配送人员进行商品配送。

4. 维护会员信息

注册会员的基本信息由前台注册得到，后台管理员可以对注册会员的信息进行维护（如处理注册会员账户密码丢失等），同时也可以完成信息查询工作。

5. 其他管理功能

其他管理功能包括系统备份、系统恢复和日志管理等。

2.1.3 系统用例图

根据 eBuy 电子商城的业务需求、功能需求和用户需求信息绘制的 eBuy 电子商城系统用例图，如图 2-2 所示。该图详细描述了 eBuy 电子商城系统所具有的功能和完成功能的方式。

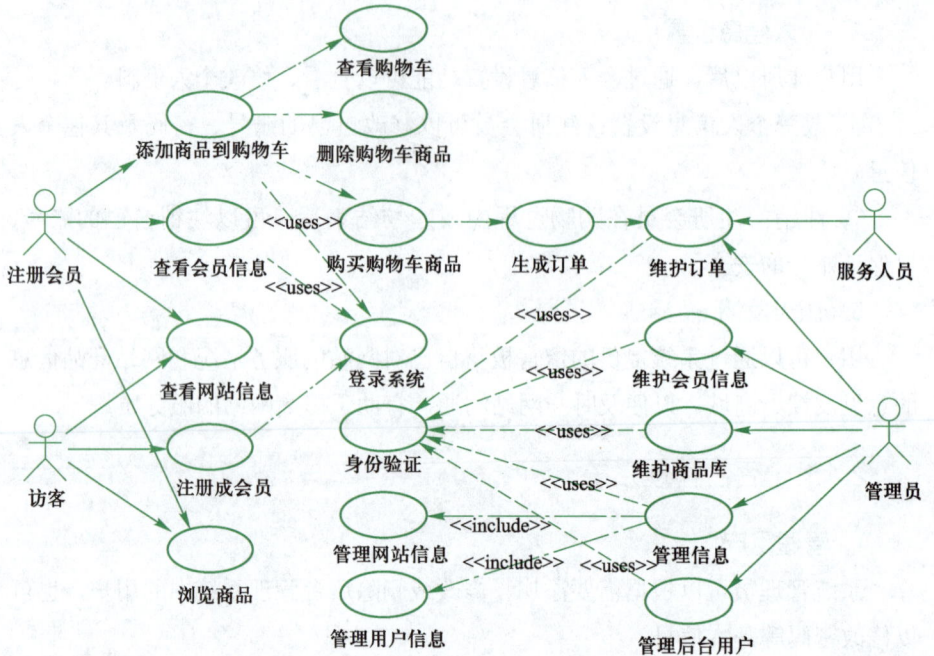

图 2-2　eBuy 系统用例图

任务 2　设计并创建电子商城数据库

【任务目标】设计并创建 eBuy 电子商城系统的后台数据库。

【知识要点】选择 SQL Server 2012 或 SQL Server 2017 数据库管理系统，执行本书所附的 eBuy 商城的 SQL 脚本，创建 eBuy 电子商城系统数据库；或者通过数据库附加方式将 eBuy 系统的 SQL 数据库文件附加到 SQL Server 服务器上。

【任务完成步骤】

① 设计数据库表和视图等对象。

② 编写 SQL 脚本。

③ 选择 SQL Server 2012/2017 数据库管理系统创建数据库。

下面对任务完成步骤进行详细讲解。

2.2.1 设计数据库表

根据系统功能描述和实际业务分析，进行 eBuy 电子商城系统数据库的设计。其主要数据表及其内容如下。

1. Customer 表（用户信息表）

用户信息表的详细信息见表 2-1。

表 2-1 Customer 表

表 序 号	1	表 名		Customer	
含 义	存储用户的基本信息				
序 号	属性名称	含 义	数据类型	长 度	为 空 性	约 束
1	c_name	用户名	varchar	30	not null	主键
2	c_pass	密码	varchar	30	not null	
3	c_header	头像	varchar	30	not null	
4	c_phone	电话号码	varchar	11	not null	
5	c_question	问题提示	varchar	30	not null	
6	c_answer	问题答案	varchar	30	not null	
7	c_address	地址	varchar	50	null	
8	c_email	邮箱	varchar	50	not null	

2. Idea 表（用户留言表）

用户留言表的详细信息见表 2-2。

表 2-2 Idea 表

表 序 号	2	表 名		Idea	
含 义	存储用户的留言信息				
序 号	属性名称	含 义	数据类型	长 度	为 空 性	约 束
1	id	编号	char	10	not null	主键
2	c_name	留言者	varchar	30	not null	外键
3	c_header	留言者头像	varchar	30	not null	
4	new_message	留言信息	varchar	1000	not null	
5	re_message	回复信息	varchar	1000	null	
6	new_time	留言时间	char	15	not null	
7	re_time	回复时间	char	15	null	

3. Product 表（商品信息表）

商品信息表的详细信息见表 2-3。

表 2-3　Product 表

表 序 号	3	表　　名	Product		
含　　义	存储商品信息				
序　　号	属性名称	含　　义	数据类型	长　　度	为 空 性	约　　束
1	p_id	商品编号	varchar	10	not null	主键
2	p_type	商品类型	varchar	30	not null	外键
3	p_name	商品名称	varchar	40	not null	
4	p_price	商品价格	float		not null	
5	p_quantity	商品数量	int		not null	
6	p_image	商品图片	varchar	100	not null	
7	p_description	描述信息	varchar	2000	not null	
8	p_time	添加时间	varchar	20	null	

4. Notice 表（公告信息表）

公告信息表的详细信息见表 2-4。

表 2-4　Notice 表

表 序 号	4	表　　名	Notice		
含　　义	存储公告信息				
序　　号	属性名称	含　　义	数据类型	长　　度	为 空 性	约　　束
1	n_id	编号	char	10	not null	主键
2	n_message	公告信息	varchar	1000	not null	
3	n_admin	发布者	varchar	30	not null	
4	n_header	头像	varchar	50	not null	
5	n_time	发布时间	char	10	not null	

5. Main_type 表（商品类别信息表）

商品类别信息表的详细信息见表 2-5。

表 2-5　Main_type 表

表 序 号	5	表　　名	Main_type		
含　　义	存储商品类别信息				
序　　号	属性名称	含　　义	数据类型	长　　度	为 空 性	约　　束
1	t_id	类别编号	char	10	not null	主键
2	t_type	类别名称	varchar	30	not null	

6. Sub_type 表（商品子类信息表）

商品子类信息表的详细信息见表 2-6。

表 2-6　Sub_type 表

表 序 号	6		表　　名		Sub_type	
含　　义	存储商品子类信息					
序　　号	属性名称	含　　义	数据类型	长　　度	为 空 性	约　　束
1	s_id	子类编号	char	10	not null	主键
2	s_supertype	父类编号	char	10	not null	外键
3	s_name	子类名称	varchar	30	not null	

7. Orders 表（订单信息表）

订单信息表的详细信息见表 2-7。

表 2-7　Orders 表

表 序 号	7		表　　名		Orders	
含　　义	存储订单信息					
序　　号	属性名称	含　　义	数据类型	长　　度	为 空 性	约　　束
1	order_id	编号	char	10	not null	主键
2	order_payment	支付方式	varchar	100	not null	
3	order_address	地址	varchar	200	not null	
4	order_email	邮箱	varchar	50	not null	
5	order_user	订购者	varchar	30	not null	
6	order_time	订购时间	varchar	30	not null	
7	order_sum	总价值	float	8	not null	

8. OrderDetails 表（订单详情表）

订单详情表的详细信息见表 2-8。

表 2-8　OrderDetails 表

表 序 号	8		表　　名		OrderDetails	
含　　义	存储订单详细信息					
序　　号	属性名称	含　　义	数据类型	长　　度	为 空 性	约　　束
1	order_id	订单号	char	10	not null	外键
2	p_id	商品编号	char	10	not null	外键
3	p_price	价格	float		not null	
4	p_number	数量	int		not null	

9. Payment 表（支付表）

支付表的详细信息见表 2-9。

表 2-9　Payment 表

表　序　号	9	表　　名		Payment	
含　　义	存储支付信息				
序　　号	属性名称	含　义	数据类型	长　度	为空性	约　束
1	pay_id	编号	char	10	not null	主键
2	pay_payment	支付方式	varchar	50	not null	
3	pay_msg	备注	varchar	500	null	

10. Admin 表（管理员表）

管理员的详细信息见表 2-10。

表 2-10　Admin 表

表　序　号	10	表　　名		Admin	
含　　义	存储管理员基本信息				
序　　号	属性名称	含　义	数据类型	长　度	为空性	约　束
1	a_name	管理员账号	varchar	30	not null	主键
2	a_pass	管理员密码	varchar	30	not null	
3	a_header	头像	varchar	30	not null	
4	a_phone	联系电话	char	11	not null	
5	a_email	电子邮箱	varchar	40	not null	

2.2.2　编写数据库脚本

下面给出创建 eBuy 电子商城数据库（名称为"ShopSystem"）和数据表的 SQL 语句。读者在使用样例系统时，也可以直接运行配套资源中的建库脚本或者附加系统中的数据库到数据库服务器。

```
--ShopSystem 数据库
CREATE DATABASE ShopSystem
--Admin 表
CREATE TABLE Admin
(
        a_name varchar(30) not null primary key,
        a_pass varchar(30) not null,
```

```
        a_header varchar(30) not null,
        a_phone char(11) not null,
        a_email varchar(40) not null
)
--Customer 表
CREATE TABLE Customer
(
        c_name varchar(30) not null primary key,
        c_pass varchar(30) not null,
        c_header varchar(30) not null,
        c_phone varchar(11) not null,
        c_question varchar(30) not null,
        c_answer varchar(30) not null,
        c_address varchar(50) null,
        c_email varchar(50) not null
)
--Idea 表
CREATE TABLE Idea
(
        id char(10) not null primary key,
        c_name varchar(30) not null foreign key references Customer (c_name),
        c_header varchar(30) not null,
        new_message varchar(1000) not null,
        re_message varchar(1000) null,
        new_time char(15) not null,
        re_time char(15) null
)
--Main_type 表
CREATE TABLE Main_type
(
        t_id char(10) not null primary key,
        t_type varchar(30) not null
)
--Sub_type 表
CREATE TABLE Sub_type
(
        s_id char(10) not null primary key,
        s_supertype char(10) not null, foreign key references main_type(t_id),
        s_name varchar(30) not null
)
--Notice 表
CREATE TABLE Notice
```

```
(
        n_id char(10) not null primary key,
        n_message varchar(1000)  not null,
        n_admin vartchar(30) not null,
        n_header varchar(50) not null,
        n_time char(10) not null
)
--Orders 表
CREATE TABLE Orders
(
        order_id char(10) not null primary key,
        order_payment varchar(100) not null,
        order_address varchar(200) not null,
        order_email varchar(50) not null,
        order_user varchar(30) not null,
        order_time varchar(30) not null,
        order_sum float(8)not null
)
--OrderDetails 表
CREATE TABLE OrderDetails
(
        order_id char(10) not null foreign key references Orders(order_id),
        p_id char(10) not null foreign key references Product (p_id),
        p_price float not null,
        p_number int not null
)
--Payment 表
CREATE TABLE Payment
(
        pay_id char(10) not null primary key,
        pay_payment varchar(50) not null,
        pay_msg varchar(500) null
)
--Product 表
CREATE TABLE Product
(
        p_id varchar(10) not null primary key,
        p_type varchar(30) not null foreign key references Main_Type(p_type),
        p_name varchar(40) not null,
        p_price float not null,
        p_quantity int not null,
        p_image varchar(100) not null,
```

```
            p_description varchar(2000) not null,
            p_time varchar(20) null
    )
```

2.2.3   附加数据库和创建数据源

1. 附加数据库

① 启动 SQL Server 2012，进入 SSMS，在"对象资源管理器"中右击"数据库"对象，在弹出的快捷菜单中选择"附加"选项，如图 2-3 所示。

② 打开"附加数据库"对话框，选择 eBuy 系统对应的数据库文件 shop_dat.mdf（eBuy\shopData 文件夹中）后，单击"确定"按钮，完成数据库的附加操作，如图 2-4 所示。

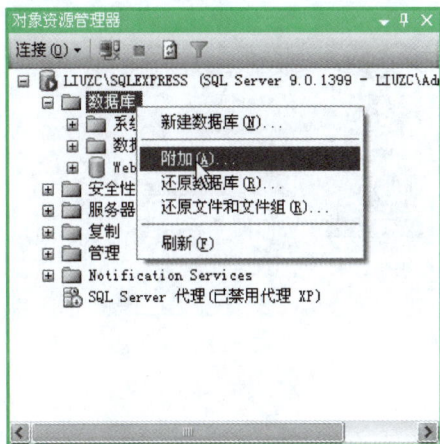

图 2-3   选择"附加"选项

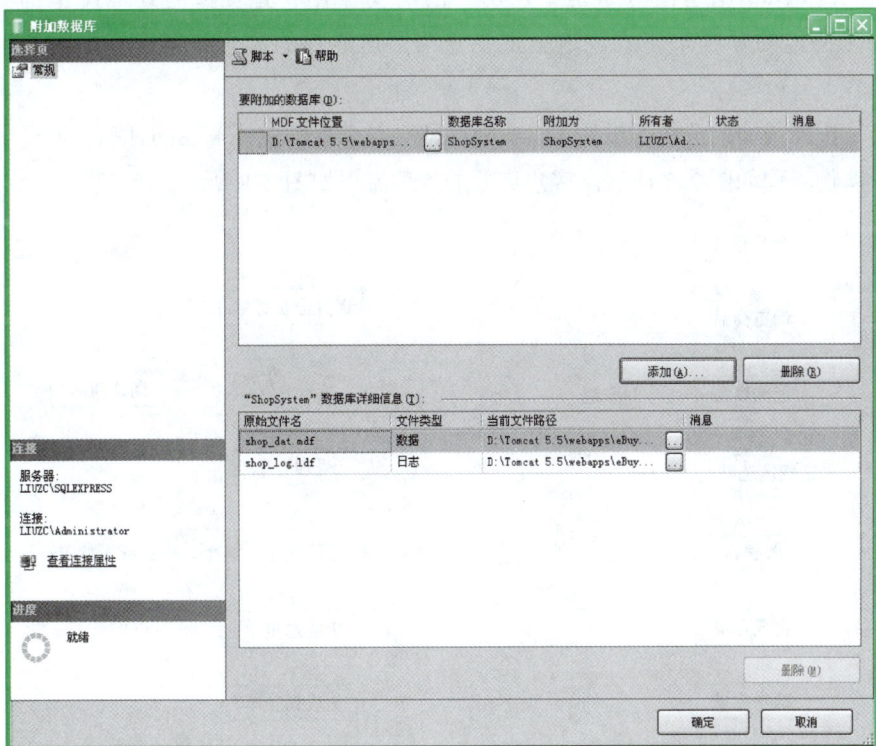

图 2-4   附加数据库

2. 创建 DSN 数据源

① 选择"设置"→"控制面板"→"管理工具"→"数据源 ODBC"选项。

② 打开"ODBC 数据源管理器"对话框，选择"系统 DSN"选项卡后，单击"添加"按钮，创建与 ShopSystem 对应的名称为"shopData"的数据源，如图 2-5 和图 2-6 所示。

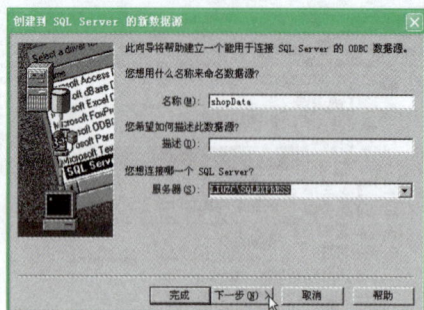

图 2-5 指定数据源名称为 shopData

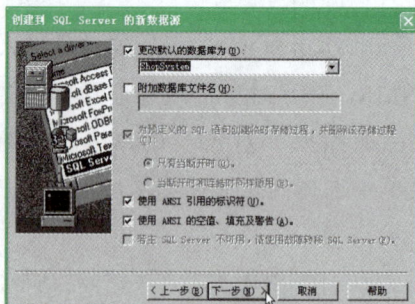

图 2-6 指定数据源对应的数据库为 ShopSystem

2.2.4 系统流程

在 eBuy 电子商城系统中，用户的购物操作和管理员的处理操作都会按照特定的顺序来完成。这里主要介绍用户购物的流程和客户订单的处理流程。

根据前面的分析可以知道，只有注册会员才能够完成商品的订购。前台用户购物流程如图 2-7 所示。客户订单的处理流程如图 2-8 所示。

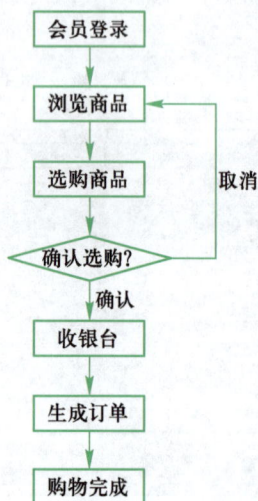

图 2-7 前台用户购物流程

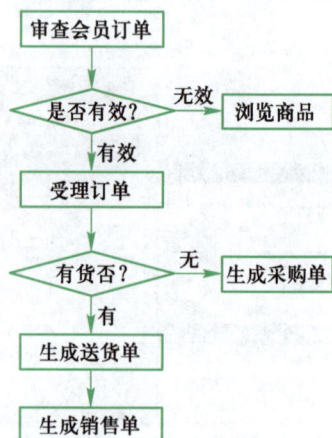

图 2-8 客户订单处理流程

任务 3　　体验 eBuy 电子商城系统的功能

【任务目标】通过使用本书所附的 eBuy 电子商城系统体验典型 B2C 电子商城的主要功能。

【知识要点】配置系统，运行本书所带的 eBuy 电子商城系统；或打开"当当网"，注册后登录系统，完成一个完整的购物过程，体验典型的 B2C 电子商城的各个环节。

微课 2.2　电子商城操作

【任务完成步骤】

① 进入主页面。

② 注册成为会员。

③ 登录 eBuy 电子商城系统。

④ 搜索商品。

⑤ 添加商品到购物车。

⑥ 确认购买商品，进入结算中心。

⑦ 通过后台管理功能进行网站信息管理。

下面对任务的完成步骤进行详细讲解。

2.3.1　首页

如前所述，eBuy 电子商城系统是一个在线销售系统，是一个 B2C 模式的电子商务系统，由前台的 B/S 模式购物系统和后台的 C/S 模式管理系统两部分组成。该电子商务系统可以实现会员注册、浏览商品、查看商品详细信息、选购商品、取消订单和查看订单等功能。参照使用帮助配置好 eBuy 电子商城系统后，在 IE 地址栏中输入 http://localhost:8080/eBuy/shop/index.jsp（其中的 localhost 可以根据具体情况修改为 Web 服务器的地址），进入 eBuy 电子商城首页。前台系统的详细功能如图 2-9 所示。

2.3.2　用户注册

通过首页提供的注册链接，用户可以注册为 eBuy 电子商城的会员，用户注册时需要填写必要资料和可选资料。只有注册会员才可以在 eBuy 电子商城进行购物操作，非注册会员只能查看商品资料。用户注册页面如图 2-10 所示。

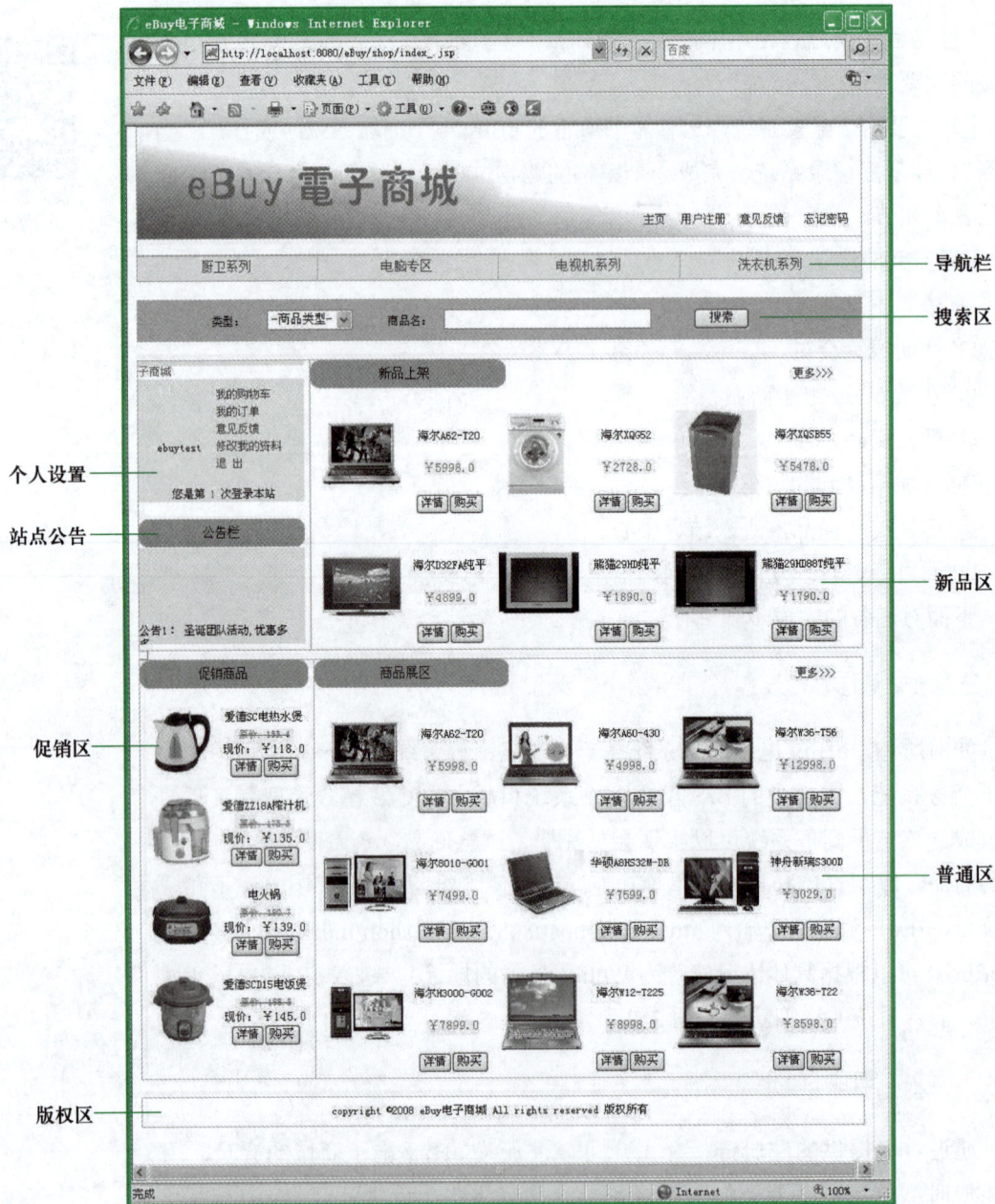

图 2-9 前台系统的详细功能

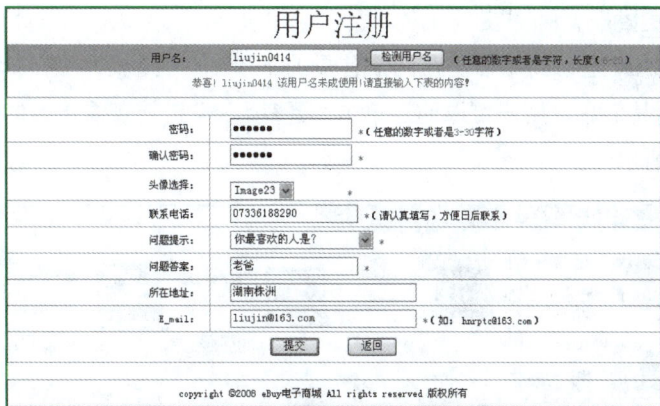

图 2-10　用户注册页面

2.3.3　用户登录

　　注册会员通过首页提供的登录入口可以登录到 eBuy 电子商城系统。注册会员输入注册用户名和密码可以登录本网站进行购物。用户登录时的界面如图 2-11 所示。用户登录后的显示信息如图 2-12 所示。

图 2-11　用户登录界面

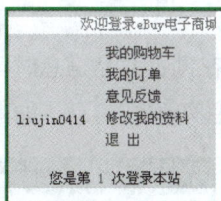

图 2-12　用户登录后的显示信息

2.3.4　商品展示

1.　新品上架

　　进入 eBuy 电子商城后，在网站首页的上半部分会显示最新入库的 6 种商品信息，用户可以通过单击"更多 >>>"链接查看更多的商品信息，如图 2-13 所示。

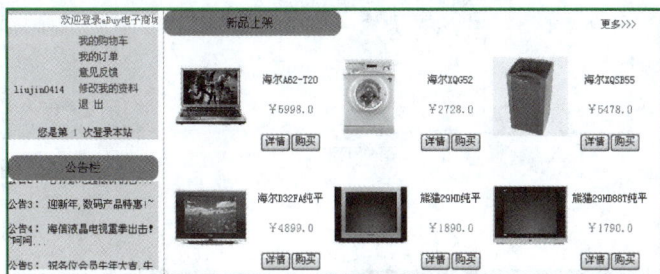

图 2-13　新品上架

2. 促销商品和商品展区

进入 eBuy 电子商城后，在网站首页的下半部分会显示促销的 4 种商品信息及其他商品信息，用户可以通过单击"更多 >>>"链接查看更多的商品信息，如图 2-14 所示。

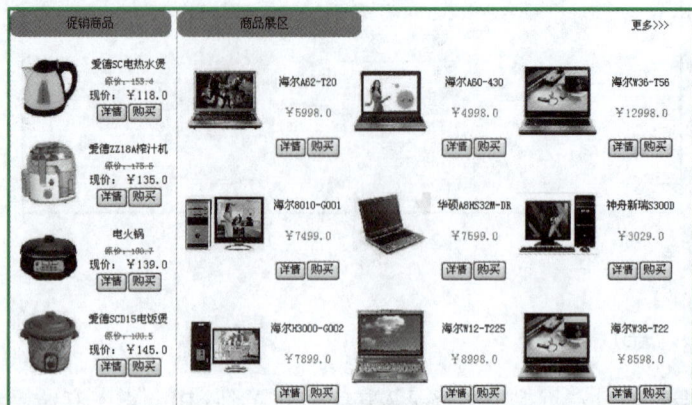

图 2-14 促销商品和商品展区

2.3.5 商品详情

用户在浏览商品信息时可以单击"详情"按钮，查看商品折扣、商品描述和商品大图等详细信息，如图 2-15 所示。

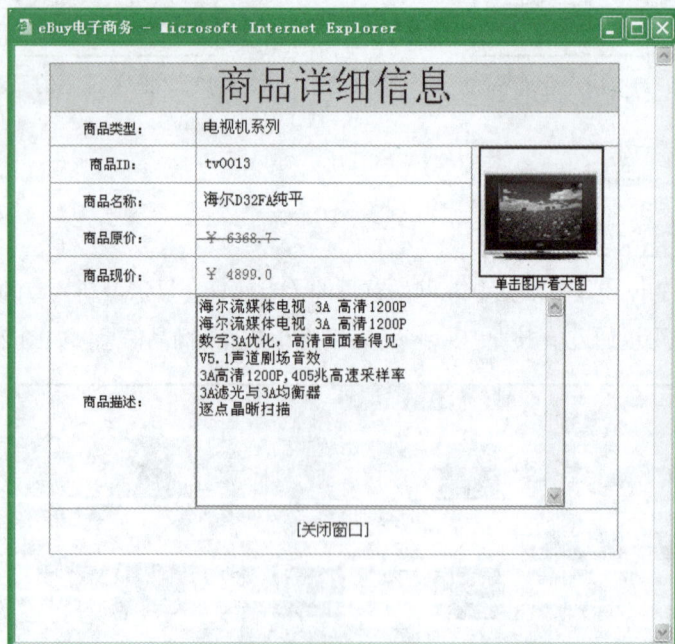

图 2-15 商品详情

2.3.6 购物车

注册用户在浏览商品信息时可以单击"购买"按钮，将商品放入购物车中。对于购物车中的商品，用户可以确认购买，也可以退还商品（删除），还可以增减所购商品的数量，如图 2-16 所示。

图 2-16 我的购物车

2.3.7 结算中心

用户查看购物车时可以单击"去收银台结账"按钮，确认购买所选择的商品。在"结算中心"界面，填写付款方式、收货地址和 E-mail 地址等信息完成商品的订购，如图 2-17 所示。

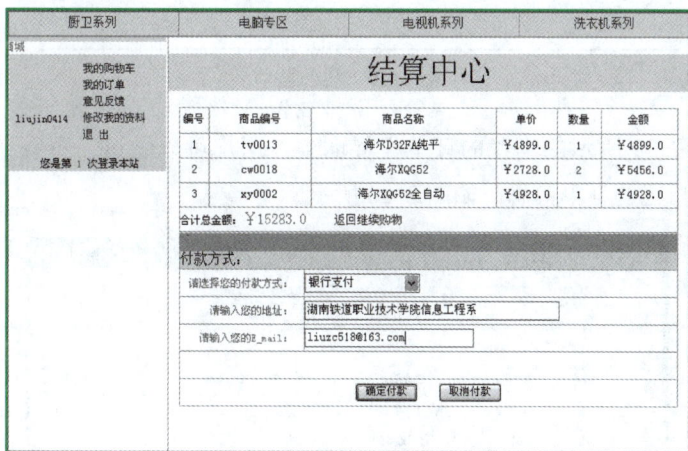

图 2-17 结算中心

在图 2-17 所示的结算中心，如果用户单击"确定付款"按钮，则显示用户订单的详细信息（包括订单号、订单时间等信息），如图 2-18 所示。

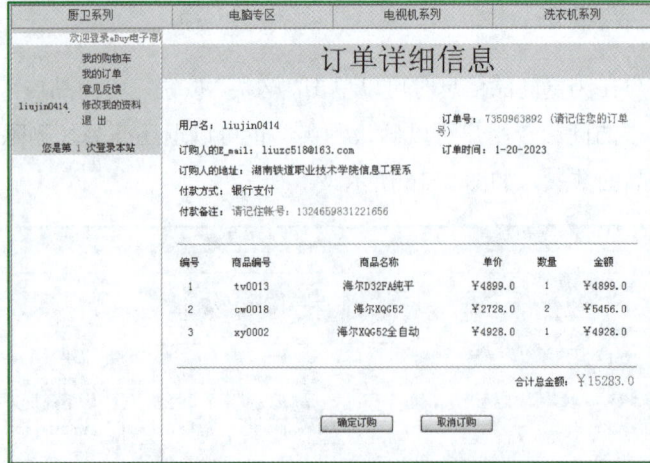

图 2-18　订单详细信息

生成用户订单后，用户可以通过"我的订单"链接查看自己的订单信息，如图 2-19 所示。

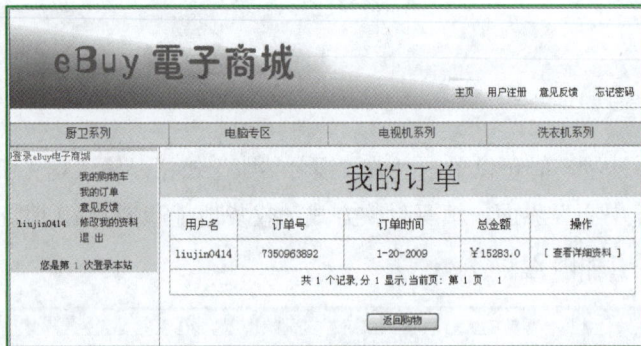

图 2-19　我的订单

在图 2-19 所示的"我的订单"界面中，用户可以通过"查看详细资料"链接查看自己的订单信息，如图 2-20 所示。

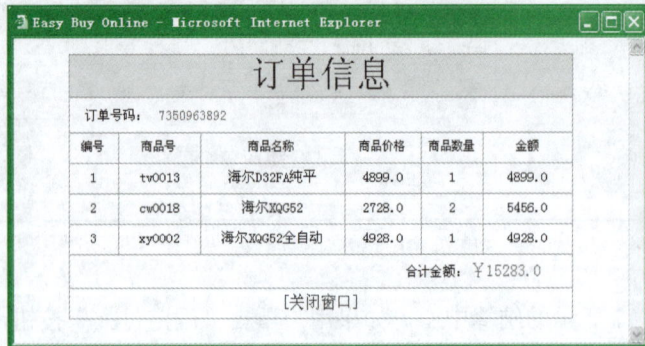

图 2-20　订单信息

2.3.8　客户反馈

注册用户和非注册用户可以查看对网站的服务质量和特定商品的评论，如图 2-21 所示。

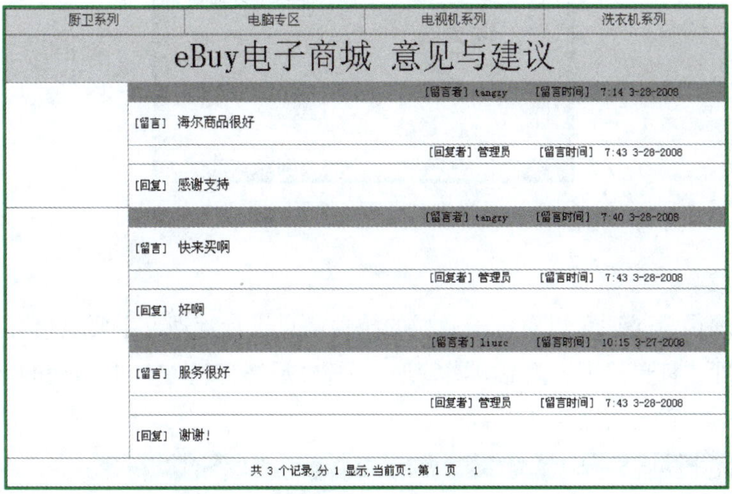

图 2-21　查看意见和建议

注册用户也可以发表对商品的反馈意见和建议，如图 2-22 所示。

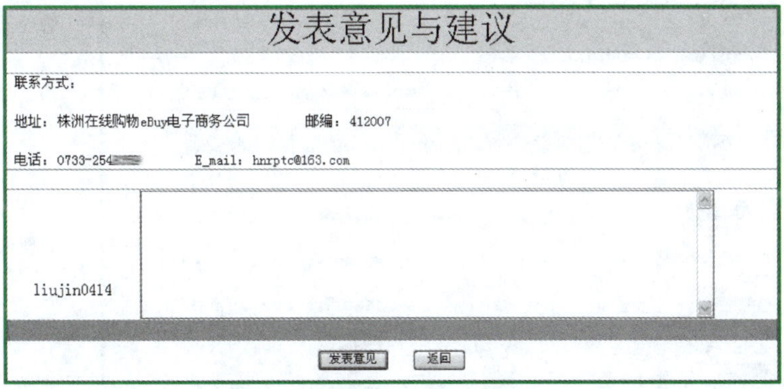

图 2-22　发表意见和建议

2.3.9　后台管理

1. 登录

系统管理员输入账号和密码后可以登录网站后台管理系统，实现后台管理功能。配置好 eBuy 电子商城系统后，在 IE 地址栏中输入 http://localhost:8080/eBuy/admin/index.jsp（其中的 localhost 可以根据具体情况修改为服务器的地址），后台管理员的登录界面如图 2-23 所示。

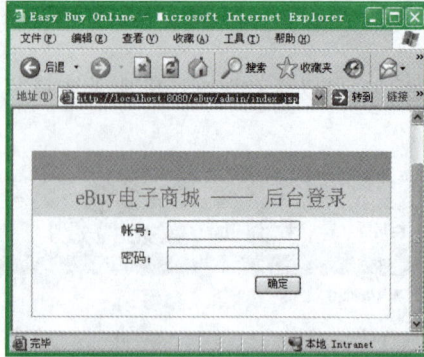

图 2-23 后台管理登录

2. 管理

管理员登录后可以对电子商城的相关信息进行管理，主要包括客户管理、商品管理、订单管理、商品分类管理、公告/反馈管理、支付管理和其他管理，如图 2-24 所示。

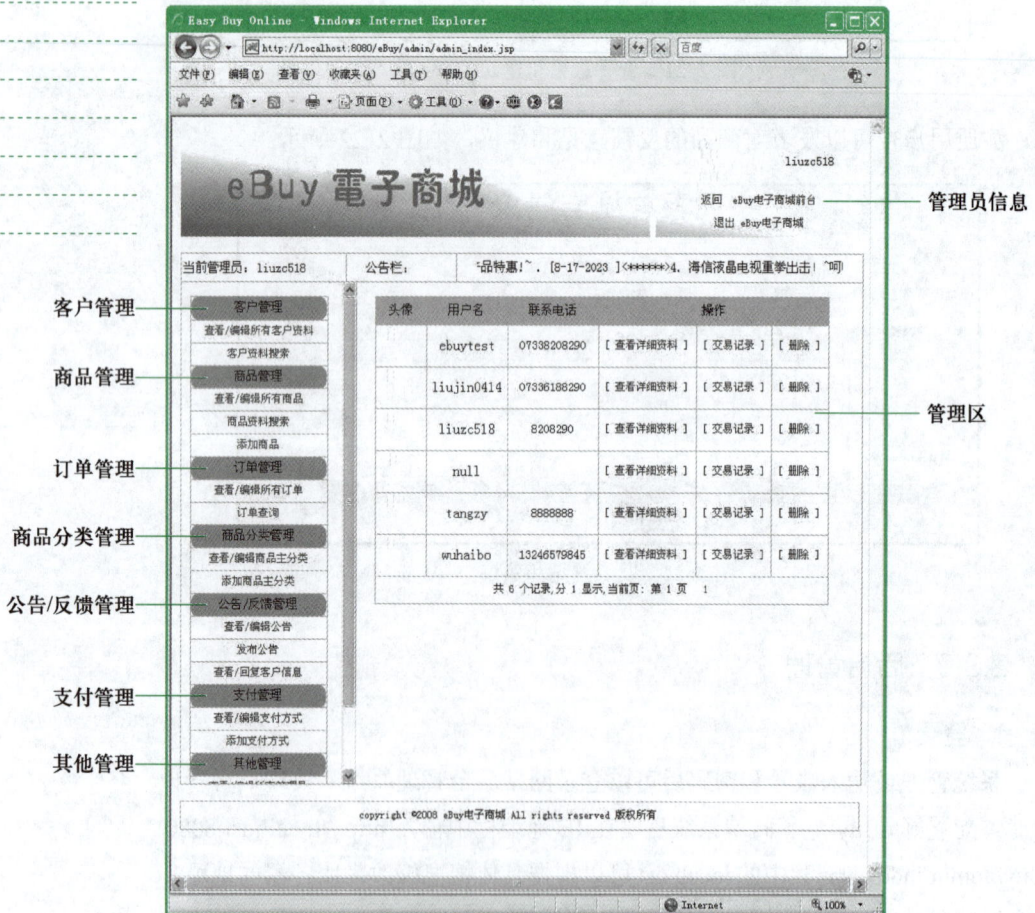

图 2-24 后台管理功能

① 添加商品。添加商品的界面如图 2-25 所示。

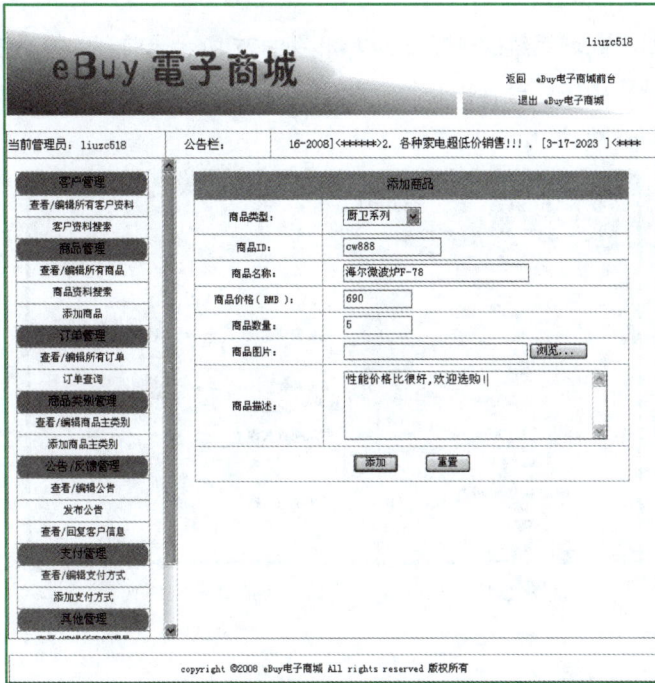

图 2-25　添加商品

② 查看 / 编辑商品。查看 / 编辑商品的界面如图 2-26 所示。

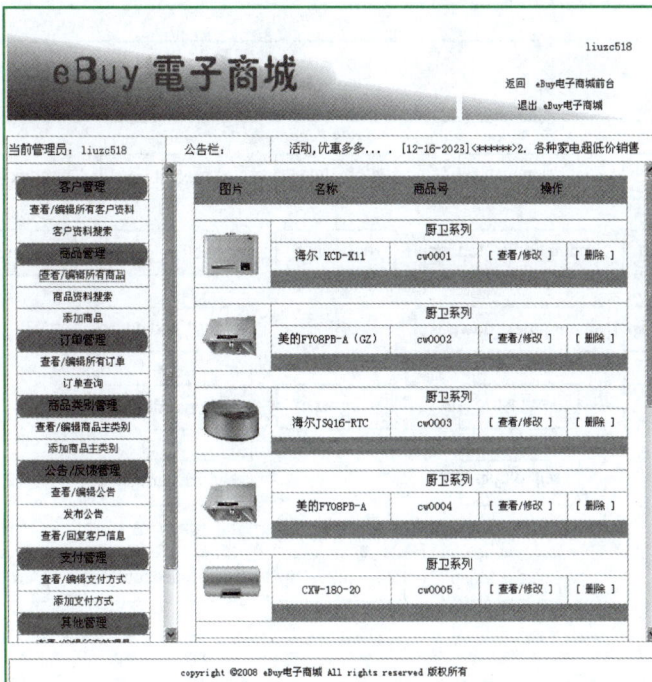

图 2-26　查看 / 编辑商品

2.3.10 开发文件夹

eBuy 电子商城系统的开发文件夹如图 2-27 所示。前台购物系统文件保存在 shop 文件夹中，后台管理系统文件保存在 admin 文件夹中，系统数据库保存在 shopData 文件夹中。

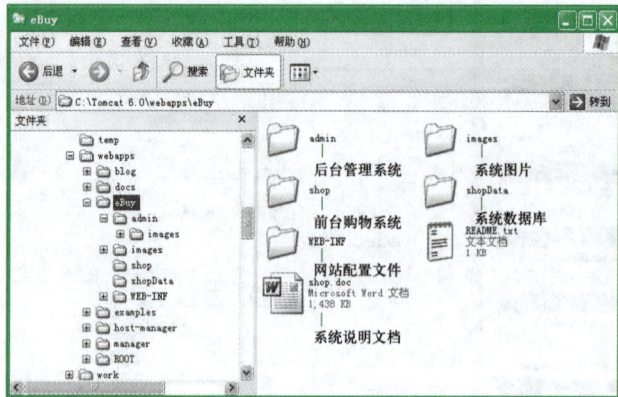

图 2-27 eBuy 电子商城系统的开发文件夹

2.3.11 页面关系图

eBuy 电子商城前台主要页面的关系如图 2-28 所示，读者可以结合配套资源中的系统进行分析和学习。

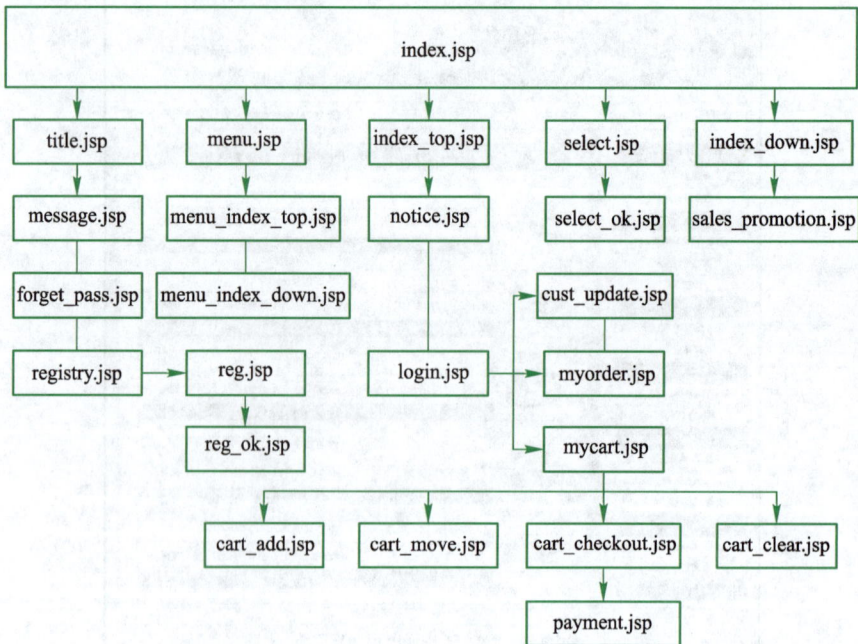

图 2-28 eBuy 电子商城前台页面关系图

2.3.12　系统使用说明

1. 系统配置

本书所有实例都是在 Windows 10 操作系统下开发的，程序测试环境为 Windows 10。用户在 Windows 10 下正确配置程序运行所需的环境后，完全可以使用本实例。系统具体配置如下。

（1）硬件平台

CPU：主频 1.8 GHz 以上。

内存：4 GB 以上。

（2）软件平台

操作系统：Windows 10。

数据库：SQL Server 2012/2017。

开发工具包：JDK 21。

开发环境：Eclipse 4.20+MyEclipse 2015。

Web 服务器：Tomcat 9.0。

浏览器：IE 9 及以上版本，推荐使用 IE 10。

分辨率（最佳效果）：1440 像素 ×1080 像素。

2. 源程序使用方法

如果用户要使用 eBuy 电子商城系统源程序，除了满足上面要求的计算机配置外，还需要完成如下工作。

① 将所附的源程序对应的文件夹（eBuy）复制到计算机硬盘上 Tomcat 安装目录下的"webapps"文件夹。

② 在 SQL Server 数据库管理系统中将应用程序 shopData 文件夹下的 ShopSystem 数据库附加到当前 SQL Server 数据库服务器。

③ 创建指向 ShopData 数据库的系统 DSN（ODBC 数据源）"shopData"。

④ 启动 Tomcat 服务器。

⑤ 在浏览器地址栏中输入 http://localhost:8080/easybuyonline/shop/index.jsp 后，即可进入前台购物页面。

⑥ 在浏览器地址中输入 http://localhost:8080/easybuyonline/admin/index.jsp，输入管理员账号和密码后，即可进入后台管理页面。

课外拓展

【拓展 1】进入"北京图书大厦网上书店",通过网站提供的链接注册成会员后,登录系统,进行图书的浏览和购买操作,体验网上电子商城的主要功能以及快捷和便利的购物方式。

【拓展 2】① 试着搜索书名为《JSP 程序设计案例教程》的图书,并查看该图书的详细信息。② 试着按照作者名搜索图书信息,查看该编者编写的图书信息。

【拓展 3】分小组讨论北京图书大厦网站的后台管理应包括哪些功能。

【拓展 4】启动 SQL Server 2012/2017,参阅本书中所附的 eBuy 系统数据库脚本,创建 eBuy 电子商城的数据库和数据表,并往表中添加相应的记录。

【拓展 5】参阅系统使用说明,配置好 eBuy 电子商城系统,并运行该系统,查看该系统实现的主要功能。

【拓展 6】记录一次到超市购物的过程,体会购物车的作用、结算过程,查看超市提供的购物清单,结合数据库的知识,理解订单和订单详情之间的关系。

单元 3

搭建 JSP 开发环境

学习目标

【知识目标】

- 掌握 JDK 的安装与环境设置方法
- 掌握 Tomcat 的安装与配置方法
- 熟悉常用的 JSP 开发工具的使用方法

【技能目标】

- 掌握对 JSP 的运行环境（JDK + Tomcat）进行配置的技能
- 掌握常用的 JSP 开发工具的使用方法
- 学会编写最简单的 JSP 程序

【素养目标】

- 养成严谨细致的工作作风
- 增强自主开发、科技报国的意识
- 坚定专业选择，合理规划职业生涯

任务 1 安装与配置 JDK

3.1.1 JSP 运行环境简介

编写 JSP 程序至少需要具备两个基本条件：一是需要在计算机上安装 JDK，并进行相关的环境变量的设置；二是需要在计算机上安装 JSP 引擎（也可以理解为 Web 服务器），如 J2EE 服务器、Resin 和 Tomcat 服务器等。

基于 Java 的 Web 应用系统的开发和运行环境既包括客户端环境，也包括服务器端环境。其中，客户端环境只需要使用 IE 等浏览器即可。在应用 JSP 进行 Web 程序开发时，服务器端的环境的搭建根据 Web 服务器的不同而有不同的方案。在本书中选择 Tomcat 作为 Web 服务器，通常有 3 种方案。

① JDK+Tomcat。在这种方案里 Tomcat 既作为 JSP 引擎又作为 Web 服务器，配置比较简单。这是本书重点内容，也是本书案例系统的开发环境。

② JDK+Apache+Tomcat。虽然 Tomcat 除了作为 JSP 引擎外，也可以作为 Web 服务器，但其处理静态 HTML 的速度比不上 Apache，并且其作为 Web 服务器的功能远远不如 Apache 强大。因此把 Apache 和 Tomcat 集成起来，用 Apache 作为 Web 服务器，而 Tomcat 作为专用的 JSP 引擎，这是一种很好的方案。这种方案的配置比较复杂，但是能让 Apache 和 Tomcat 完美整合，实现强大的功能。本书从简单的角度考虑，没有选用这种方案，详细配置可以参阅相关资料。

③ JDK+IIS+Tomcat。在 Windows 平台下最常用的 Web 服务器是 IIS，正常情况下 IIS 不支持 JSP，可以通过使用一个 IIS 到 Tomcat 的重定向插件，保证 IIS 能够将所有的 JSP 请求发送到 Tomcat 执行，增加 IIS 处理 JSP 的功能。如果之前已经习惯了使用 IIS，可以尝试这种配置。详细配置可以参阅相关资料。

3.1.2 JDK 的下载与安装

【任务目标】掌握 JDK 的安装和配置方法。

【知识要点】根据 Web 服务器的版本和 Web 应用系统的需求选择合适的 JDK 版本，下载 JDK 并配置 JDK 路径。

【任务完成步骤】

1. 下载 JDK

JDK 请自行搜索并免费下载，本书使用的是 JDK21，下载页面如图 3-1 所示。

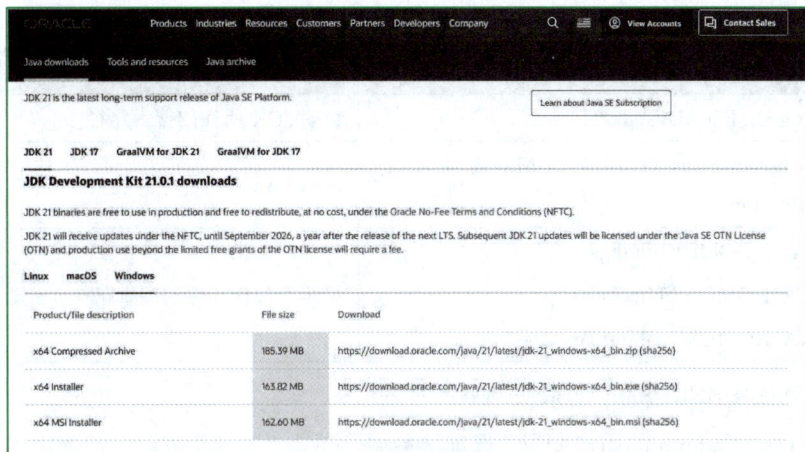

图 3-1　JDK21 下载界面

2. 安装 JDK

下载完毕，直接运行所下载的文件 jdk-21_windows-x64_bin.exe，按照提示进行安装，在安装过程中可以更改默认的安装路径。

3. 配置环境变量

在 Windows 10 的桌面上右击"此电脑"图标，在弹出的快捷菜单中选择"属性"命令。在打开的"设置"对话框中找到"相关设置"→"高级系统设置"，单击"高级系统设置"，打开"系统属性"对话框，如图 3-2 所示，单击"环境变量"按钮打开"环境变量"对话框，如图 3-3 所示，在"环境变量"对话框中新建表 3-1 所示的变量名和变量值。

图 3-2　"系统属性"对话框

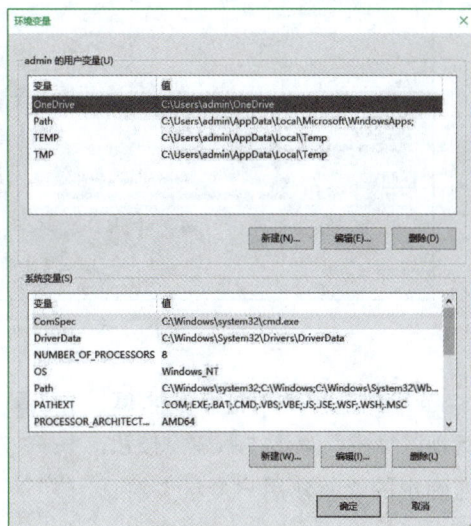

图 3-3　"环境变量"对话框

表 3-1　JDK 环境变量

变 量 名	变 量 值	功　能
JAVA_HOME	D:\Program Files\Java\jdk-21	说明 JDK 所在的搜索路径
Path	D:\Program Files\Java\jdk-21\bin 或 %JAVA_HOME%\bin	说明 Java 实用程序的位置
CLASSPATH	.; %JAVA_HOME%\lib\dt.jar ; %JAVA_HOME%\lib\tools.jar ; %JAVA_HOME%\jre\lib\rt.jar ;	说明类和包文件的搜索路径

具体操作步骤如下所示。

① 在"admin 的用户变量"选项区域中，单击"新建"按钮，在弹出的"新建用户变量"对话框中输入 JAVA_HOME 变量名和变量值，如图 3-4 所示。

② 在"系统变量"选项区域中双击"Path"变量，在弹出的"编辑环境变量"对话框中单击"编辑"按钮，添加 Path 变量值，如图 3-5 所示。

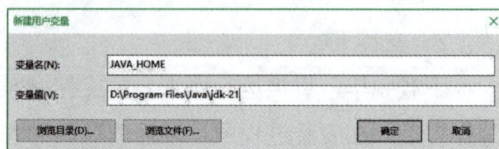

图 3-4　新建用户变量 JAVA_HOME

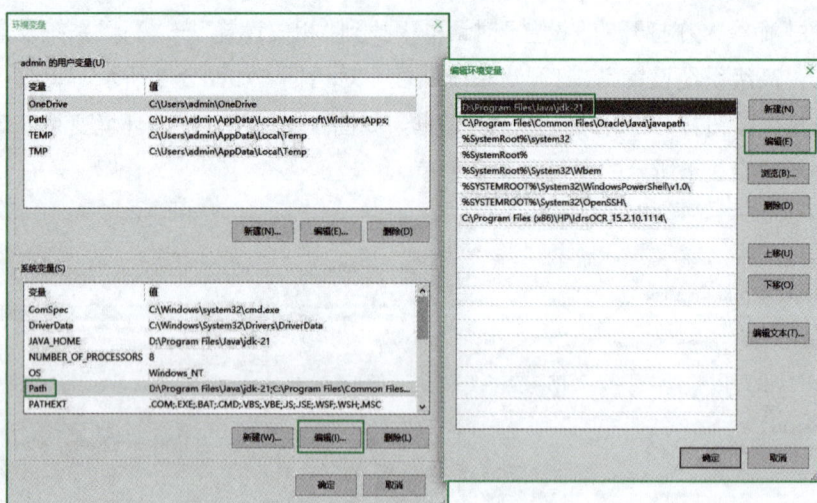

图 3-5　编辑环境变量 Path

③ 在"admin 的用户变量"选项区域中，单击"新建"按钮，在弹出的"新建用户变量"对话框中输入 CLASSPATH 的变量名和变量值，如图 3-6 所示。

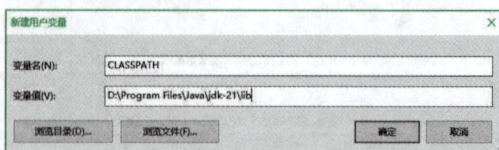

图 3-6　新建用户变量 CLASSPATH

任务 2　安装与配置 Tomcat

【任务目标】掌握 Tomcat 应用服务器的安装和配置方法。

【知识要点】选择与 JDK 匹配的 Tomcat 版本，下载并安装，测试 Tomcat 是否安装成功。

【任务完成步骤】

① 下载 Tomcat。

② 安装与配置 Tomcat。

③ 启动与停止 Tomcat。

④ 测试 Tomcat。

下面对任务的完成步骤进行详细讲解。

3.2.1　下载 Tomcat

Tomcat 是 Apache 组织的产品，Tomcat 服务器是当今使用最广泛的 Servlet/JSP 服务器，运行稳定、性能可靠，是学习 JSP 技术和中小型企业应用的最佳选择。

用户可以通过 Tomcat 的主页地址的下载链接进入 Tomcat 的下载页面，如图 3-7 所示。

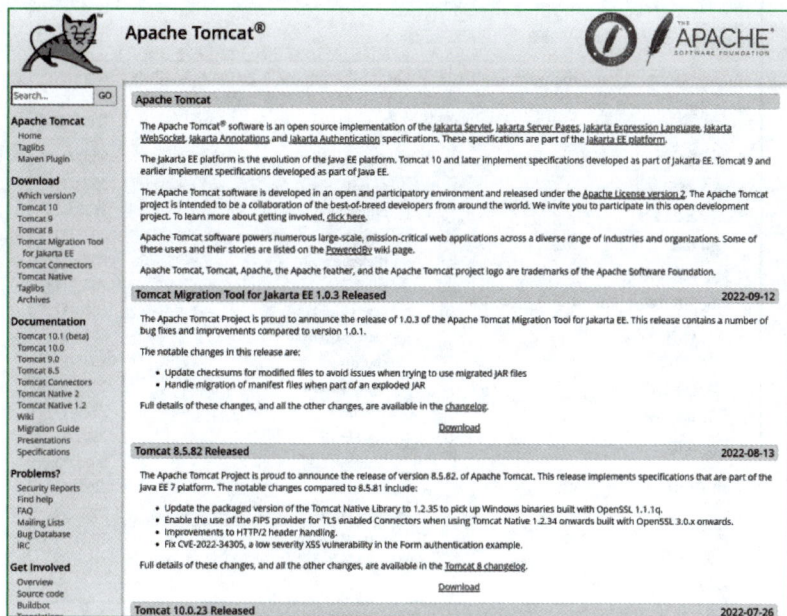

图 3-7　Tomcat 下载页面

选择下载版本 Tomcat 9，进入如图 3-8 所示的下载页面。选择下载 Windows 环境下的程序包 apache-tomcat-9.0.83-windows-x64.zip。

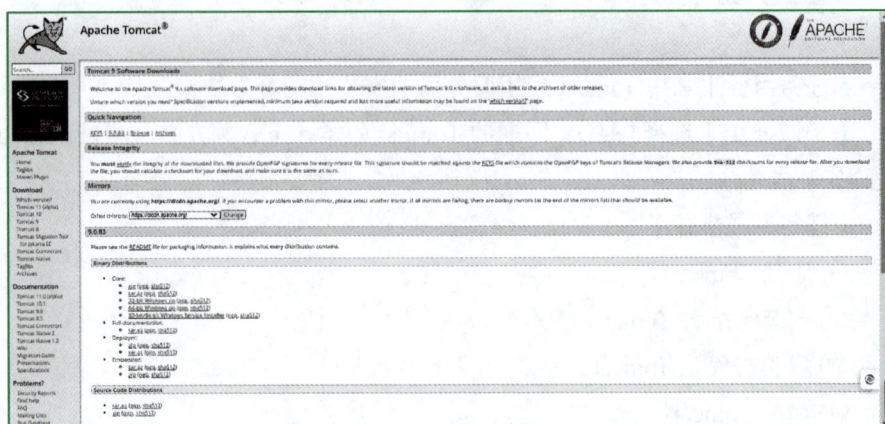

图 3-8 Tomcat 9 的下载页面

3.2.2 启动与停止 Tomcat

解压 apache-tomcat-9.0.83-windows-x64.zip，在解压路径下的 bin 目录里找到 tomcat9w.exe，如图 3-9 所示，双击 tomcat9w.exe，打开 Tomcat 服务配置窗口，如图 3-10 所示。在 Tomcat 服务配置窗口可以对 Tomcat 进行相应配置，如指定 Tomcat 的启动方式（Startup type），如图 3-11 所示。

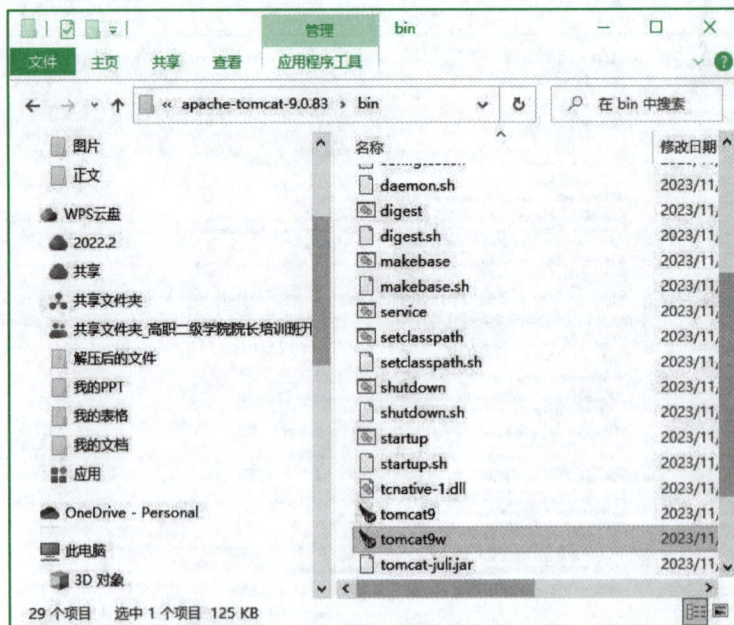

图 3-9 Tomcat 的 bin 目录

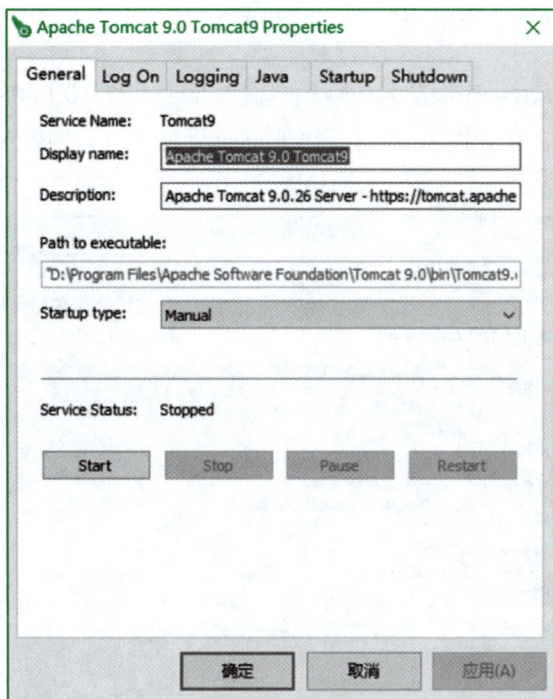

图 3-10　Tomcat 服务配置对话框

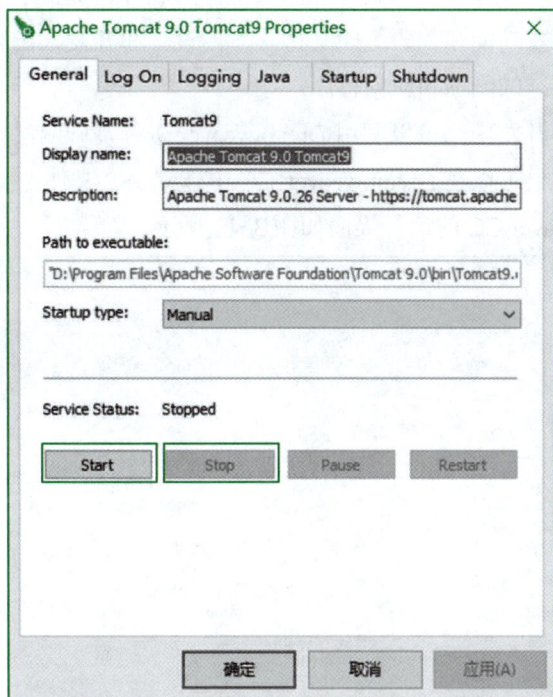

图 3-11　Tomcat 启动与停止

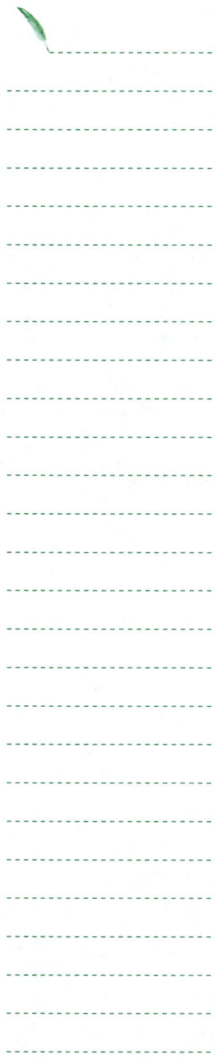

3.2.3 测试 Tomcat

启动 Tomcat 后，在浏览器地址栏中输入 http://127.0.0.1:8080 或 http://local-host:8080，如果出现如图 3-12 所示的 Tomcat 默认主页，则表示 Tomcat 服务器启动正常。

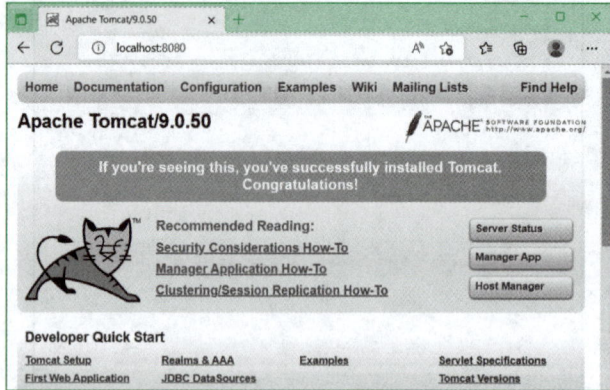

图 3-12 Tomcat 默认主页

3.2.4 认识 Dreamweaver

Dreamweaver 是用于网站设计和网页制作的软件，提供了强大的可视化布局工具、应用开发功能和代码编辑支持，方便设计和开发人员高效地设计、开发和维护基于标准的网站和应用程序。

在 JSP 程序开发中，可以利用 Dreamweaver 进行基础网站框架的搭建和网页界面的设计，也可以在 Dreamweaver CC 中建立 JSP 文件，完成 JSP 程序的开发。Dreamweaver CC 的运行界面如图 3-13 所示。

图 3-13 Dreamweaver CC 运行界面

3.2.5　配置 Eclipse 的 JSP 开发环境

Eclipse 是一个开放可扩展的集成开发环境。它不仅可以用于 Java 桌面程序的开发，通过安装开发插件，还可以构建 Web 项目和移动项目的开发环境。Eclipse 是开放源代码的项目，可以免费下载。下面介绍 Eclipse 开发环境的配置。

1.　Eclipse 的安装与配置

① 从 Eclipse 的官方网站进入 Eclipse SDK 的下载页面，如图 3-14 所示。

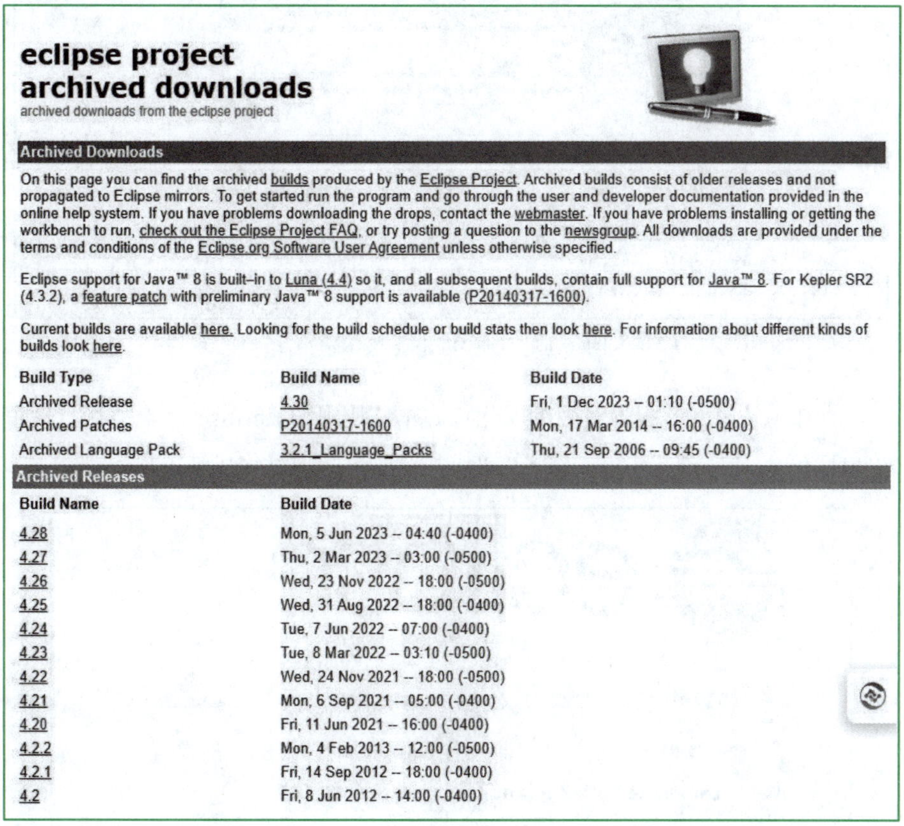

图 3-14　Eclipse 下载页面

② 选择下载版本 4.20。

③ 下载后的 Eclipse SDK 是一个压缩文件，解压该压缩文件便可直接使用。

2.　Eclipse 的汉化

下载后的 Eclipse 是英文版本，为了便于使用，提高开发效率，可以对 Eclipse 进行汉化。Eclipse 3.3 以前版本的语言包在 Eclipse 官方网站中可以找到，从 Eclipse 3.3 以后，其汉化工作交给了 Babel 项目，通过 Eclipse 的自动升级完成。下面简要介绍 Eclipse 4.20 的汉化过程。

① 查看 Eclipse 的版本。启动 Eclipse，依次单击"Help"→"About Eclipse SDK"，打开如图 3-15 所示的对话框。

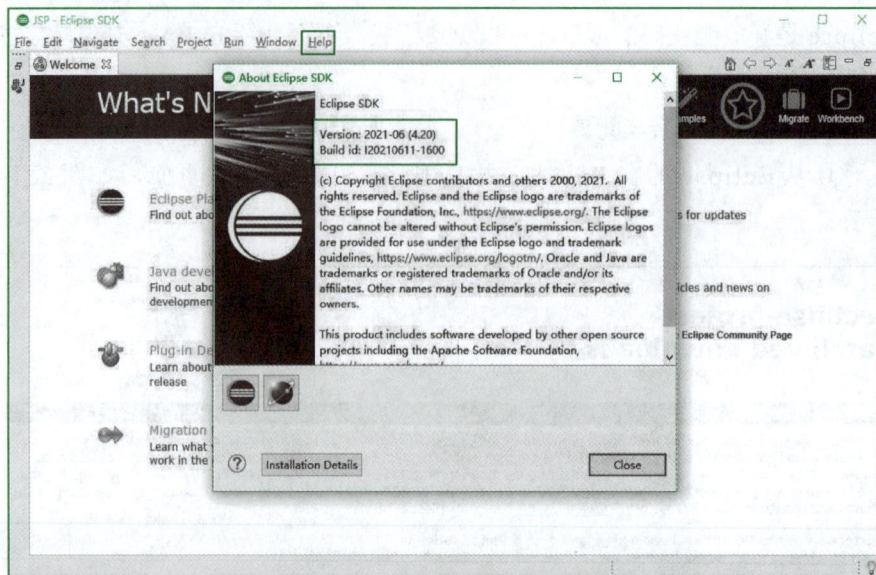

图 3-15　查看 Eclipse 版本窗口

② 下载 Eclipse 版本对应的汉化包。本书使用的 Eclipse 为 4.20 版（时间为 2021.6），在如图 3-16 所示的页面找到对应时间的汉化包并下载。

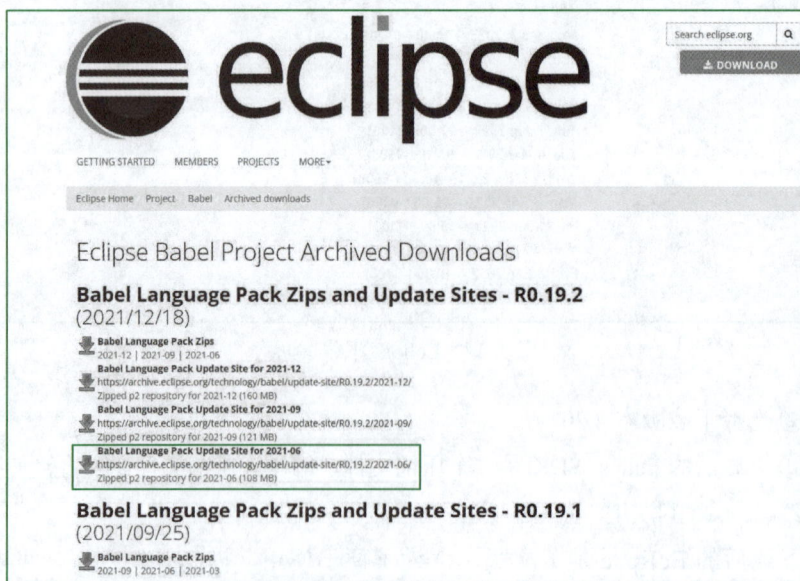

图 3-16　Eclipse 汉化包下载

③ 将下载的文件复制到 Eclipse 所在目录。将下载的压缩包解压，将解压后的文件复制到"eclipse\dropins"文件夹下。重启 Eclipse，发现界面被汉化了，如图 3-17 所示。汉化后第一次启动时间会比较久，请耐心等待。

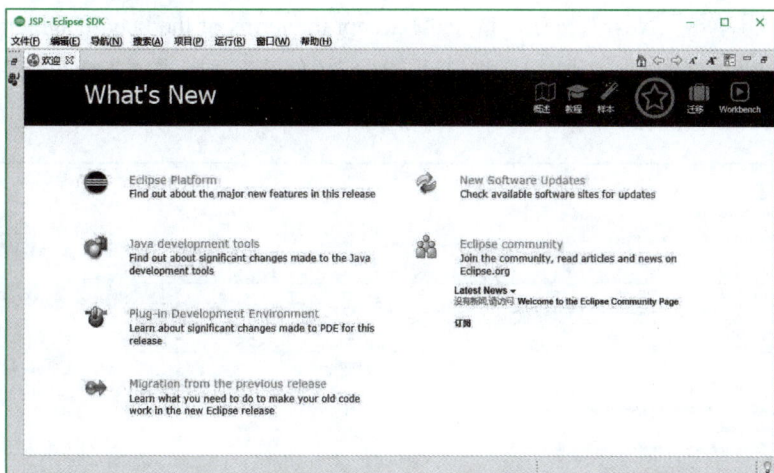

图 3-17　汉化后的 Eclipse 界面

3. 配置开发 Web 项目的环境

Eclipse 除了可以用来编辑 Java 项目，还可以编辑 Web 项目，但 Eclipse 默认环境下新建项目中没有 Web 选项，这就需要用到 Eclipse 自带的安装新软件功能，具体操作步骤如下。

① 启动 Eclipse，依次选择 Help → Install New Software 选项，打开 Install 对话框，如图 3-18 所示。

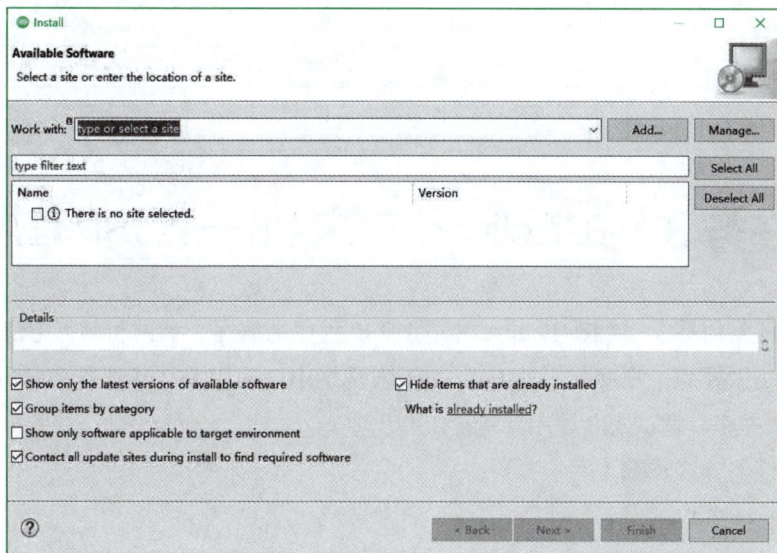

图 3-18　Install 对话框

② 在 Install 对话框的 "Work with:" 下拉列表框中选择与版本时间对应的下载链接，选中软件列表框中的 "Web，XML，Jave EE and OSGi Enterprise Development" 复选框，如图 3-19 所示。单击 Next 按钮，系统将自动进行软件配置，再单击 "Next" 按钮，选中 "I accept the terms of the license agreements" 单选按钮，单击 Finish 按钮，将自动完成新软件的安装，在右下角可以看到安装进度。

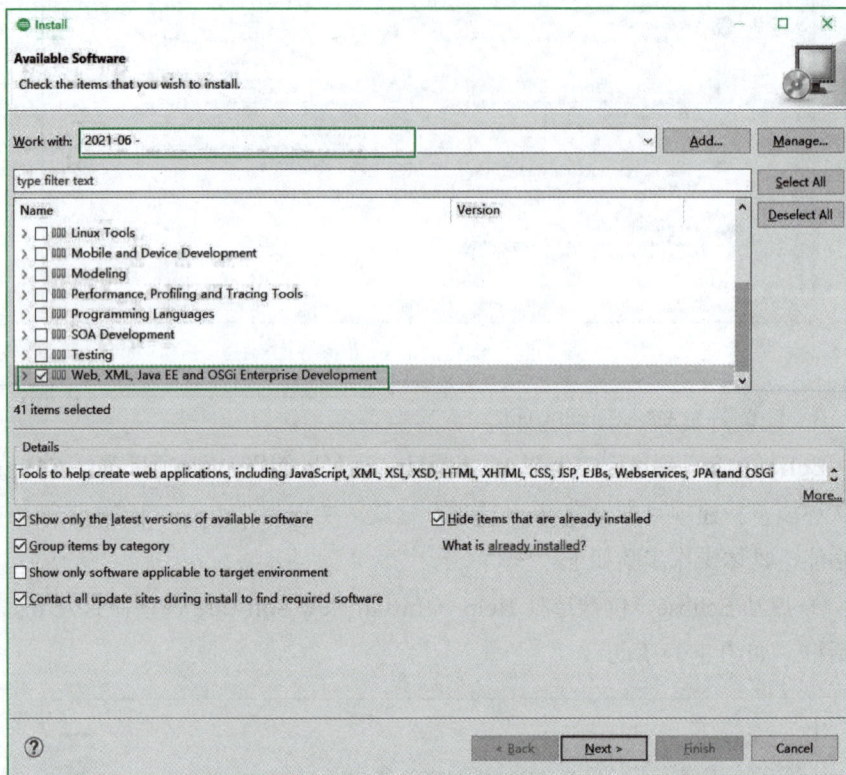

图 3-19　选择新安装软件界面

任务 3　在 Eclipse 下创建第一个 JSP 程序

【任务目标】掌握在 Eclipse 环境下 JSP 程序的编写、调试和运行方法。

【知识要点】在配置好的 Eclipse 开发环境中，应用 JSP 基础语法编写简单的 JSP 程序、调试 JSP 程序、运行 JSP 程序。

【任务完成步骤】

① 新建 Web 项目。

② 创建服务器。

③ 编辑 JSP 文件。

④ 运行 JSP 文件。

下面对任务的完成步骤进行详细讲解。

3.3.1　新建 Web 项目

① 启动 Eclipse，依次选择 File → New → Project 选项，打开 New Project 窗口，选择 Web → Dynamic Web Project 后，单击 Next 按钮，如图 3-20 所示。

② 打开 New Dynamic Web Project 窗口，输入项目名称 first 后，单击 Finish 按钮，完成名称为"first"的 Web 项目的创建，如图 3-21 所示。

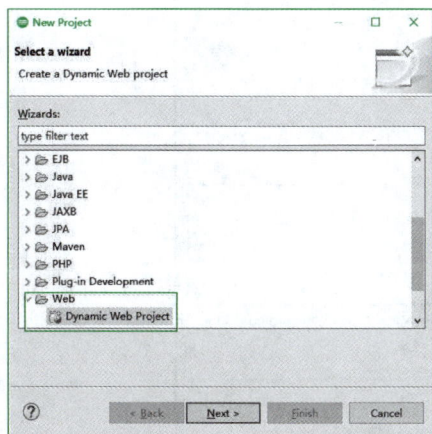

图 3-20　新建一个 Dynamic Web Project　　　　图 3-21　创建 Web 项目

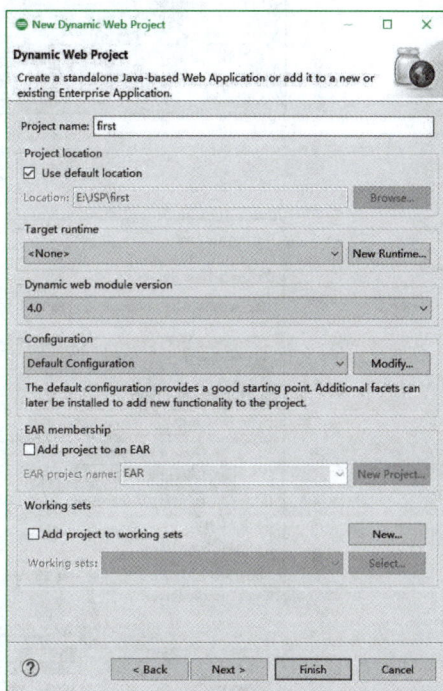

3.3.2　创建服务器

① 依次选择 File → New → Other → Server 选项，选择新建 Server 后单击 Next 按钮，如图 3-22 所示。

② 打开 Define a New Server 窗口，选择 Apache → Tomcat v9.0 Server 后单击 Next 按钮，如图 3-23 所示。

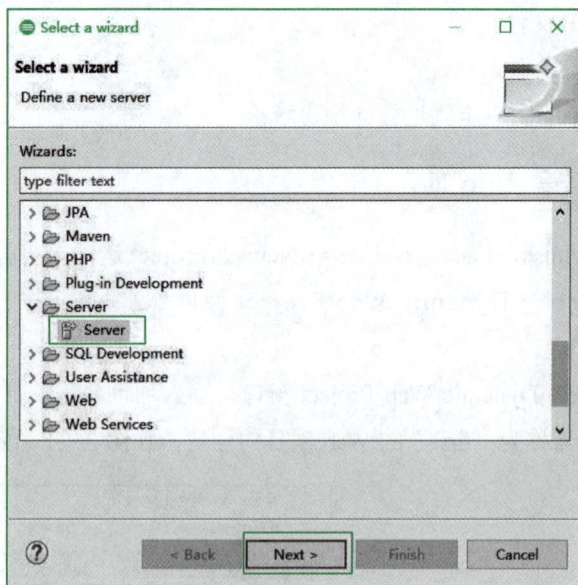

图 3-22　选择新建 Server

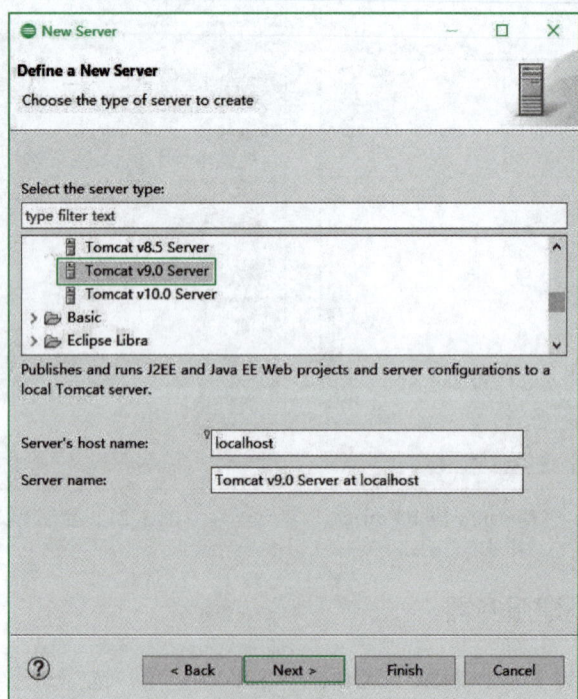

图 3-23　选择新建 "Tomcat v9.0 Server"

③ 打开 Tomcat Server 窗口，单击 Browse 按钮，指定 Tomcat 的安装路径，然后单击 Next 按钮，如图 3-24 所示。

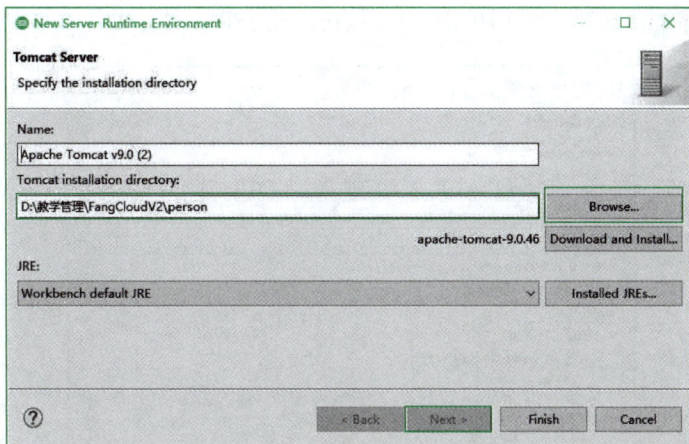

图 3-24　指定 Tomcat Server 属性

④ 打开 Add and Remove 窗口，选择新建的 first 项目后，单击 Add 按钮，将指定项目添加到新建的服务器中，单击 Finish 按钮完成服务器的创建，如图 3-25 所示。

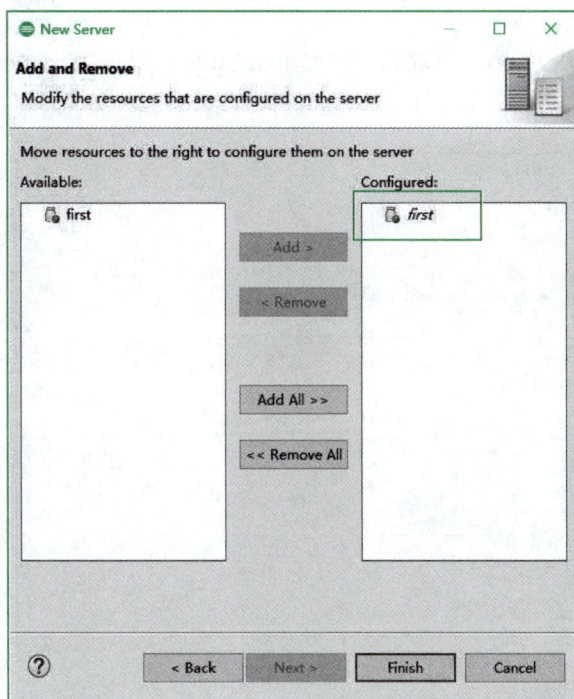

图 3-25　添加项目到服务器

3.3.3　编写 JSP 文件

① 选择 File → New → Other 选项，打开 Select a wizard 窗口，再选择

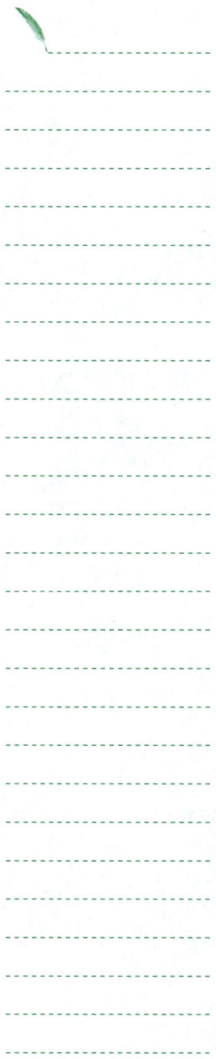

Web → JSP File 选项，然后单击 Next 按钮新建 JSP 文件，如图 3-26 所示。

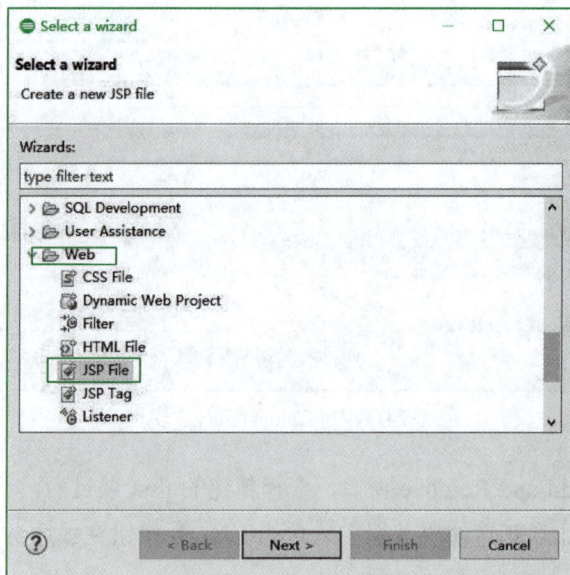

图 3-26 选择新建 JSP 文件

② 打开 "JSP" 窗口，输入文件名 first.jsp 后，单击 Next 按钮，如图 3-27 所示。

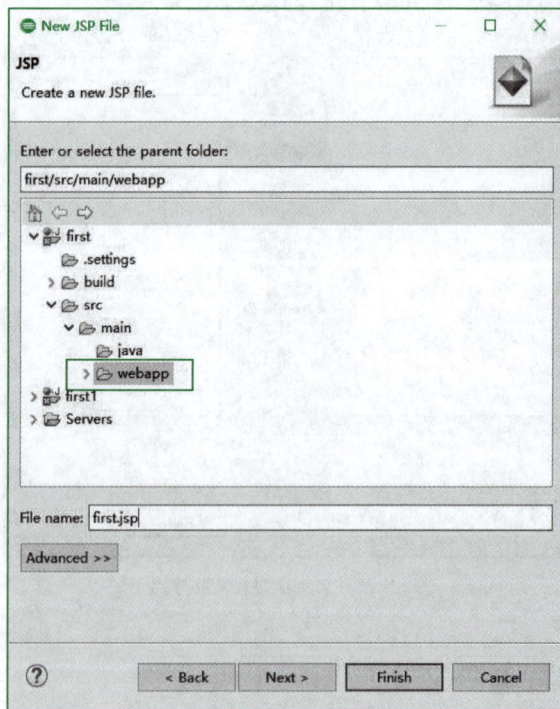

图 3-27 指定 JSP 文件属性

③ 打开 Select JSP Template 窗口，选中 Use JSP Template 复选框后，单击 Finish 按钮，如图 3-28 所示。

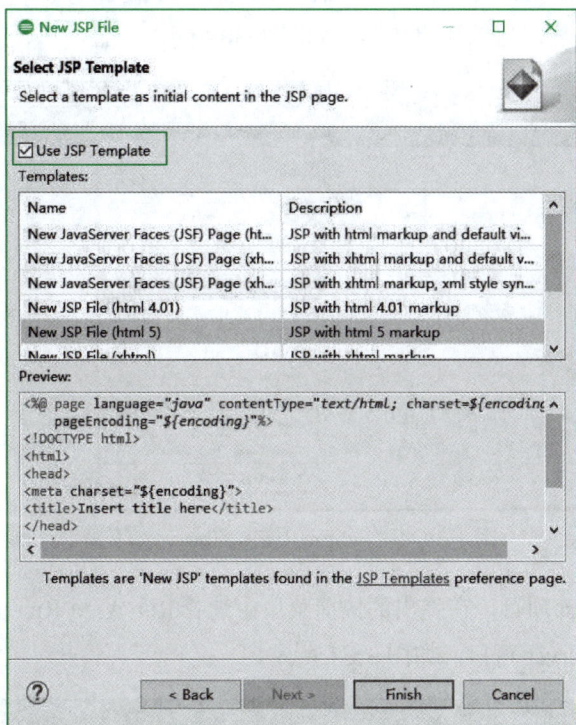

图 3-28　选择 JSP 文件模板

④ 进入 JSP 文件编辑状态，编写并显示 Welcome to Eclipse 的 JSP 文件后保存，如图 3-29 所示。

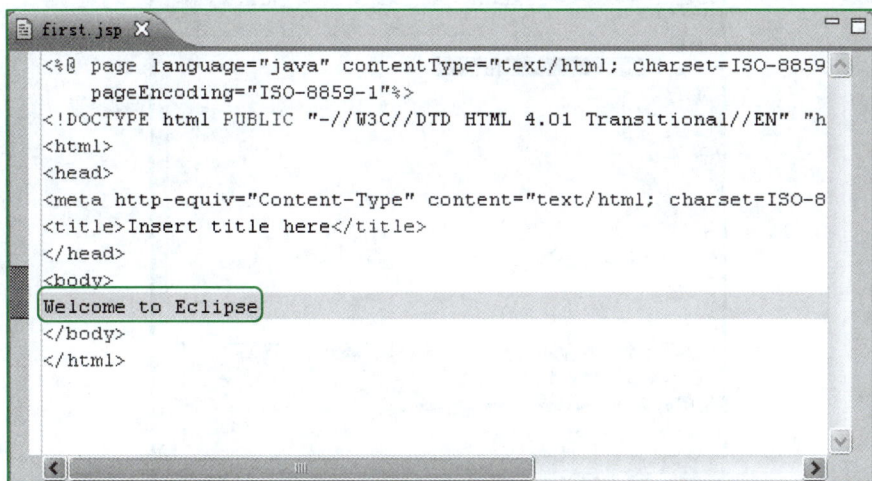

图 3-29　编辑 JSP 文件内容

3.3.4 运行 JSP 文件

① 在 Server 管理器中，右击包含 first 项目的服务器，在弹出的快捷菜单中选择 Start 选项，启动该服务器，如图 3-30 所示。

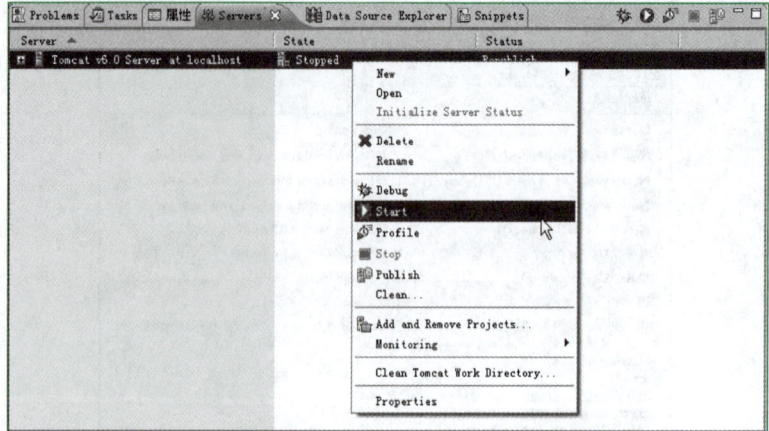

图 3-30 在 Eclipse 中启动 Tomcat 服务器

② 右击 first 项目，在弹出的快捷菜单中选择 Run As → Run on Server 选项，打开 Run On Server 窗口，如图 3-31 所示。

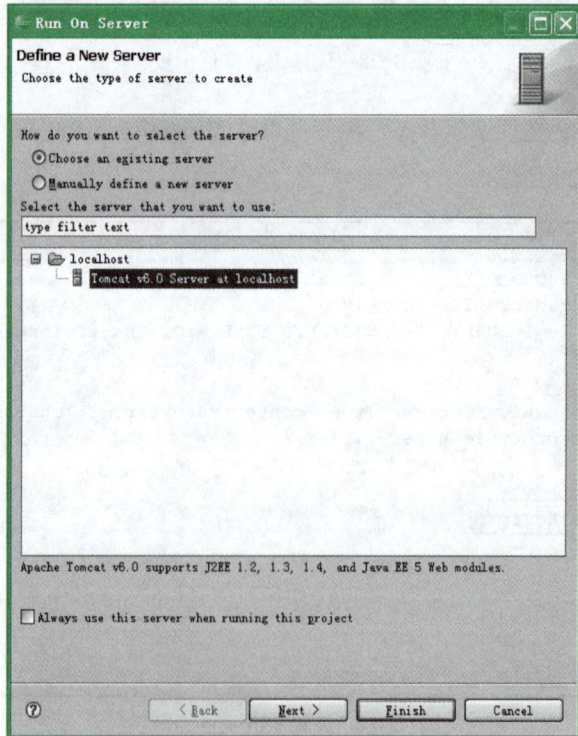

图 3-31 在 Eclipse 中运行项目

③ 打开浏览器，在地址栏中输入"http://localhost:8080/first/first.jsp"。显示如图 3-32 所示的画面则表示程序运行成功。

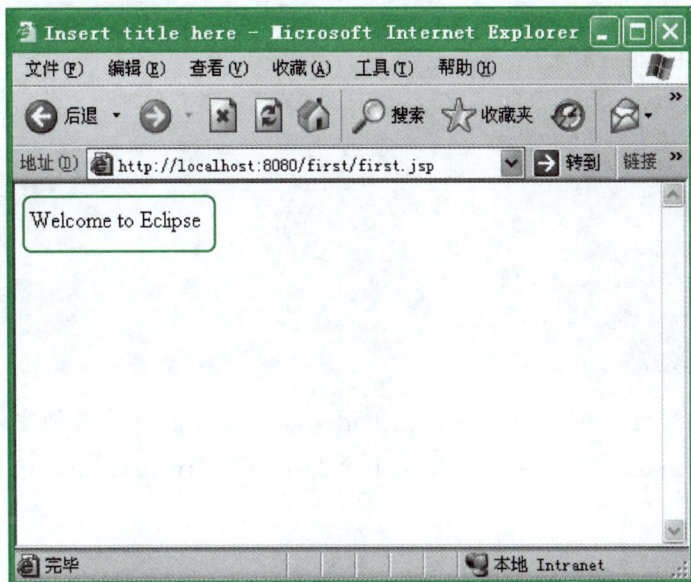

图 3-32 first.jsp 运行结果

任务 4 独立创建第一个 JSP 程序

【任务目标】掌握在独立 Tomcat 服务器环境下 JSP 程序的编写、调试和运行方法。

【知识要点】选择编辑器编写 JSP 文件，将 JSP 文件部署到 Tomcat 服务器中，调试并运行 JSP 程序。

【任务完成步骤】

① 建立 Web 应用程序目录。在 Tomcat 服务器中建立 Web 应用程序目录和运行程序的步骤如下。

a. 进入 Tomcat 的安装目录的 webapps 目录，可以看到 ROOT、examples、docs 和 webapps 等 Tomcat 自带的目录。

b. 在 webapps 目录下新建一个目录，命名为"chap02"。

c. 在 myapp 下新建一个目录 WEB-INF（目录名称是区分大小写的）。

② 创建并编写 web.xml 文件。

a. 在 WEB-INF 下新建一个文件 web.xml。

b. 使用 Dreamweaver 等文本编辑工具编辑 web.xml 文件并保存。
web.xml 文件的内容如下：

```
<?xml version="1.0" encoding="ISO-8859-1"?>
<!DOCTYPE web-app
PUBLIC "-//Sun Microsystems, Inc.//DTD Web Application 2.3//EN"
"http://java.sun.com/dtd/web-app_2_3.dtd">
<web-app>
<display-name>My Web Application</display-name>
<description>
A application for test.
</description>
</web-app>
```

③ 编写 first01.jsp 文件。使用记事本、JCreator 或其他文本编辑工具在"chap03"文件夹中创建第 1 个 JSP 程序 first01.jsp，该文件的内容如下：

```
<html>
<head><title>First Jsp</title></head>
<body>
<h1><%out.println("Hello World");%></h1>
<h2><%out.println("Welcome To JSP World");%></h2>
</body></html>
```

④ 启动 Tomcat 服务器。

⑤ 在浏览器地址栏中输入"http://127.0.0.1:8080/chap02/first01.jsp"，程序运行成功的结果如图 3-33 所示。

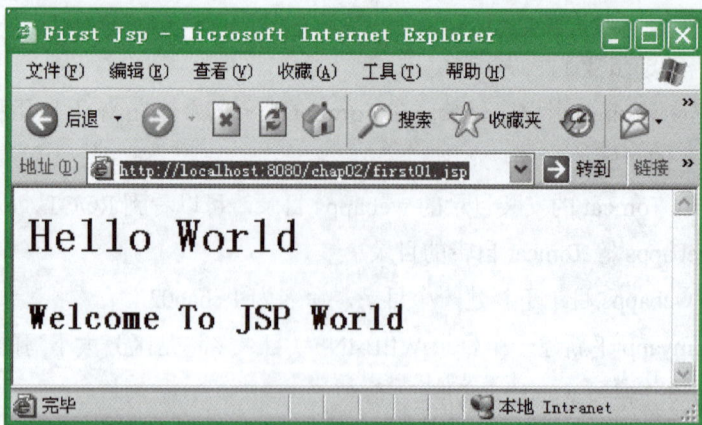

图 3-33　first01.jsp 运行结果

课外拓展

【拓展 1】打开浏览器，进入网易公司的免费邮箱页面，查看地址栏和网页内容，了解静态页面的特点。

【拓展 2】在邮箱页面中单击"注册 3G 免费邮箱"链接，进入申请免费邮箱页面，查看地址栏和网页内容，了解动态网页的特点。

【拓展 3】打开浏览器，进入中国程序员网站的主页，单击"免费注册"链接，进入注册页面，查看地址栏和网页内容，体验网站中静态网页和动态网页的结合。

【拓展 4】分别使用本地迅雷和 Web 迅雷下载文件，体验 C/S 结构和 B/S 结构的不同。

【拓展 5】下载 JDK21，并进行安装和配置。

【拓展 6】下载 Tomcat 9.0 并安装，熟悉 Tomcat 服务器的启动、停止和退出操作。

【拓展 7】在 Tomcat 服务器下建立自己的 Web 应用程序目录 myweb，并按要求建立和配置好 web.xml 文件。再使用 JCreator、记事本或 Dreamweaver 编写一个显示 "Welcome to JSP" 的 JSP 程序（welcome.jsp），在浏览器中运行该程序，练习 JSP 程序的编写和运行。

【拓展 8】在 Tomcat 服务器停止的情况下，直接在浏览器打开拓展 7 中建立的 welcome.jsp 文件，体验 Tomcat 服务器的作用。

课后练习

【填空题】

1. Tomcat 服务器的默认端口是_____。

2. _____的内容是相对固定的，而_____的内容会随着访问时间和访问者发生变化。

3. 在 Tomcat 成功安装和启动后，可以在浏览器地址栏中输入_____来测试安装配置是否正常。

4. 在 WEB-INF 下必须有的一个 XML 文件是_____。

【选择题】

1. 下列关于 JSP 的说法错误的是（　　）。

A. JSP 可以处理动态内容和静态内容

B. JSP 是一种与 Java 无关的程序设计语言

C. 在 JSP 中可以使用脚本控制 HTML 标签的生成

D. JSP 程序的运行需要 JSP 引擎的支持

2. 下列不适合作为 JSP 程序开发环境的是（　　）。

A. JDK+Tomcat   B. JDK+Apache+Tomcat

C. JDK+IIS+Tomcat   D. .NET Framework+IIS

3. 基于 JSP 的 Web 应用程序的配置文件是（　　）。

A. web.xml

B. WEB-INF

C. Tomcat 9.0

D. JDK 21

4. 下列关于 C/S 结构的缺点的描述不正确的是（　　）。

A. 伸缩性差

B. 重用性差

C. 移植性差

D. 安全性差

【简答题】

1. 分别下载和安装 Tomcat 7.0、Tomcat 8.0 和 Tomcat 9.0，比较 3 个版本的差异，并比较这 3 个版本的 Tomcat 与 JDK、JSP 和 Servlet 版本的匹配情况。

2. 进入免费邮箱服务器，通过输入用户名和密码进入自己的邮箱发送邮件；使用 Foxmail 或 Outlook Express 从本地计算机实现邮件的发送（Foxmail 或 Outlook Express 的配置可以参阅相关资料）。比较这两种邮件发送方式的不同之处。

单元4

JSP 语法基础

学习目标

【知识目标】

- 掌握 JSP 中注释的添加方法
- 掌握 JSP 的声明、表达式和脚本程序的语法格式
- 掌握 JSP 中 page 指令、include 指令的使用方法
- 掌握 JSP 的 include 动作、forward 动作、param 动作、plugin 动作等动作元素的使用方法

【技能目标】

- 灵活运用输出注释和隐藏注释对程序进行必要的解释说明
- 运用 JSP 的声明、表达式和脚本程序等脚本元素进行简单 JSP 程序的编写
- 灵活运用指令元素对 JSP 页面的相关信息进行设置
- 灵活运用 JSP 动作元素实现代码处理程序与特殊 JSP 标记的关联

【素养目标】

- 培养严谨细致、遵循标准的工作态度
- 增强团队协作精神

任务 1 使用 JSP 注释

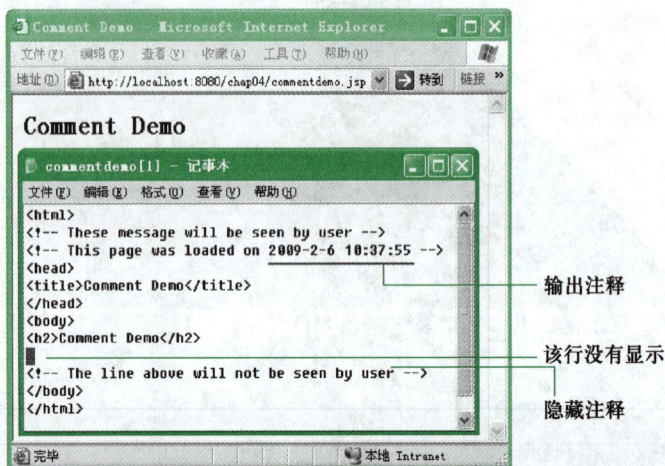

在 JSP 规范中，可以使用两种格式的注释：一种是输出注释；另一种是隐藏注释。这两种注释在语法规则和产生的结果上略有不同。两种注释显示结果如图 4-1 所示。

图 4-1 两种注释的显示结果

4.1.1 输出注释

输出注释是指会在客户端（浏览器）显示的注释。这种注释的语法和 HTML 中的注释（<!-- 注释内容 -->）相同，可以通过 IE "查看" 菜单中的 "查看源文件" 选项查看。

输出注释的语法格式如下：

```
<!-- comment [ <%= expression %> ] -->
```

如果在 JSP 文件中包括以下代码：

```
<!-- Messages To Client -->
```

则客户端 HTML 源文件内容为：

```
<!-- Messages To Client -->
```

和 HTML 中的注释不同的是：输出注释除了可以输出静态内容外，还可以输出表达式的结果，如输出当前时间等。

如果在 JSP 文件中包括以下代码：

```
<!-- This page was loaded on <%=  (new java.util.Date()).toLocaleString() %> -->
```

则客户端的 HTML 源文件内容为：

```
<!-- This page was loaded on 2006-10-16 10:30:55 -->
```

4.1.2　隐藏注释

隐藏注释是指虽然写在 JSP 程序中，但是不会发送给客户的注释。

隐藏注释的语法格式如下：

```
<%-- comment --%>
```

【任务目标】在 JSP 文件中根据具体的编程需要使用输出注释和隐藏注释。

【知识要点】输出注释的用法及使用场合，隐藏注释的用法及使用场合。

【任务完成步骤】

① 在 Tomcat 的 webapps 文件夹中创建用于保存单元 4 程序文件的文件夹 chap04。

② 复制 WEB-INF 文件夹和 web.xml 文件。

③ 编写使用 JSP 注释的 JSP 文件 commentdemo.jsp。

【程序代码】commentdemo.jsp

```
1   <html>
2   <!-- These message will be seen by user -->
3   <!-- This page was loaded on <%= (new java.util.Date()).toLocaleString()
    %> -->
4   <head>
5   <title>Comment Demo</title>
6   </head>
7   <body>
8   <h2>Comment Demo</h2>
9   <%-- This comment will not be visible in the page source --%>
10  <!-- The line above will not be seen by user -->
11  </body>
12  </html>
```

【程序说明】

● 第 2 行：应用输出注释显示静态内容。

● 第 3 行：应用输出注释显示动态内容。

● 第 9 行：使用隐藏注释，不在对应的 HTML 文件中显示。

● 第 10 行：应用输出注释显示静态内容。

④ 启动 Tomcat 服务器后，打开 IE，在地址栏中输入"http://local-host:8080/chap04/ commentdemo.jsp"。

在浏览器中显示 Comment Demo 文字。在 IE 中选择"查看"→"源文件"选项后，在记事本中显示了 commentdemo.jsp 对应的源文件，从文件中可以看到隐藏注释的内容并没有显示出来，如图 4-2 所示。

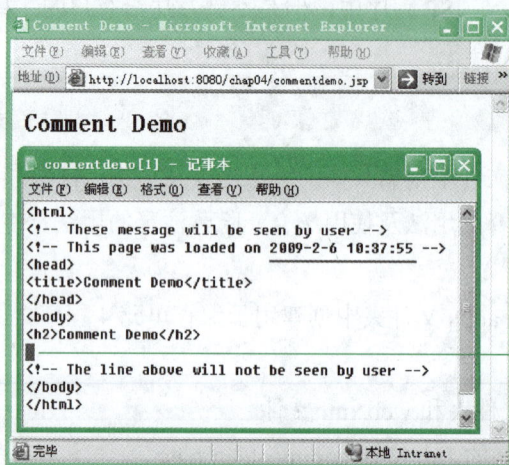

图 4-2　commentdemo.jsp 显示结果

任务 2　使用声明

JSP 程序主要由脚本元素组成，JSP 规范描述了 3 种脚本元素：声明（declaration）、表达式（expression）和脚本程序（scriptlet）。其中，声明用于声明一个或多个变量；表达式是一个完整的语言表达式；脚本程序就是一些程序片断。所有的脚本元素都是以"<%"标记开始，以"%>"标记结束。声明和表达式通过在"<%"后面加上一个特殊字符进行区别。在运行 JSP 程序时，服务器可以将 JSP 元素转换为等效的 Java 代码，并在服务器端执行该代码。

在 JSP 中，声明表示一段 Java 源代码，用来定义类的属性和方法，声明后的属性和方法可以在 JSP 文件的任意地方使用。

声明的语法格式如下：

```
<%! declarations %>
```

以下是在 JSP 中与声明相关变量的代码：

```
<%! int i = 0; %>
```

微课 4.2　使用声明

```
<%! int a, b, c; %>
<%! Circle a = new Circle(2.0); %>
```

　　以上代码声明了将要在 JSP 程序中用到的变量和方法。JSP 程序中要用到的变量或方法必须首先进行声明，否则在运行时会出现错误。在声明语句中，可以一次性声明多个变量和方法，只要这些声明在 Java 中是合法的，并且以"；"结尾就可以。

　　【任务目标】学习在 JSP 文件中使用各种声明语句的方法。

　　【知识要点】在 JSP 中借助声明定义类的属性、方法和变量。

　　【任务完成步骤】

　　① 打开 webapps 文件夹中保存单元 4 程序文件的文件夹 chap04。

　　② 编写使用 JSP 声明的 JSP 文件 declarationdemo.jsp。

　　【程序代码】declarationdemo.jsp

```
1   <html>
2   <%!int i=0;%>
3   <%!String strTmp=" ";%>
4   <html>
5   <head>
6   <title>Declaration Demo</title>
7   </head>
8   <body>
9   <%
10      i=13;
11      strTmp="Declaration Demo!";
12      out.print("The Value of i is:");
13      out.print(i);
14      out.print("<br>");
15      out.print(strTmp);
16  %>
17  </body>
18  </html>
```

　　【程序说明】

- 第 2 行：声明整型变量 i。
- 第 3 行：声明字符串型变量 strTmp。
- 第 10 行：整型变量 i 赋值为 13。
- 第 11 行：字符串型变量 strTmp 赋值为"Declaration Demo!"。
- 第 12 ～ 13 行：输出 i 值。

- 第 14 行：输出空行。
- 第 15 行：输出 strTmp 值。

③ 启动 Tomcat 服务器后，在 IE 的地址栏中输入"http://localhost:8080/chap04/ declarationdemo. jsp"。

使用声明的程序运行结果如图 4-3 所示。

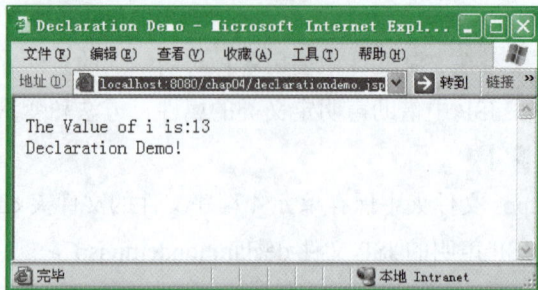

图 4-3　使用声明的程序运行结果

任务 3　使用表达式

表达式在 JSP 请求处理阶段进行运算，运算所得的结果转换成字符串，并与模板数据组合在一起。表达式在页面的位置就是该表达式计算结果显示的位置。

表达式的语法格式如下：

```
<%= expression %>
```

以下是在 JSP 程序中使用表达式的代码：

```
<font color="blue"><%= map.size() %></font>
<b><%= numguess.getHint() %></b>.
```

表达式元素表示的是一个在脚本语言中被定义的表达式，在运行后被自动转化为字符串，然后插入到这个表达式在 JSP 文件中的位置显示。因为这个表达式的值已经被转化为字符串，所以能在一行文本中插入这个表达式。

【任务目标】学习在 JSP 文件中使用表达式的方法。

【知识要点】各种类型表达式在 JSP 中的用法、JSP 表达式的计算、JSP 表达式的应用场合。

【任务完成步骤】

① 打开 webapps 文件夹中保存单元 4 程序文件的文件夹 chap04。

② 编写使用 JSP 表达式的 JSP 文件 expressiondemo.jsp。

【程序代码】 expressiondemo.jsp

```
1   <%!int i=0;%>
2   <%!String strTmp="";%>
3   <html>
4   <head>
5   <title>Expression Demo</title>
6   </head>
7   <body>
8   <%
9       i++;
10      strTmp="Expression Demo! ";
11  %>
12  <%= i%>
13  <br>
14  <%= strTmp %>
15  </body>
16  </html>
```

【程序说明】

● 第 1 行：声明整型变量 i 并赋初值为 0。

● 第 2 行：声明字符串型变量 strTmp 并赋初值为空字符串。

● 第 9 行：变量 i 自加 1。

● 第 10 行：字符串型变量 strTmp 赋值为 "Expression Demo!"。

● 第 12 行：应用表达式输出 i 值（请读者比较与 out.print 语句的区别）。

● 第 14 行：应用表达式输出 strTmp 值（请读者比较与 out.print 语句的区别）。

③ 启动 Tomcat 服务器后，在 IE 的地址栏中输入 "http://localhost:8080/ chap04/ expressiondemo. jsp"。

使用表达式的程序运行结果如图 4-4 所示。

图 4-4　使用表达式的程序运行结果

任务 4 使用脚本程序

脚本程序是一段在客户端请求时先被服务器执行的 Java 代码，它可以产生输出，并把输出发送到客户的输出流，同时也可以是一段流程控制语句。

脚本程序的语法格式如下：

```
<%
代码段
    %>
```

以下为 JSP 程序中的脚本程序代码：

```
<%
String name = null;
if (request.getParameter("name") == null) {
%>
<%@ include file="error.html" %>
<%
} else {
foo.setName(request.getParameter("name"));
if (foo.getName().equalsIgnoreCase("integra"))
name = "acura";
if (name.equalsIgnoreCase("acura")) {
%>
```

一个脚本程序能够包含多个 JSP 语句、方法、变量以及表达式。在脚本程序中可以完成以下功能。

- 声明将要用到的变量或方法（见声明部分）。
- 编写 JSP 表达式（见表达式部分）。
- 使用任何隐含的对象和任何用 <jsp:useBean> 声明过的对象。
- 编写 JSP 语句（必须遵循 Java 语言规范）。
- 任何文本、HTML 标记和 JSP 元素必须在脚本程序之外。
- 当 JSP 收到客户的请求时，脚本程序就会被执行，如果脚本程序有显示的内容，这些显示的内容就被存储在 out 对象中。

【任务目标】学习在 JSP 文件中使用脚本程序的方法。

【知识要点】在 JSP 中使用脚本程序的方法、脚本程序的执行、使用脚本程序的优缺点。

【任务完成步骤】

① 打开 webapps 文件夹中保存单元 4 程序文件的文件夹 chap04。

② 编写使用 JSP 脚本程序的 JSP 文件 scriptletdemo.jsp。

【程序代码】scriptletdemo.jsp

```
1   <html>
2   <head>
3   <title>Scripetlet Demo</title>
4   </head>
5   <% if (Math.random() < 0.5) { %>
6   Have a <B>nice</B> day!
7   <% } else { %>
8   Have a <B>good</B> day!
9   <% } %>
10  </html>
```

【程序说明】

● 第 5 行：应用 Math.random() 方法产生一个随机数，并判断是否小于 0.5。

● 第 6 行：如果 Math.random() 小于 0.5，显示"Have a nice day!"。

● 第 7 行：如果 Math.random() 大于或等于 0.5。

● 第 8 行：显示"Have a good day!"。

● 第 5 行、第 7 行和第 9 行：脚本程序片断。

③ 启动 Tomcat 服务器后，在 IE 的地址栏中输入"http://localhost:8080/ chap04/ scriptletdemo. jsp"。

使用脚本程序的运行结果如图 4-5 所示。

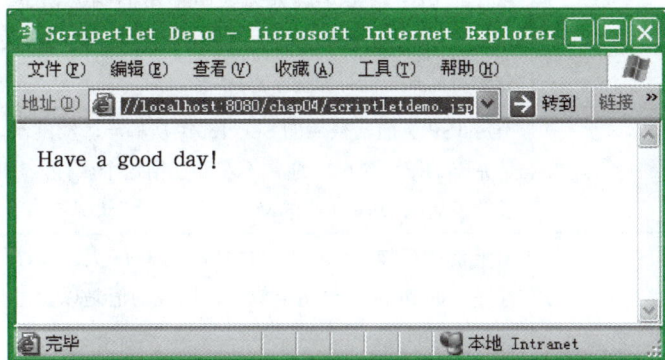

图 4-5　使用脚本程序的运行结果

任务 5　使用指令元素

指令元素主要用于为转换阶段提供整个 JSP 页面的相关信息，指令不会产生任何输出到当前的输出流中。指令元素的语法格式如下：

```
<%@ directive { attr="value"}* %>
```

在起始符号"%@"之后和结束符号"%"之前，可以加空格，也可以不加。需要注意的是，在起始符号中的"<"和"%"之间、"%"和"@"之间，以及结束符号中的"%"和">"之间不能有任何空格。指令元素有 3 种指令：page、include 和 taglib。

1. page 指令

page 指令作用于整个 JSP 页面，定义了许多与页面相关的属性，这些属性将被用于和 JSP 容器通信，描述了和页面相关的指示信息。在一个 JSP 页面中，page 指令可以出现多次，但是该指令中的属性只能出现一次，重复的属性设置将覆盖先前的设置。

page 指令的语法格式如下：

```
<%@ page attr1="value1" attr2="value2" … %>
```

page 指令有 13 个属性，见表 4-1。

表 4-1　page 指令属性

序　号	属　　性	描　　述
1	language="scriptingLanguage"	该属性用于指定在脚本元素中使用的脚本语言，默认值是 Java。在 JSP 2.0 规范中，该属性的值只能是 Java，以后可能会支持其他语言，如 C、C++ 等
2	extends="className"	指定 JSP 页面转换后的 Servlet 类从哪一个类继承，属性的值是完整的限定类名。通常不需要使用这个属性，JSP 容器会提供转换后的 Servlet 类的父类
3	import="importList"	用于指定在脚本环境中可以使用的 Java 类。属性的值和 Java 程序中的 import 声明类似，该属性的值是以逗号分隔的导入列表
4	session="true|false"	用于指定在 JSP 页面中是否可以使用 session 对象，默认值是 true

序　号	属　　性	描　　述
5	buffer="none|sizekb"	用于指定 out 对象（类型为 JspWriter）使用的缓冲区大小，如果设置为 none，将不使用缓冲区，所有的输出直接通过。ServletResponse 的 PrintWriter 对象写出。设置该属性的值只能以 kb 为单位，默认值是 8 kb
6	autoFlush="true|false"	用于指定如果 buffer 溢出，是否需要强制输出，如果其值被定义为 true（默认值），输出正常结果；被设置为 false，当这个 buffer 溢出时就会导致一个意外错误的发生。如果把 buffer 设置为 none，那么就不能把 autoFlush 设置为 false
7	isThreadSafe="true|false"	用于指定 JSP 文件是否能多线程使用。默认值是 true，也就是说，JSP 能够同时处理多个用户的请求；如果设置为 false，一个 JSP 只能一次处理一个请求
8	info="info_text"	用于指定页面的相关信息，该信息可以通过调用 Servlet 接口的 getServletInfo() 方法来得到
9	errorPage="error_url"	用于指定当 JSP 页面发生异常时，将转向哪一个错误处理页面。需要注意的是，如果一个页面通过使用该属性定义了错误页面，那么在 web.xml 文件中定义的任何错误页面将不会被使用
10	isErrorPage="true|false"	用于指定当前的 JSP 页面是否是另一个 JSP 页面的错误处理页面，默认值是 false
11	contentType="ctinfo"	用于指定响应的 JSP 页面的 MIME 类型和字符编码
12	pageEncoding="peinfo"	指定 JSP 页面使用的字符编码。如果设置了这个属性，JSP 页面的字符编码就使用该属性指定的字符集；如果没有设置这个属性，JSP 页面就使用 contentType 属性指定的字符集；如果这两个属性都没有指定，就使用字符集 "ISO-8859-1"
13	isELIgnored="true|false"	用于定义在 JSP 页面中是否执行或忽略 EL 表达式。如果设置为 true，EL 表达式将被容器忽略；如果设置为 flase，EL 表达式将被执行。默认的值依赖于 web.xml 的版本，对于一个 Web 应用程序中的 JSP 页面，如果其中的 web.xml 文件使用 Servlet 2.3 或之前版本的格式，则默认值是 true；如果使用 Servlet 2.4 版本的格式，则默认值是 false

以下为使用 page 指令的常用格式：

```
<%@ page import="java.util.*, java.lang.* " %>
<%@ page buffer="32kb" autoFlush="false" %>
<%@ page errorPage="error.jsp" %>
```

但是 <% @ page %> 指令不能作用于动态的包含文件，比如 <jsp:include>。

2. include 指令

include 指令用于在 JSP 页面中静态包含一个文件，该文件可以是 JSP 页面、HTML 网页、文本文件或一段 Java 代码。使用了 include 指令的 JSP 页面在转换时，JSP 容器会在其中插入所包含文件的文本或代码，同时解析这个文件中的 JSP 语句，从而方便地实现代码的重用，提高代码的使用效率。

include 指令的语法格式如下：

```
<%@ include file="relativeURL" %>
```

【任务目标】学习在 JSP 文件中使用 page 指令和 include 指令的方法。

【知识要点】page 指令的语法规则及其在 JSP 中的用法、include 指令的语法规则及其在 JSP 中的用法。

【任务完成步骤】

① 打开 webapps 文件夹中保存单元 4 程序文件的文件夹 chap04。

② 编写使用 include 指令的 JSP 文件 includedemo.jsp。

【程序代码】includedemo.jsp

```
1   <html>
2   <html>
3   <head><title>Include Demo</title></head>
4   <body bgcolor="white">
5   <font color="blue">
6   Current time-
7   <%@ include file="date.jsp" %>
8   </font>
9   </body>
10  </html>
```

【程序说明】

● 第 7 行：应用 <%@ include %> 指令包含文件 date.jsp。

该文件的显示内容来自于另外一个文件 date.jsp，通过这种方法可以实现网站的静态网页框架和动态程序功能的并行开发。

③ 编写使用 page 指令的 JSP 文件 date.jsp。

【程序代码】date.jsp

```
1   <%@ page contentType="text/html; charset=GB2312"
2       language="java" import="java.util.*, java.text.*"
3     %>
4   <%
```

5	Date date=new Date();
6	SimpleDateFormat sdf=new SimpleDateFormat("yyyy-MM-dd");
7	%>
8	<tr>
9	<td height="14" align="center">（当前日期）:</td>
10	<td><%= sdf.format(date) %></td>
11	</tr>

【程序说明】

● 第 1 ~ 3 行：应用 <%@ page %> 指令设置页面属性。

● 第 5 行：获得当前日期 date。

● 第 6 行：得到日期格式对象 sdf。

● 第 10 行：以指定日期格式显示当前日期。

④ 启动 Tomcat 服务器后，在 IE 的地址栏中输入 "http://localhost:8080/ chap04/ includedemo. jsp"。

运行结果如图 4-6 所示。

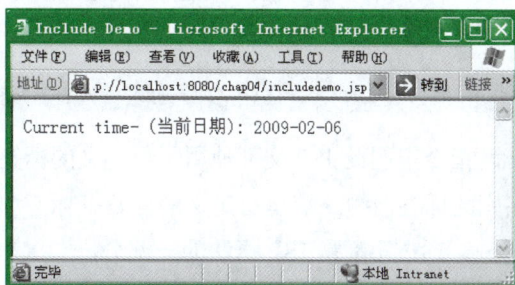

图 4-6   page 指令和 include 指令的运行结果

借助于 include 指令，可以方便地实现页面的重用。例如，eBuy 电子商城的主页面的布局如图 4-7 所示。其中的导航区（title.jsp）和版权区（copyright. jsp）等功能通过 include 指令可以很方便地在其他页面中使用。

title.jsp(显示网站Banner和导航链接)		
menu.jsp(动态显示商品类别菜单)		
login.jsp (会员登录信息区)	select.jsp(商品搜索)	
	index_top.jsp(用户登录和新品展示区)	
sales_promotion.jsp (促销商品)	index_down.jsp(商品展示区)	
copyright.jsp(网站版权信息区)		

图 4-7   eBuy 电子商城主页面的布局

主页（index.jsp）中包含其他页面的主要代码：

```
<body>
<jsp:include page="title.jsp" flush="true"/>
<jsp:include page="menu.jsp" flush="true"/>
<jsp:include page="select.jsp" flush="true"/>
<jsp:include page="index_top.jsp" flush="true"/>
<table border="#99CCFF">
<tr>
<td height="3" >
</td>
</tr>
</table>
<jsp:include page="index_down.jsp" flush="true"/>
<jsp:include page="copyright.jsp" flush="true"/>
</body>
```

3. taglib 指令

taglib 指令用来定义一个标签库以及其自定义标签的前缀。taglib 指令的语法格式如下：

```
<%@ taglib uri="URIToTagLibrary" prefix="tagPrefix" %>
```

<% @ taglib %> 指令声明此 JSP 文件使用了自定义的标签，同时引用标签库，也指定了标签库的标签前缀。这里自定义的标签有标签和元素之分。标签是 JSP 元素的一部分。JSP 元素是 JSP 语法的一部分，和 XML 一样有开始标记和结束标记。元素也可以包含其他文本、标记和元素。

必须在使用自定义标签之前使用 <% @ taglib %> 指令，而且可以在一个页面中多次使用，但是前缀只能使用一次。自定义标签的内容在本书中不做详细介绍，有兴趣的读者可以参阅其他资料进行了解。

任务 6　使用 include 动作

JSP 容器支持两种 JSP 动作，即标准动作和自定义动作。JSP 动作元素可以将代码处理程序与特殊的 JSP 标记关联在一起。在 JSP 中，动作元素是使用 XML 语法来表示的。JSP 中的标准动作元素包括 <jsp:include>、<jsp:param>、<jsp:forward>、<jsp:useBean>、<jsp:getProperty>、<jsp:setProperty> 和 <jsp:plugin>。下面对这些动作进行详细的介绍。

<jsp:include> 动作元素允许在页面被请求的时候包含一些其他资源，如一

个静态的 HTML 文件或动态的 JSP 文件。

<jsp:include> 的语法格式如下：

```
<jsp:include page="{relativeURL | <%= expression%>}"flush="true"/>
```

或者：

```
<jsp:include page="{relativeURL | <%= expression %>}" flush="true">
<jsp:param name="parameterName" value="{parameterValue | <%= expression %>}" />+
</jsp:include>
```

以下是 <jsp:include> 的常用方法：

```
<jsp:include page="scripts/login.jsp" />
<jsp:include page="copyright.html"/>
<jsp:include page="/index.html" />
<jsp:include page="scripts/login.jsp">
<jsp:param name="username" value="liuzc" />
</jsp:include>
```

<jsp:include> 元素允许包含动态文件和静态文件，包含这两种文件的结果是不同的。如果文件仅是静态文件，那么这种包含仅仅是把包含文件的内容加到 JSP 文件中去；而如果这个文件是动态的，那么这个被包含文件也会被 JSP 编译器执行。不能从文件名上判断一个文件是动态的还是静态的，而是要靠文件中的代码判断。<jsp:include> 能够同时处理这两种文件，因此不需要在包含时判断此文件是动态的还是静态的，从而极大地方便了 JSP 程序的设计。

如果这个包含文件是动态的，还可以用 <jsp:param> 来传递参数名和参数值。

<jsp:include> 有以下常用属性。

① page="{relativeURL | <%= expression %>}"：参数为一相对路径，或者是代表相对路径的表达式。

② flush="true"：默认值为 false，必须使用 flush="true"，不能使用 false 值。

③ <jsp:param name="parameterName"value="{parameterValue | <%= expression %> }"/>+：<jsp:param> 子句可以传递一个或多个参数给动态文件，能在一个页面中使用多个 <jsp:param> 来传递多个参数。

【任务目标】学习在 JSP 文件中使用 <jsp:include> 动作的方法。

【知识要点】<jsp:include> 动作的基本语法格式及其用法、<jsp:include> 动作与 include 指令的区别。

【任务完成步骤】

① 打开 webapps 文件夹中保存单元 4 程序文件的文件夹 chap04。

② 编写使用 include 指令的 JSP 文件 jspincludedemo.jsp。

【程序代码】jspincludedemo.jsp

```
1   <%@ page contentType="text/html; charset=GB2312"
2       language="java" import="java.util.*, java.text.* "
3     %>
4   <html>
5   <head>
6   <title>Jsp:include Demo</title>
7   </head>
8   <body bgcolor="#FFFFFF">
9   <center>
10  <table border=8 bgcolor="#EE8899">
11  <tr><th class="TITLE">
12  新闻快讯
13  </tr>
14  </table>
15  </center>
16  <p>
17  新华社最新消息：
18  <ol>
19  <jsp:include page="date.jsp"/>
20  <font size="2">（来自于 date.jsp）</font>
21  <br>
22  <ll><jsp:include page="new1.html" flush="true"/>
23  <font size="2">（来自于 new1.html）</font>
24  </ol>
25  </p>
26  </body>
27  </html>
```

【程序说明】

● 第 1 ~ 2 行：应用 <%@ page %> 指令设置页面属性。

● 第 19 行：应用 <jsp:include> 动作指定包含文件 date.jsp。

③ 编写显示静态新闻消息的 new1.html 文件。

【**程序代码**】new1.html

```
1   <html>
2   <body bgcolor="#FFFFFF">
3   <font color="blue">
4   湖南教育网：长沙市成为国家商务部指定的 20 个服务外包示范建设基地之一
5   </font>
6   </body>
7   </html>
```

④ 启动 Tomcat 服务器后，在 IE 的地址栏中输入"http://localhost:8080/chap04/ jspincludedemo. jsp"。

<jsp:include> 动作的结果如图 4-8 所示。

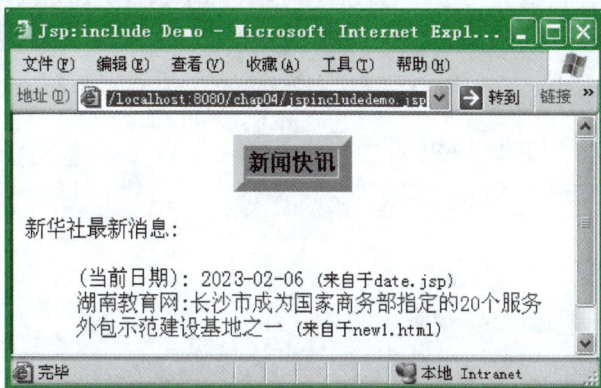

图 4-8　<jsp:include> 动作的结果

<jsp:include> 动作与 include 指令的用法区别见表 4-2。

表 4-2　include 指令与 <jsp:include> 动作的比较

序　号	项　　目	Include 指令	<jsp:include> 动作
1	格式	<%@include file= "…"%>	<jsp:include page= "…">
2	作用时间	页面转换期间	请求期间
3	包含内容	文件的实际内容	页面的输出
4	影响主页面	可以	不可以
5	内容变化时是否需要 手动修改包含页面	需要	不需要
6	编译速度	较慢（资源必须被解析）	较快
7	执行速度	较快	较慢（每次资源必须被解析）
8	灵活性	较差（页面名称固定）	更好（页面可以动态指定）

任务 7　使用 forward 动作和 param 动作

1. forward 动作

<jsp:forward> 动作允许将请求转发到其他 HTML 文件、JSP 文件或者是一个程序段。通常请求被转发后会停止当前 JSP 文件的执行。

<jsp:forward> 的语法格式如下：

```
<jsp:forward page={"relativeURL" | "<%= expression %>"} />
```

或者是：

```
<jsp:forward page={"relativeURL" | "<%= expression %>"} >
<jsp:param name="parameterName" value="{parameterValue | <%= expression %>}" />+
</jsp:forward>
```

以下为使用 <jsp:forward> 的例子。

```
<jsp:forward page="/servlet/login" />
```

或者是：

```
<jsp:forward page="/servlet/login">
<jsp:param name="username" value="liuzc" />
</jsp:forward>
```

<jsp:forward> 标签从一个 JSP 文件向另一个文件传递一个包含用户请求的 request 对象，<jsp:forward> 标签以下的代码将不能执行。也可以向目标文件传送参数和值，但如果使用了 <jsp:param> 标签，目标文件就必须是一个动态的文件，要能够处理参数。

<jsp:forward> 有以下常用属性。

① page="{relativeURL | <%= expression %>}"：一个表达式或是一个字符串，用于说明将要定向的文件或 URL。这个文件可以是 JSP 程序段，或者其他能够处理 request 对象的文件（如 ASP、CGI、PHP)。

② <jsp:param name="parameterName" value="{parameterValue | <%= expression %>}" />：向一个文件发送一个或多个参数，这个文件一定是动态文件；如果想传递多个参数，可以在一个 JSP 文件中使用多个 <jsp:param>。name 指定参数名，value 指定参数值。

【任务目标】学习在 JSP 文件中使用 jsp:forward 动作的方法。

【知识要点】<jsp:forward> 动作的基本语法、<jsp:forward> 在页面跳转中的作用。

【任务完成步骤】

① 打开 webapps 文件夹中保存单元 4 程序文件的文件夹 chap04。

② 编写使用 include 指令的 JSP 文件 forwarddemo.jsp。

【程序代码】forwarddemo.jsp

```
1   <html>
2   <head>
3   <title>Forward Demo</title>
4   </head>
5   <body>
6   <%! long memFree=Runtime.getRuntime().freeMemory(); %>
7   <%! long memTotal=Runtime.getRuntime().totalMemory(); %>
8   <%! long percent=memFree/memTotal; %>
9   <% if (percent<0.5) {%>
10  <jsp:forward page="forward.html"/>
11  <%
12      }else {
13  %>
14  <jsp:forward page="forward.jsp"/>
15  <% } %>
16  </body>
17  </html>
```

【程序说明】

● 第 6 行：应用 Runtime.getRuntime().freeMemory() 方法获得当前系统的空闲内存情况。

● 第 7 行：应用 Runtime.getRuntime().totalMemory() 方法获得当前系统的所有内存情况。

● 第 8 行：计算当前系统内存的空闲比。

● 第 10 行：如果空闲比小于 0.5，转向到 forward.html 页面。

● 第 14 行：如果空闲比大于或等于 0.5，转向到 forward.jsp 页面。

③ 编写显示内存使用大于或等于 50% 的 JSP 文件 forward.jsp。

【程序代码】forward.jsp

1	`<html>`
2	`<body bgcolor="#FFFFFF">`
3	`<font color="blue">`
4	VM Memory usage ≥ 50%
5	`</font>`
6	`</body>`
7	`</html>`

④ 编写显示内存使用小于 50% 的 HTML 文件 forward.html。

【程序代码】 forward.html

1	`<html>`
2	`<body bgcolor="#FFFFFF">`
3	`<font color="red">`
4	VM Memory usage<50%
5	`</font>`
6	`</body>`
7	`</html>`

⑤ 启动 Tomcat 服务器后，在 IE 的地址栏中输入 "http://localhost:8080/ chap04/ forwarddemo. jsp"。

程序运行结果如图 4-9 所示。

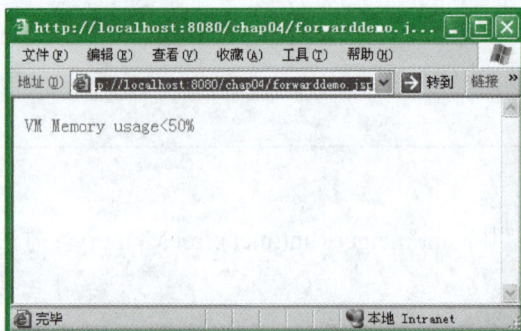

图 4-9　程序运行结果

2. param 动作

`<jsp:param>` 动作元素以 "name=value" 的形式为其他元素提供附加信息，通常会和 `<jsp:include>`、`<jsp:forward>`、`<jsp:plugin>` 等元素一起使用。

`<jsp:param>` 的语法格式如下：

```
<jsp:param name="name" value="value">
```

其中，name 属性为参数的名称，value 属性为参数值。

任务 8　　使用 plugin 动作

<jsp:plugin> 动作元素被用来在页面中插入 Applet 或者 JavaBean，有时需要下载一个 Java 插件来执行 Applet 或者 JavaBean。

<jsp:plugin> 的语法格式如下：

```
<jsp:plugin
type="bean | applet"
code="classFileName"
codebase="classFileDirectoryName"
[...]
</jsp:plugin>
```

当 JSP 文件编译后发送到浏览器时，<jsp:plugin> 元素将会根据浏览器的版本替换成 <object> 或者 <embed> 元素。<object> 用于 HTML 4.0，<embed> 用于 HTML 3.2。一般来说，<jsp:plugin> 元素会指定对象是 Applet 还是 Bean，同样也会指定 class 的名字、位置、下载 Java 插件的地址。

<jsp:plugin> 常用属性如下所示。

① Type="bean | applet"：将被执行的插件对象的类型，必须要指定这个是 Bean 还是 Applet，因为这个属性没有默认值。

② code="classFileName"：将会被 Java 插件执行的 Java Class 的名字，必须以 .class 结尾。这个文件必须存在于 codebase 属性指定的目录中。

③ codebase="classFileDirectoryName"：将会被执行的 Java Class 文件的目录（或者是路径），如果没有提供此属性，那么使用 <jsp:plugin> 的 JSP 文件的目录。

【任务目标】学习在 JSP 文件中使用 <jsp:plugin> 动作的方法。

【知识要点】<jsp:plugin> 动作的基本语法、使用 <jsp:plugin> 动作在页面中插入 Applet。

【任务完成步骤】

① 打开 webapps 文件夹中保存单元 4 程序文件的文件夹 chap04。

② 编写使用 plugin 动作的 JSP 文件 plugindemo.jsp。

【程序代码】plugindemo.jsp

1	`<html>`
2	`<head>`
3	`<title>Plugin Demo</title>`
4	`</head>`

5	`<body bgcolor="white">`
6	`<h3>Current Time:</h3>`
7	`<jsp:plugin type="applet" code="Clock.class"`
8	`jreversion="1.2" width="160" height="150">`
9	`<jsp:fallback>`
10	`Plugin tag OBJECT or EMBED not supported by browser!`
11	`</jsp:fallback>`
12	`</jsp:plugin>`
13	`<h4>`
14	`<font color="red">`
15	`The above applet is loaded using JavaPlugin from a jsp page using the plugin tag.`
16	`</font>`
17	`</h4>`
18	`</body>`
19	`</html>`

【程序说明】

● 第 7 ～ 12 行：应用 <jsp:plugin> 动作显示一个名字为 Clock.class 的 Java Applet 程序。Clock.class 是一个 Java Applet 程序，用来以图形方式显示当前系统时间。

● 第 9 ～ 11 行：应用 <jsp:fallback> 标记指定如果指定的 Applet 不能显示时的替代文字。

③ 启动 Tomcat 服务器后，在 IE 的地址栏中输入"http://localhost:8080/chap04/plugindemo.jsp"。

plugindemo.jsp 的运行结果如图 4-10 所示。

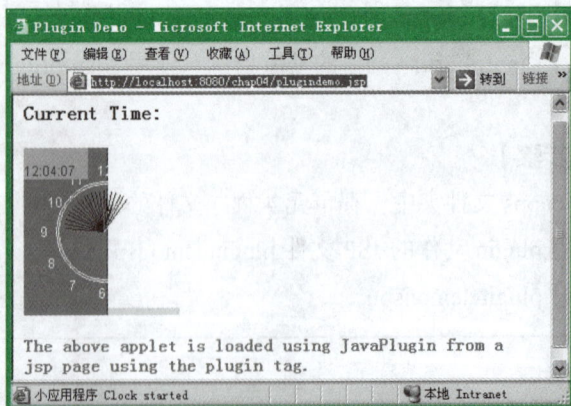

图 4-10　plugindemo.jsp 的运行结果

在改进的 JSP 开发模式 1 中会大量地使用 JavaBean（详见"单元 7 JavaBean 技术"），在 JSP 页面中使用 JavaBean 是通过 JavaBean 的相关动作完成的。下面简单介绍这些动作，具体使用在单元 7 中介绍。

1. <jsp:useBean>

<jsp:useBean> 动作元素被用来创建一个 Bean 实例并指定它的名字和作用范围。

<jsp:useBean> 的语法格式如下：

```
<jsp:useBean
id="beanInstanceName"
scope="page | request | session | application"
{
class="package.class" |
type="package.class" |
class="package.class" type="package.class" |
beanName="{package.class | <%= expression %>}" type="package.class"
}
{
/> |
> other elements </jsp:useBean>
```

以下为使用 <jsp:useBean> 的例子。

```
<jsp:useBean id="cart" scope="session" class="session.Carts" />
<jsp:setProperty name="cart" property="*" />
<jsp:useBean id="checking" scope="session" class="bank.Checking" >
<jsp:setProperty name="checking" property="balance"value="0.0" />
</jsp:useBean>
```

<jsp:useBean> 用于定位或创建一个 JavaBeans 组件。<jsp:useBean> 首先试图定位一个 Bean 实例，如果这个 Bean 不存在，那么 <jsp:useBean> 就会从一个 class 或模板中创建实例。

2. <jsp:setProperty>

<jsp:setProperty> 动作元素配合 <jsp: useBean> 动作一起使用，用来设置 Bean 中的属性值。

<jsp:setProperty> 的语法格式如下：

```
<jsp:setProperty
name="beanInstanceName"
{
```

```
        property= "*" |
        property="propertyName" [ param="parameterName" ] |
        property="propertyName" value="{string | <%= expression %>}"
        }
        />
```

以下为使用 <jsp:setProperty> 的例子。

```
<jsp:setProperty name="mybean" property="*" />
<jsp:setProperty name="mybean" property="username" />
<jsp:setProperty name="mybean" property="username" value="Steve" />
```

<jsp:setProperty> 元素使用 Bean 给定的 setter 方法，在 Bean 中设置一个或多个属性值。在使用这个元素之前必须使用 <jsp:useBean> 声明此 Bean。因为 <jsp:useBean> 和 <jsp:setProperty> 是联系在一起的，所使用的 Bean 实例的名字也应当匹配（即，<jsp:setProperty> 中的 name 的值应当和 <jsp:useBean> 中 id 的值相同）。

3. <jsp:getProperty>

<jsp:getProperty> 动作元素是相对于 <jsp:setProperty> 动作元素的，主要被用来访问一个 Bean 的属性，获取 Bean 的属性值，并显示在页面中。

<jsp:getProperty> 的语法格式如下：

```
<jsp:getProperty name="beanInstanceName" property="propertyName" />
```

以下为使用 <jsp: getProperty > 的例子。

```
<jsp:useBean id="calendar" scope="page" class="employee.Calendar" />
<h2>
Calendar of <jsp:getProperty name="calendar" property="username" />
</h2>
```

<jsp:getProperty> 元素将获得 Bean 的属性值，并可以将其使用或显示在 JSP 页面中。在使用 <jsp:getProperty> 之前，必须用 <jsp:useBean> 创建 Bean 实例。

如果使用<jsp:getProperty>来检索的值是空值，那么将会出现"NullPointer-Exception"，同时如果使用程序段或表达式来检索其值，那么在浏览器上出现的是"null"（空）。

<jsp:useBean>、<jsp:setProperty> 和 <jsp:getProperty> 动作的详细用法请参阅"单元 7JavaBean 技术"。

课外拓展

【拓展1】编写一个显示"九九乘法口诀表"的JSP程序，并要求在程序中对语句进行适当的注释。

【拓展2】编写一个计算1～100的和的JSP程序，要求在程序中对语句进行适当的注释。

【拓展3】完成eBuy网站的版权信息页面（copyright.html）和导航栏页面（navigator.html）的设计。

【拓展4】完成eBuy网站首页（index.jsp）的框架设计，并将版权信息页面（copyright.html）和导航栏页面（navigator.html）包含在主页（index.html）中。

课后练习

【填空题】

1. _____是一段在客户端请求时需要先被服务器执行的Java代码，它可以产生输出，并把输出发送到客户的输出流，同时也可以是一段流控制语句。

2. 在JSP的3种指令中，用来定义与页面相关属性的指令是_____；用于在JSP页面中包含另一个文件的指令是_____；用来定义一个标签库以及其自定义标签前缀的指令是_____。

3. _____动作元素允许在页面被请求的时候包含一些其他资源，如一个静态的HTML文件或动态的JSP文件。

4. page指令的MIME类型的默认值为text/html，默认字符集为_____。

5. JSP程序中的隐藏注释的格式为_____。

【选择题】

1. 下列关于JSP指令的描述正确的是（　　）。

A. 指令以"<%@"开始，以"%>"结束

B. 指令以"<%"开始，以"%>"结束

C. 指令以"<"开始，以">"结束

D. 指令以"<jsp:"开始，以"/>"结束

2. JSP代码 <%="1+4"%> 将输出（　　）。

A. 1+4   B. 5

C. 14   D. 不会输出，因为表达式是错误的

3. 下列选项中，（　　）是正确的表达式。

A. <%! Int a=0;%>   B. <%int a = 0;%>

C. <%=(3+5);%>   D. <%=(3+5)%>

4. page指令用于定义JSP文件中的全局属性，下列关于该指令用法的描述不正确的是（　　）。

A. <%@ page %> 作用于整个JSP页面

B. 可以在一个页面中使用多个 <%@ page %> 指令

C. 为增强程序的可读性，建议将 <%@ page %> 指令放在 JSP 文件的开头，但不是必需的

D. <%@ page %> 指令中的所有属性只能出现一次。

5. page 指令的（　　）属性用于引用需要的包或类。

A. extends　　　　　B. import　　　　　C. isErrorPage　　　D. language

6. 下列不属于 JSP 动作的是（　　）。

A. <jsp:include>　　　　　　　　　　B. <jsp:forward>

C. <jsp:plugin>　　　　　　　　　　D. <%@ include file="relativeURL" %>

【简答题】

查阅资料，进一步理解 include 指令和 <jsp:include> 动作的区别。

单元 5

JSP 内置对象

🔍 **学习目标**

【知识目标】

- 掌握 JSP 中 out 对象的使用方法
- 掌握 JSP 中 request 对象的使用方法
- 掌握 JSP 中 response 对象的使用方法
- 掌握 JSP 中 session 对象的使用方法
- 掌握 JSP 中 application 对象的使用方法
- 掌握 JSP 中 config、page、exception 对象的使用方法
- 掌握 JSP 中 Cookie 对象的使用方法

【技能目标】

- 能使用 out 对象向客户端输出内容
- 能使用 request 对象处理表单信息等
- 能使用 response 对象响应各种信息
- 能使用 session 对象实现多个程序或用户之间共享数据
- 灵活运用 application 对象实现多个程序或用户之间共享数据
- 灵活运用 Cookie 对象精确统计网站的来访人数等

【素养目标】

- 增强团队协作能力
- 养成良好的阅读习惯
- 坚定文化自信

任务 1 使用 out 对象

微课 5.1 对象
及其应用

out 对象被封装成 javax.servlet.JspWriter 接口，专门用来向客户端输出内容。out 变量是从 PageContext 对象初始化而获得的，out 对象的作用域是 page。使用 out 对象输出用户登录之后的账户信息，如图 5-1 所示。

图 5-1 用户登录成功

out 对象的常用方法见表 5-1。

表 5-1 out 对象常用方法

序　号	方　法　名	方　法　功　能
1	print()	输出各种类型数据
2	println()	输出各种类型数据并换行
3	newLine()	输出一个换行符
4	close()	关闭输出流
5	flush()	输出缓冲区里的数据
6	clearBuffer()	清除缓冲区里的数据，并把数据写到客户端
7	clear()	清除缓冲区里的数据，但不写到客户端
8	getBufferSize()	获得缓冲区的大小
9	getRemaining()	获得缓冲区剩余空间的大小
10	isAutoFlush()	判断缓冲区是否自动刷新

【任务目标】学习 out 对象各种常用方法的使用。

【知识要点】out 对象的常用方法及其在 JSP 程序中的基本应用。

【任务完成步骤】

① 在 Tomcat 的 webapps 文件夹中创建保存单元 5 程序文件的文件夹 chap05。

② 复制 WEB-INF 文件夹和 web.xml 文件。

③ 编写使用 out 对象的 JSP 文件 outdemo.jsp。

【程序代码】outdemo.jsp

```
1   <%@ page contentType="text/html;charset=GB2312" %>
2   <html>
3   <head><title> out 对象应用实例 </title>
4   </head>
5   <body>
6   <%
7   out.println("<h3>out 对象应用实例 </h3>");
8   out.println("<br> 输出布尔型数据 :");
9   out.println(true);
10  out.println("<br> 输出字符型数据 :");
11  out.println('1');
12  out.println("<br> 输出字符数组数据 :");
13  out.println(new char[]{'1','z','c'});
14  out.println("<br> 输出双精度数据 :");
15  out.println(5.66d);
16  out.println("<br> 输出单精度数据 :");
17  out.println(36.8f);
18  out.println("<br> 输出整型数据 :");
19  out.println(8);
20  out.println("<br> 输出长整型数据 :");
21  out.println(123456789123456L);
22  out.println("<br> 输出对象 :");
23  out.println(new java.util.Date());
24  out.println("<br> 输出字符串 :");
25  out.println("<font size=4 color=red>liuzc@hnrpc.com</font>");
26  out.println("<br> 输出新行 :");
27  out.newLine();
28  out.println("<br> 缓冲区大小 :");
29  out.println(out.getBufferSize());
30  out.println("<br> 缓冲区剩余大小 :");
31  out.println(out.getRemaining());
32  out.println("<br> 是否自动刷新 :");
33  out.println(out.isAutoFlush());
34  out.flush();
35  out.println("<br> 调用 out.flush()V");
36  out.close();
37  out.println(" 这一行信息不会输出 ");
```

38	%>
39	</body>
40	</html>

【程序说明】

- 第 7 行：使用 out.println() 方法输出带 HTML 格式的信息。
- 第 8 ~ 21 行：输出各种类型的数据。
- 第 22 ~ 23 行：输出日期对象。
- 第 25 行：输出指定字体、颜色的字符串。
- 第 27 行：使用 newLine() 方法输出新行。
- 第 29 行：使用 getBufferSize() 方法输出当前缓冲区大小。
- 第 31 行：使用 getRemaining() 方法输出当前剩余的缓冲区大小。
- 第 33 行：判断是否自动刷新。
- 第 34 行：使用 flush() 方法输出缓冲区里的数据。

④ 启动 Tomcat 服务器后，打开 IE，在地址栏中输入 "http://localhost:8080/chap05/ outdemo.jsp"。

outdemo.jsp 文件的运行结果如图 5-2 所示。

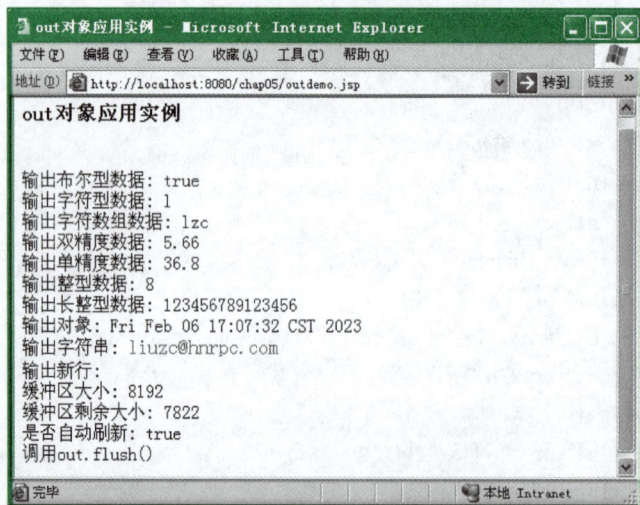

图 5-2　outdemo.jsp 运行结果

微课 5.2　request
对象获取表单信息

任务 2　使用 request 对象获取简单表单信息

request 对象是和请求相关的 HttpServletRequest 类的一个对象，该对象封装了用户提交的信息，通过调用该对象相应的方法可以获取封装的信息，如

请求参数的配置情况（调用 getParameter 来实现）、请求的类型（如 GET、POST、HEAD 等）和已经请求的 HTTP 头（如 Cookie、Referer 等）。

request 对象的常用方法见表 5-2。

表 5-2　request 对象的常用方法

序　号	方　法　名	方 法 功 能
1	getAttribute(String name)	获得由 name 指定的属性的值,如果不存在指定的属性,返回空值 (null)
2	setAttribute(String name,java.lang.Object obj)	设置名字为 name 的 request 参数的值为 obj
3	getCookie()	返回客户端的 Cookie 对象，结果是一个 Cookie 数组
4	getHeader(String name)	获得 HTTP 定义的传送文件头信息
5	getHeaderName()	返回所有 request header 的名字，结果保存在一个 Enumeration 类的实例中
6	getServerName(String name)	获得服务器的名字
7	getServerPort(String name)	获得服务器的端口号
8	getRemoteAddr()	获得客户端的 IP 地址
9	getRemoteHost()	获得客户端的计算机名字
10	getProtocol()	获得客户端向服务器端传送数据的协议名称
11	getMethod()	获得客户端向服务器端传送数据的方法
12	getServletPath()	获得客户端所请求的脚本文件的文件路径
13	getCharacterEncoding()	获得请求中的字符编码方式
14	getSession(Boolean create)	返回和请求相关的 session
15	getParameter(String name)	获得客户端传送给服务器端的参数值
16	getParameterNames()	获得所有的参数值的名字
17	getParameterValues()	获得指定的参数值
18	getQueryString()	获得查询字符串，该字符串由客户端 GET 方法向服务器传送
19	getRequestURI()	获得发出请求字符串的客户端地址
20	getContentLength()	获得内容的长度

request 对象可以使用 getParameter(String s) 方法获取表单提交的信息，如 request.getParameter("boy")。

【任务目标】学习 request 对象获取简单 HTML 表单信息的方法。

【知识要点】request 对象 getParameter 方法，应用 getParameter 方法获取 HTML 页面中文本框表单元素和按钮表单元素的提交信息。

【任务完成步骤】

① 打开 webapps 文件夹中保存单元 5 程序文件的文件夹 chap05。

② 编写用户输入信息的页面 input.html。

【程序代码】input.html

```
1   <html>
2   <body bgcolor="white"><font size=1>
3     <form action="requestdemo1.jsp" method=post name=form>
4       <input type="text" name="boy">
5       <input type="submit" value="Enter" name="submit">
6     </form>
7   </font>
8   </body>
9   </html>
```

【程序说明】

- 第 3 行：指定 input.html 页面中的表单由 requestdemo1.jsp 负责处理。
- 第 4 行：创建名称为 boy 的文本框表单对象。
- 第 5 行：创建名称为 submit 的按钮表单对象。

③ 编写获取用户输入信息的 JSP 文件 requestdemo1.jsp。

【程序代码】requestdemo1.jsp

```
1    <%@ page contentType="text/html;charset=GB2312" %>
2    <html>
3    <body bgcolor="white"><font size=4>
4    <p> 获取文本框提交的信息：
5      <%String strContent=request.getParameter("boy");
6      %>
7      <%=strContent%>
8    <p> 获取按钮的名字：
9      <%String strButtonName=request.getParameter("submit");
10     %>
11     <%=strButtonName%>
12   </font>
13   </body>
14   </html>
```

【程序说明】

- 第 1 行：设置页面信息。
- 第 5 行：应用 request.getParameter("boy") 方法获得 input.html 页面中

文本框的输入值。

● 第 9 行：应用 request.getParameter("submit") 方法获得 input.html 页面中按钮的值。

④ 启动 Tomcat 服务器后，打开 IE，在地址栏中输入"http://localhost: 8080/chap05/input.html"。

input.html 文件的运行结果如图 5-3 所示。在文本框中输入"liujin"，然后单击 Enter 按钮，requestdemo1.jsp 通过 request 对象获取 input.html 表单的相关信息，如图 5-4 所示。

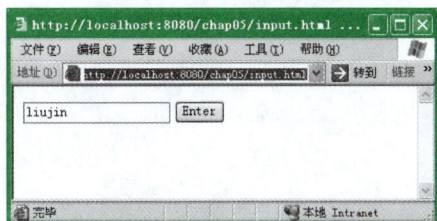

图 5-3　input.html 运行结果　　　　图 5-4　requestdemo1.jsp 运行结果

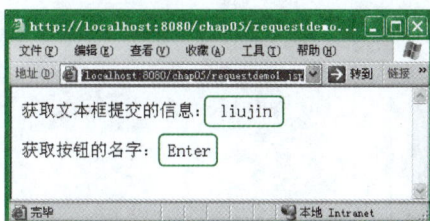

使用 request 对象获取信息要格外小心，要避免使用空对象，否则会出现 NullPointerException 异常，所以应对空对象（null）进行处理，以增强程序的健壮性。

【程序代码】requestdemo2.jsp

```
1   <%@ page contentType="text/html;charset=GB2312" %>
2   <html>
3   <body bgcolor=cyan><font size=5>
4   <form action=" " method=post name=form>
5       <input type="text" name="num">
6       <input type="submit" value="enter" name="submit">
7   </form>
8   <%
9       String strContent=request.getParameter("num");
10      double number=0,r=0;
11      if(strContent==null)
12      {
13      strContent=" ";
14      }
15      try
16      {
17          number=Double.parseDouble(strContent);
18          if(number>=0)
```

```
19              {
20                  r=Math.sqrt(number) ;
21                  out.print("<br>"+String.valueOf(number)+"的平方根：");
22                  out.print("<br>"+String.valueOf(r));
23              }
24              else
25              {
26                  out.print("<br>"+"请输入一个正数");
27              }
28          }
29          catch(NumberFormatException e)
30          {
31              out.print("<br>"+"请输入数字字符");
32          }
33      %>
34  </font>
35  </body>
36  </html>
```

【程序说明】

● 第 9 行：使用 request.getParameter() 方法获得文本框中输入的值。

● 第 11 ~ 14 行：对 request.getParameter("num") 的值为空的情况进行处理。

● 第 17 行：使用 Double.parseDouble() 方法将输入的数字转换为 Double 类型。

● 第 20 行：使用 Math.sqrt() 计算输入数字的平方根。

● 第 29 ~ 32 行：出现异常，提示输入数字。

程序运行结果如图 5-5 所示。

图 5-5　requestdemo2.jsp 运行结果

任务 3 使用 request 对象处理汉字信息

当 request 对象获取客户提交的汉字字符时，会出现乱码问题。在"任务 2"中如果按钮的名字为中文的"提交"，则执行 requestdemo1.jsp 文件时，显示的按钮名字为乱码。在这种情况下，必须进行特殊处理。首先，将获取的字符串用 ISO-8859-1 进行编码，并将编码存放到一个字节数组中，然后将这个数组转换为字符串对象即可。

【任务目标】学习 request 对象中对 HTML 表单元素中汉字信息的处理方法。

【知识要点】ISO-8859-1 字符编码、GB-2312 字符编码。

【任务完成步骤】

① 打开 webapps 文件夹中保存单元 5 程序文件的文件夹 chap05。

② 修改用户信息提供表单文件为 input1.html。

将"任务 2"中的 input.html 复制为 input1.html。将 input1.html 文件中的按钮名字由"Enter"改为"提交"，同时，将"form action"属性的值改为"requestdemo3.jsp"。

③ 编写处理汉字字符信息的 JSP 文件页面 requestdemo3.jsp，在 requestdemo1.jsp 基础上修改（粗体部分）得到 requestdemo3.jsp。

【程序代码】requestdemo3.jsp

```
1   <%@ page contentType="text/html;charset=GB2312" %>
2   <html>
3   <body bgcolor="white"><font size=4>
4   <p> 获取文本框提交的信息：
5     <%String strContent=request.getParameter("boy");
6     %>
7     <%=strContent%>
8   <p> 获取按钮的名字：
9     <%String strButtonName=request.getParameter("submit");
10    byte c[]=strButtonName.getBytes("ISO-8859-1");
11    strButtonName=new String(c);
12    %>
13    <%=strButtonName%>
14  </font>
15  </body>
16  </html>
```

【程序说明】

● 第 10 行：将获取信息以 ISO-8859-1 编码形式存储到字节数组 c 中。

● 第 11 行：以字节数组构造一个字符串，实现汉字的正常显示。

④ 启动 Tomcat 服务器后，打开 IE，在地址栏中输入"http://localhost: 8080/chap05/input1.html"。

输入"wangym"后，程序运行结果如图 5-6 所示。

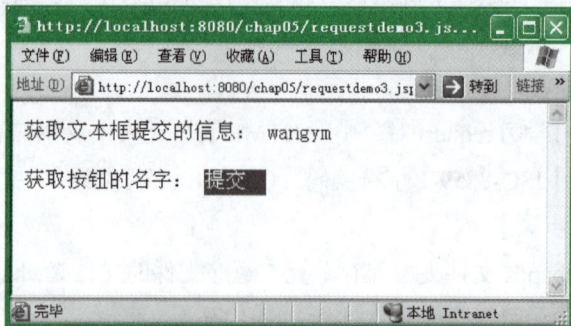

图 5-6　表单信息编码转换后的运行结果

任务 4　全面认识 request 对象的常用方法

微课 5.3　request 对象的常用方法

【任务目标】 学习 request 对象各种常用方法的使用。

【知识要点】 request 对象各种方法的功能及应用场合。

【任务完成步骤】

① 打开 webapps 文件夹中保存单元 5 程序文件的文件夹 chap05。

② 编写综合应用 request 对象各种常用方法的 JSP 文件 requestdemo4.jsp。

【程序代码】 requestdemo4.jsp

```
1   <%@ page contentType="text/html;charset=GB2312" %>
2   <html>
3   <head><title>Request 对象应用演示 </title></head>
4   <body>
5   <h2>Request 对象方法演示 </h2>
6   <table border="1">
7       <tr>
8           <td> 通信协议 :</td>
9           <td><%= request.getProtocol() %></td>
```

```
10        </tr>
11        <tr>
12            <td>请求方式:</td>
13            <td><%= request.getScheme() %></td>
14        </tr>
15        <tr>
16            <td>服务器名称:</td>
17            <td><%= request.getServerName() %></td>
18        </tr>
19        <tr>
20            <td>通信端口:</td>
21            <td><%= request.getServerPort() %></td>
22        </tr>
23        <tr>
24            <td>使用者 IP:</td>
25            <td><%= request.getRemoteAddr() %></td>
26        </tr>
27        <tr>
28            <td>主机地址:</td>
29            <td><%= request.getRemoteHost() %></td>
30        </tr>
31    </table>
32    </body>
33    </html>
```

【程序说明】

● 第 9 行：应用 request.getProtocol() 方法获取使用的通信协议。

● 第 13 行：应用 request.getScheme() 方法获取请求方式。

● 第 17 行：应用 request.getServerName() 方法获取服务器名称。

● 第 21 行：应用 request.getServerPort() 方法获取通信端口。

● 第 25 行：应用 request.getRemoteAddr() 方法获取使用者的 IP 地址。

● 第 29 行：应用 request.getRemoteHost() 方法获取使用者的主机地址。

③ 启动 Tomcat 服务器后，打开 IE，在地址栏中输入 "http://localhost: 8080/chap05/ requestdemo4.jsp"。

requestdemo4.jsp 运行结果如图 5-7 所示。

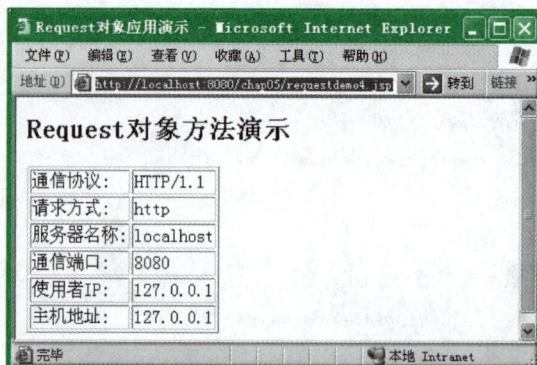

图 5-7 requestdemo4.jsp 运行结果

任务 5 使用 request 对象获取复杂表单信息

【任务目标】学习 request 对象获取复杂表单信息的方法。

【知识要点】利用 request 对象的 getParameter() 方法获取单选按钮、复选框、列表框等表单元素的信息。

【任务完成步骤】

① 打开 webapps 文件夹中保存单元 5 程序文件的文件夹 chap05。

② 创建进行网上测试的 HTML 表单文件 exam.html。

【程序代码】exam.html

```
1   <html>
2   <body>
3   <font size=2 >
4   <h3>JSP 程序设计网上测试系统 </h3>
5     <form action="requestdemo5.jsp" method=post name=form>
6       请输入姓名：
7       <input type="text" name="name">
8       请选择班级：
9       <Select name="class" size=1>
10      <Option Selected value="Soft071"> 软件 071
11      <Option value="Soft072"> 软件 072
12      <Option value="Soft073"> 软件 073
13      </Select>
14      <br><p> 在 JSP 中，可以获得用户表单提交的信息的内置对象是：(    )<br>
15      <input type="radio" name="t1" value="a">response 对象
16      <input type="radio" name="t1" value="b">request 对象
```

17	` `
18	`<input type="radio" name="t1" value="c">session 对象`
19	`<input type="radio" name="t1" value="d" checked="ok">application 对象`
20	` `
21	`<p> 在 SQL 语言中，为了实现数据的更新，使用的命令是 :(     )`
22	` `
23	`<input type="radio" name="t2" value="a">update 语句`
24	`<input type="radio" name="t2" value="b">insert 语句`
25	` `
26	`<input type="radio" name="t2" value="c">select 语句`
27	`<input type="radio" name="t2" value="d">delete 语句`
28	` `
29	`<input type="submit" value=" 提交答案 " name="submit">`
30	`</form>`
31	`</font>`
32	`</body>`
33	`</html>`

【程序说明】

- 第 5 行：指定 exam.html 中的表单由 requestdemo5.jsp 负责处理。
- 第 7 行：创建名称为 name 的文本框，用来输入考生姓名。
- 第 9 ～ 13 行：创建名称为 class 的列表框，供考生选择所在班级。
- 第 14 ～ 28 行：创建试题及试题答案。
- 第 29 行：创建名称为 submit 的按钮，用来提交考试结果。

③ 创建对测试的结果进行处理的 JSP 文件 requestdemo5.jsp。

【程序代码】requestdemo5.jsp

1	`<%@ page contentType="text/html;charset=GB2312" %>`
2	`<html>`
3	`<body><font size=3>`
4	`<% int n=0;`
5	`    String strName=request.getParameter("name");`
6	`    String strClass=request.getParameter("class");`
7	`    String strTemp=strClass+" 的 "+strName;`
8	`    String s1=request.getParameter("t1");`
9	`    String s2=request.getParameter("t2");`
10	`    if(s1==null)`
11	`    {s1="";}`
12	`    if(s2==null)`
13	`    {s2="";}`

```
14        if(s1. equals("b"))
15        { n++;}
16        if(s2. equals("a"))
17        { n++;}
18    %>
19    <%=strTemp%>
20    <P> 您的得分为 :<%=n%> 分
21    </font>
22    </body>
23    </html>
```

【程序说明】

- 第 5 行：获得考生输入的姓名。
- 第 6 行：获得考生选择的班级。
- 第 7 行：构造包含班级信息和姓名信息的输出字符串。
- 第 8 ～ 9 行：分别获得试题 1 和试题 2 的选项。
- 第 10 ～ 13 行：分别对试题 1 和试题 2 未作选择的情况进行处理。
- 第 14 ～ 17 行：将获得的表单数据（试题答案）与标准答案进行比较，计算得分情况。
- 第 19 行：输出考生姓名和班级信息。
- 第 20 行：输出最后得分。

④ 启动 Tomcat 服务器后，打开 IE，在地址栏中输入 "http://local-host:8080/chap05/ exam.html"。

exam.html 运行后，用户进行相关选择，如图 5-8 所示。单击 "提交答案" 按钮后，由 requestdemo5.jsp 处理后得到考试成绩，如图 5-9 所示。

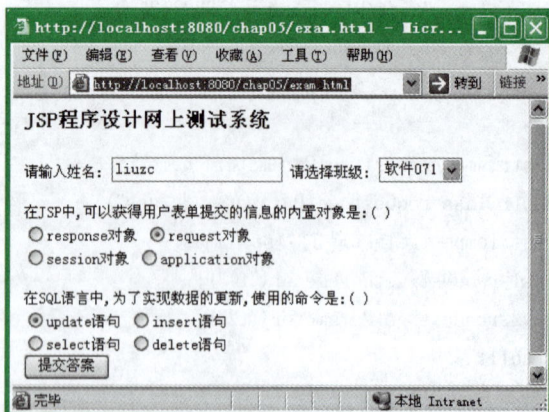

图 5-8　exam.html 运行结果

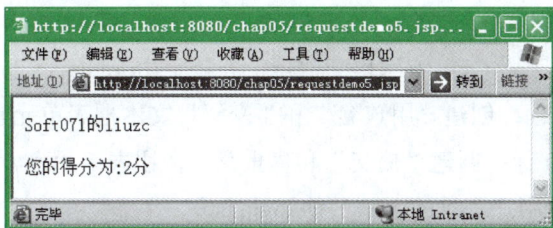

图 5-9　requestdemo5.jsp 运行结果

任务 6　GET 方法提交数据

当用户通过浏览器访问一个 Web 站点时，首先向服务器发送一个连接请求，请求内容包括服务器的地址和请求页面的路径。服务器根据用户请求的路径以及页面路径组合起来查找到相应的页面，然后返回客户端。客户端在向服务器端提交数据时有多种数据提交机制，最常用的是 GET 方法和 POST 方法。

GET 提交数据的方法有两种形式：一是使用 GET 方法提交表单，二是在浏览器的地址栏中直接输入地址。

【任务目标】学习 GET 方法提交数据的方式。

【知识要点】GET 方法提交数据的常用形式、GET 方法提交数据的特点、GET 方法提交数据的应用场合。

【任务完成步骤】

① 打开 webapps 文件夹中保存单元 5 程序文件的文件夹 chap05。

② 创建用户登录的 HTML 表单文件 login.htm。

【程序代码】login.htm

```
1   <html>
2   <head>
3   <title>GET 方法提交数据 </title>
4   </head>
5   <body>
6   <form method="GET" action="login.jsp">
7       <p> 用户名：<input type="text" name="user" size="18"></p>
8       <p> 密码：<input type="text" name="pass" size="20"></p>
9       <p><input type="submit" value=" 提交 " name="ok">
10      <input type="reset"  value=" 重置 " name="cancel"></p>
11  </form>
12  </body>
13  </html>
```

【程序说明】

● 第 6 行：应用 GET 方法提交数据，并指定由 login.jsp 进行数据处理。

● 第 7 ~ 8 行：创建"用户名"和"密码"文本框表单元素。

● 第 9 ~ 10 行：创建"提交"和"重置"按钮表单元素。

③ 创建处理用户登录的 JSP 文件 login.jsp。

【程序代码】login.jsp

```
1   <%@ page contentType="text/html; charset=GB2312" %>
2   <html>
3   <head>
4   <title>处理 GET 方法传递数据</title>
5   </head>
6   <body>
7   <%
8       String strUser=request.getParameter("user");
9       String strPass=request.getParameter("pass");
10      if (strUser.equals("admin") && strPass.equals("admin"))
11          out.println("<h3>用户登录成功！</h3>");
12      else
13          out.println("<h3>用户登录失败！</h3>");
14  %>
15  </body>
16  </html>
```

【程序说明】

● 第 8 ~ 9 行：应用 request.getParameter() 方法获取 login.htm 页面提交的用户名和密码。

● 第 10 ~ 13 行：判断用户名和密码是否正确（这里假定都为 admin），再给出不同的提示。

④ 从 login.htm 输入用户和密码信息后，使用 GET 方法提交表单。

login.htm 程序运行界面如图 5-10 所示。输入用户名和密码（均为"liuzc518"），单击"提交"按钮后，打开的页面如图 5-11 所示，显示"用户登录失败"。地址栏中显示的地址为

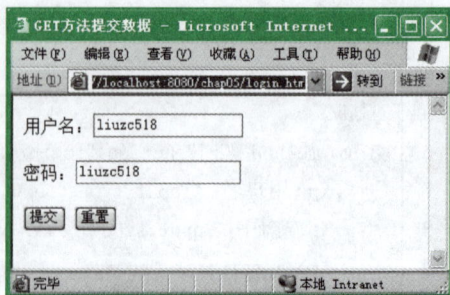

图 5-10 用户登录界面

http://localhost:8080/chap05/login.jsp?user=liuzc518&pass=liuzc518&ok=%CC%E1%BD%BB。如果输入的用户名和密码均为"admin"，就会显示"用户登录成功"

的提示信息。

这时，从浏览器的地址栏中可以看到，通过 GET 方法提交数据会将所有数据显示在 URL 地址的后面，同时会将一些隐藏信息显示出来。如"pass=liuzcS18"即为用户所提交的密码，这样会存在许多不安全的因素。

⑤ 在浏览器的地址栏中直接输入带用户名和密码的地址。

对于上述登录程序，如果首先不打开"login.htm"文件，而是在浏览器的地址栏中直接输入以下地址，将会显示登录成功，如图 5-12 所示。

```
http://localhost:8080/chap05/login.jsp?user=admin&pass=admin
```

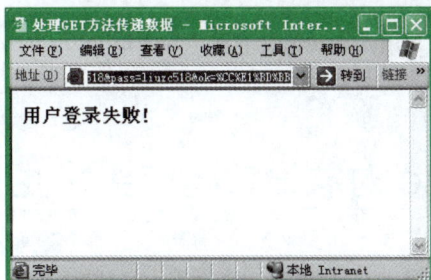

图 5-11　用户登录失败　　　　　　图 5-12　地址形式提交数据

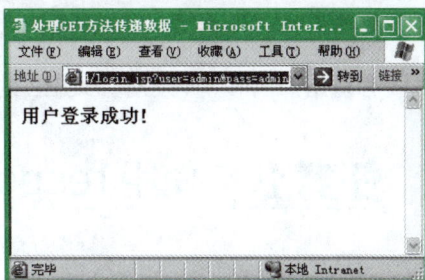

如果输入如下地址，将会显示登录失败。

```
http://localhost:8080/chap05/login.jsp?user=liuzc&pass=liuzc
```

任务 7　POST 方法提交数据

【任务目标】学习 POST 方法提交数据的方式。

【知识要点】POST 方法提交数据的常用形式、POST 方法提交数据的特点、POST 方法提交数据的应用场合。

【任务完成步骤】

① 打开 webapps 文件夹中保存单元 5 程序文件的文件夹 chap05。

② 修改用户登录 HTML 表单文件 login.htm。POST 提交数据方法只能通过表单来实现，其表单形式与 login.htm 基本一致，只是提交方法由"GET"改为"POST"。

③ 启动 Tomcat 服务器后，打开 IE，在地址栏中输入"http://local-host:8080/chap05/ login.htm"。输入用户名和密码"admin"后，单击"提交"按钮，运行结果如图 5-13 所示。

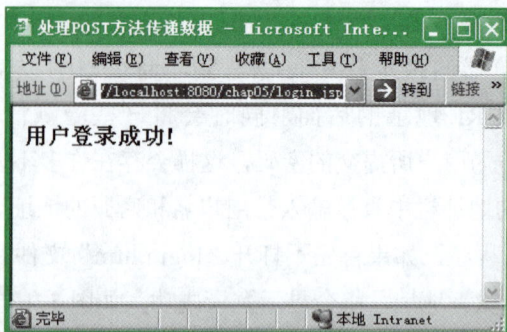

图 5-13　POST 提交数据的运行结果

这时，在浏览器的地址栏中显示的是 http://localhost:8080/chap05/login.jsp，并没有将用户名和密码显示在 URL 的后面。

任务 8　使用 response 对象设置响应头属性

微课 5.4　response 对象

response 是和应答相关的 HttpServletResponse 类的一个对象，封装了服务器对客户端的响应，然后将其发送到客户端以响应客户请求。response 对象对客户的请求做出动态的响应，并向客户端发送数据。HttpServletResponse 对象具有页面作用域。

response 对象常用方法见表 5-3。

表 5-3　response 对象常用方法

序　号	方　法　名	方　法　功　能
1	addHeader(String name,String value)	添加 HTTP 文件头，该 header 将会发送到客户端
2	setHeader(String name,String value)	设置指定名字的 HTTP 文件头值
3	containsHeader(String name)	判断指定名字的 HTTP 文件头是否存在
4	addCookie(Cookie cook)	添加一个 Cookie 对象，用来保存客户端的用户信息
5	encodeURL()	使用 sessionId 来封装 URL
6	flushBuffer()	强制将当前缓冲区的内容发送到客户端
7	getBufferSize()	返回缓冲区的大小
8	sendError(int sc)	向客户端发送错误信息
9	sencRedirect(String location)	把响应发送到另一个指定的位置进行处理
10	getOutputStream()	返回到客户端的输出流对象
11	setContentType()	动态改变 contentType 属性

【任务目标】学习 response 对象 setContentType 方法的使用。

【知识要点】setContentType 方法及其使用场合、应用 setContentType 提示保存文件。

【任务完成步骤】

① 打开 webapps 文件夹中保存单元 5 程序文件的文件夹 chap05。

② 创建应用 response 对象的 setContentType() 方法的 JSP 文件 responsedemo1.jsp。

【程序代码】responsedemo1.jsp

```
1   <%@ page contentType="text/html;charset=GB2312" %>
2   <html>
3   <head><title>response 对象的 setContentType 方法演示 </title></head>
4   <body bgcolor=cyan><font size=2 >
5   <P> 将当前页面保存为 Word 文档吗？
6   <FORM action="" method="get" name=form>
7       <INPUT TYPE="submit" value="yes" name="submit">
8   </FORM>
9   <% String str=request.getParameter("submit");
10      if(str==null)
11          {str=" ";}
12      if(str.equals("yes"))
13          {response.setContentType("application/msword;charset=GB2312"); }
14  %>
15  </font>
16  </body>
17  </html>
```

【程序说明】

● 第 6 ～ 8 行：提交按钮表单元素。

● 第 9 行：应用 request.getParameter("submit") 方法获取表单数据。

● 第 13 行：应用 response.setContentType 方法设置 contentType。

③ 启动 Tomcat 服务器后，打开 IE，在地址栏中输入"http://localhost:8080/chap05/ responsedemo1.jsp"。

程序运行结果如图 5-14 所示。单击 yes 按钮后，弹出如图 5-15 所示的对话框，单击"保存"按钮，即可将当前页面保存到指定位置。

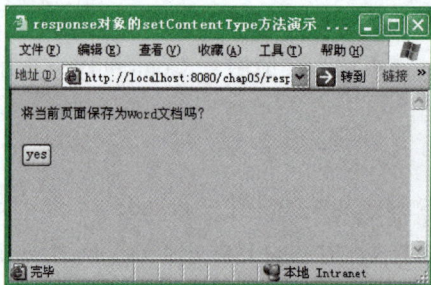

图 5-14　responsedemo1.jsp 运行结果

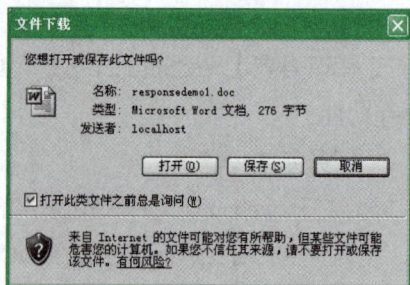

图 5-15　保存文件对话框

任务 9　使用 response 对象实现重定向

在某些情况下，当响应客户时，需要将客户重新引导至另一个页面，可以使用 response 的 sendRedirect(URL) 方法实现客户的重定向。本任务中 responsedemo2.jsp 演示了使用 response 实现重定向的方法。

【任务目标】学习 response 对象 sendRedirect() 方法的使用。

【知识要点】sendRedirect() 方法及其使用场合、sendRedirect() 方法重定向与 <jsp:forward> 指令实现重定向的区别。

【任务完成步骤】

① 打开 webapps 文件夹中保存单元 5 程序文件的文件夹 chap05。

② 创建显示友情链接的静态页面 goto.html。

【程序代码】goto.html

```
1    <html>
2    <head><title>Response 重定向演示 </title></head>
3    <body>
4    <b> 友情链接 </b><br>
5    <form action="responsedemo2.jsp" method="GET">
6    <select name="where">
7      <option value="csai" selected>希赛顾问团
8      <option value="hnrpc"> 湖南铁道职业技术学院
9      <option value="sun"> Sun 公司
10   </select>
11   <input type="submit" value="go">
12   </form>
13   <body>
14   </html>
```

【程序说明】

- 第 5 行：使用 GET 方法提交，并指定由 responsedemo2.jsp 负责处理。
- 第 6～10 行：创建友情链接下拉列表。
- 第 11 行：创建实现转向的 go 按钮表单对象。

③ 创建实现重定向的 JSP 文件 responsedemo2.jsp。

【程序代码】responsedemo2.jsp

```
1   <%@ page contentType="text/html;charset=GB2312" %>
2   <html>
3   <head><title>response 对象的 setContentType 方法演示</title></head>
4   <body>
5   <%
6   String address = request.getParameter("where");
7   if(address!=null)
8   {
9       if(address.equals("csai"))
10              response.sendRedirect("http://www.csai.cn");
11      else if(address.equals("hnrpc"))
12              response.sendRedirect("http://www.hnrpc.com");
13              else if(address.equals("sun"))
14                  response.sendRedirect("http://www.sun.com");
15  }
16  %>
```

【程序说明】

- 第 6 行：应用 request.getParameter("where") 方法获取 goto.html 中提交的转向链接。

- 第 9～14 行：根据不同的选择使用 response 的 sendRedirect() 方法定向到不同的页面。

④ 启动 Tomcat 服务器后，打开 IE，在地址栏中输入 "http://local-host:8080/chap05/ goto.html"。

程序运行结果如图 5-16 所示。选择指定链接，单击 go 按钮，就会打开指定的网站（在 Internet 连通的情况下）。

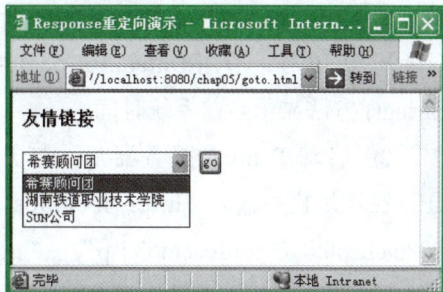

图 5-16　goto.html 运行结果

任务 10　使用 response 对象刷新页面

【任务目标】学习 response 对象 setHeader() 方法的使用。

【知识要点】response 刷新页面的方法及其使用场合。

【任务完成步骤】

① 打开 webapps 文件夹中保存单元 5 程序文件的文件夹 chap05。

② 创建应用 response 对象的 setHeader() 方法刷新页面的 JSP 文件 responsedemo3.jsp。

【程序代码】responsedemo3.jsp

```
1   <%@page   contentType="text/html;charset=gb2312"
2     language="java" import="java.util.*" %>
3   <html>
4   <head>
5   <title> response 动态刷新页面 </title>
6   </head>
7   <body>
8   <%
9       response.setHeader("refresh","2");
10      out.println(new Date().toLocaleString());
11  %>
12  </body>
13  </html>
```

【程序说明】

● 第 1 ～ 2 行：设置页面属性。

● 第 9 行：应用 response.setHeader() 方法实现每 2 s 刷新一次。

● 第 10 行：应用 Date().toLocale-String() 方法显示当前系统时间。

③ 启动 Tomcat 服务器后，打开 IE，在地址栏中输入 "http://localhost: 8080/chap05/ responsedemo3.jsp"。

程序运行结果如图 5-17 所示，通过页面的刷新，动态地改变时间。

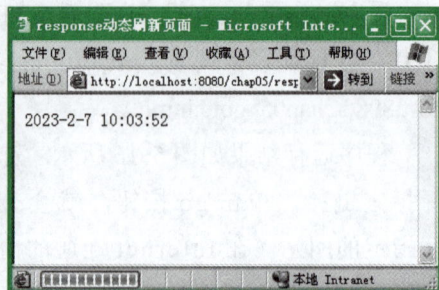

图 5-17　Response 刷新页面

任务 11 使用 session 对象制作站点计数器

session 对象是与请求相关的 HttpSession 对象，它封装了属于客户会话的所有信息。session 对象也是一个 JSP 内置对象，在第一个 JSP 页面被装载时自动创建，完成会话期管理。从客户打开浏览器并连接到服务器开始，到客户关闭浏览器离开这个服务器结束，称为一个会话。当客户访问一个服务器时，可能会在这个服务器的几个页面之间反复连接，反复刷新一个页面，服务器应当通过某种办法知道这是同一个客户，这就需要 session 对象。

session 对象的 Id 是指当一个客户首次访问服务器上的一个 JSP 页面时，JSP 引擎产生一个 session 对象，同时分配一个字符类型的 Id 号，JSP 引擎同时将这个 Id 号发送到客户端，存放在 Cookie 中，这样 session 对象和客户之间就建立了一一对应的关系。当客户再访问连接该服务器的其他页面时，不再分配给客户新的 session 对象。直到客户关闭浏览器后，服务器端将该客户的 session 对象取消，服务器与该客户的会话对应关系消失。当客户重新打开浏览器再连接到该服务器时，服务器为该客户再创建一个新的 session 对象。

session 对象常用方法见表 5-4。

微课 5.5 使用 session 对象制作站点计数器

表 5-4 session 对象常用方法

序　号	方　法　名	方 法 功 能
1	getAttribute(String name)	获得指定名字的属性
2	getAttributeNames()	返回 session 对象中存储的每一个属性对象
3	getCreationTime()	返回 session 对象的创建时间
4	getId()	返回当前 session 对象的编号
5	getLastAccessedTime()	返回当前 session 对象最后一次被操作的时间
6	getMaxInactiveInterval()	获取 session 对象的生存时间
7	removeAttribute(String name)	删除指定属性的属性值和属性名
8	setAttribute(String name,Object obj)	设置指定名字的属性
9	Invalidate()	注销当前的 session
10	isNew()	判断是否是一个新的 session

【任务目标】学习使用 session 对象制作站点计数器的方法。

【知识要点】session 对象制作站点计数器及其应用场合、session 站点计数器的特点。

【任务完成步骤】

① 打开 webapps 文件夹中保存单元 5 程序文件的文件夹 chap05。

② 创建应用 session 对象制作站点计数器的 JSP 文件 sessiondemo1.jsp。

【程序代码】sessiondemo1.jsp

```
1   <%@ page contentType="text/html;charset=gb2312" %>
2   <html>
3   <body>
4   <%! int number=0;
5       synchronized void countpeople()
6       {
7           number++;
8       }
9   %>
10  <%
11  if(session.isNew())
12  {
13      countpeople();
14      String str=String.valueOf(number);
15       session.setAttribute("count", str);
16  }
17  %>
18  <p> 您是第 <%=(String)session.getAttribute("count")%> 个访问本站的人。
19  <body>
20  <html>
```

【程序说明】

● 第 4 行：访问计数器初始化为 0。

● 第 5 ～ 8 行：在同步方法（synchronized）中实现访问计数器的累加。

● 第 10 ～ 17 行：判断如果为新的会话（浏览器关闭后重新打开），调用 countpeople 方法，实现计数器的累加。

● 第 15 行：将计数值保存到名为"count"的会话属性中。

● 第 18 行：读取会话中的"count"属性，显示站点访问人数。

③ 启动 Tomcat 服务器后，打开 IE，在地址栏中输入"http:// localhost:8080/chap05/ sessiondemo1.jsp"。

程序运行结果如图 5-18 所示。要实现访问计数的改变，读者可以从不同机器上打开 sessiondemo1.jsp（创建不同的会话）或者关闭浏览器后重新打开。

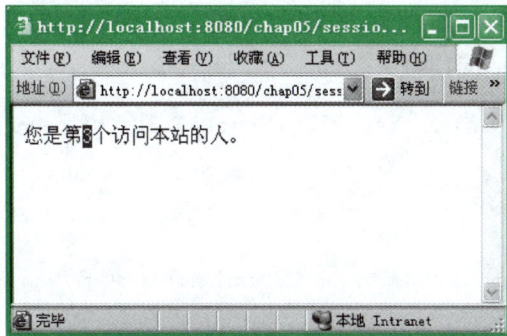

图 5-18　sessiondemo1.jsp 运行结果

微课 5.6　使用
session 对象记录
表单信息

任务 12　使用 session 对象记录表单信息

【任务目标】学习 session 对象保存 request 对象获取的表单信息的方法。

【知识要点】利用 request 对象获取表单信息、利用 session 保存获取的表单信息及其应用场合。

【任务完成步骤】

① 打开 webapps 文件夹中保存单元 5 程序文件的文件夹 chap05。

② 创建用户登录的页面 login1.htm。

【程序代码】login1.htm

```
1   <html>
2   <head>
3   <title>用户登录</title>
4   </head>
5   <body>
6   <form method="POST" action="login1.jsp">
7       <p>用户名：<input type="text" name="user" size="18"></p>
8       <p>密码：<input type="text" name="pass" size="20"></p>
9       <p><input type="submit" value="提交" name="ok">
10      <input type="reset"  value="重置" name="cancel"></p>
11  </form>
12  </body>
13  </html>
```

【程序说明】

● 第 6 行：设置以 POST 方式提交数据，并指定由 login1.jsp 进行处理。

● 第 6～11 行：用户登录表单。

③ 创建处理用户登录的页面 login1.jsp。

【程序代码】 login1.jsp

```
1   <%@ page contentType="text/html;charset=GB2312" %>
2   <html>
3   <head><title>Session 应用演示 </title></head>
4   <%
5       if (request.getParameter("user")!=null && request.getParameter ("pass")!=null)
6       {
7           String strName=request.getParameter("user");
8           String strPass=request.getParameter("pass");
9           if (strName.equals("liuzc") && strPass.equals("liuzc"))
10          {
11              session.setAttribute("login","OK");
12              session.setAttribute("me", strName);
13              response.sendRedirect("welcome.jsp");
14          }
15          else
16          {
17              out.println("<h2> 登录错误，请输入正确的用户名和密码 </h2>");
18          }
19      }
20  %>
21  </html>
```

【程序说明】

● 第 5 行：应用 request.getParameter() 方法获取 login1.htm 页面中输入的用户名和密码，并判断是否为空。

● 第 7 ~ 8 行：将获取的用户名和密码分别保存在 strName 和 strPass 中。

● 第 9 ~ 14 行：如果用户名和密码正确（这里均为 liuzc），保存用户和登录成功的信息到 session 中的属性，并应用 response.sendRedirect("welcome.jsp") 方法将页面转向欢迎页面。

● 第 11 行：应用 session 的 setAttribute() 方法设置 session 中 login 属性的值为 "OK"，表示登录成功。

● 第 12 行：应用 session 的 setAttribute() 方法设置 session 中 me 属性的值为 strName，保存登录成功的用户名。

● 第 15 ~ 18 行：如果用户名或密码错误，显示"登录错误，请输入正确的用户名和密码"提示信息。

④ 创建登录成功的 JSP 文件 welcome.jsp。

【程序代码】welcome.jsp

```
1   <%@ page contentType="text/html;charset=GB2312" %>
2   <html>
3   <head><title> 欢迎光临 </title></head>
4   <body>
5   <%
6       String strLogin=(String)session.getAttribute("login");
7       String strUser=(String)session.getAttribute("me");
8       if (strLogin==null)
9       {
10          out.println("<h2> 请先登录，谢谢 !</h2>");
11          out.println("<h2>5 秒钟后，自动跳转到登录页面 !</h2>");
12          response.setHeader("Refresh","5;URL=login1.htm");
13      }
14      else
15      {
16          if (strLogin.equals("OK"))
17          {
18              out.println(strUser+"<h2> 欢迎进入我们的网站 !</h2>");
19          }
20          else
21          {
22              out.println("<h2> 用户名或密码错误，请重新登录 !</h2>");
23              out.println("<h2>5 秒钟后，自动跳转到登录页面 !</h2>");
24              response.setHeader("Refresh","5;URL=login1.htm");
25          }
26      }
27  %>
28  </body>
29  </html>
```

【程序说明】

● 第 6 行：应用 session.getAttribute("login") 方法读取 login 属性的值。如果该值为 "OK"（用户名和密码正确），表示登录成功。

● 第 7 行：应用 session.getAttribute("me") 方法读取当前登录用户的信息。

● 第 8 ～ 13 行：如果 login 属性的值为空（没有经过 login1.htm 页面），则显示要求登录提示，5 s 后跳转到登录页面。

● 第 16 ～ 19 行：登录成功，显示欢迎信息。

● 第 20 ～ 25 行：登录失败，显示重新登录信息。

● 第 12 和 24 行：应用 response.setHeader("Refresh","5;URL=login1.htm") 方法，设置 5 s 后自动跳转到 login1.htm 页面。

⑤ 启动 Tomcat 服务器后，打开 IE，在地址栏中输入"http://localhost:8080/ chap05/ login1.htm"。

login1.htm 运行界面如图 5-19 所示，输入用户名和密码（这里均为 liuzc），单击"提交"按钮，由 login1.jsp 进行用户名和密码的合法性判断。如果用户名和密码正确，则进入欢迎界面，如图 5-20 所示；否则显示"用户名或密码错误，请重新登录！"提示信息。

如果不从登录页面 login1.htm 登录，而是直接在浏览器的地址栏中输入"http://localhost:8080/ chap05/welcome. jsp"，这时由于 session 中 login 的值为空，因此提示用户要先登录，并自动跳转到登录页面，如图 5-21 所示。

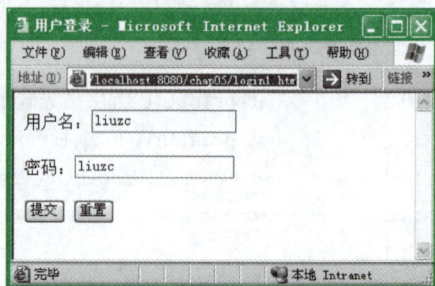

图 5-19　login1.htm 运行界面

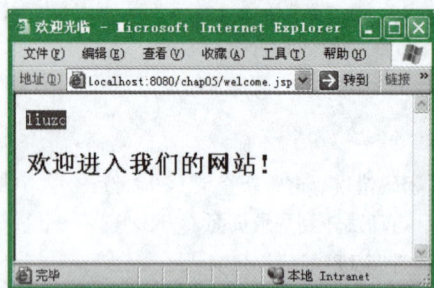

图 5-20　登录成功页面

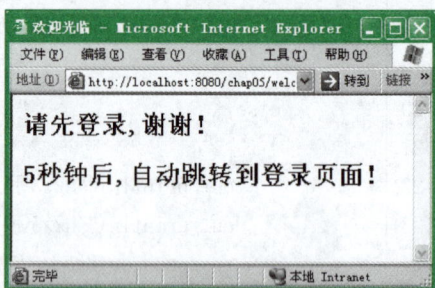

图 5-21　直接进入 welcome.jsp
页面的运行结果

任务 13　使用 application 对象读写属性值

application 对象提供了对 javax.servlet.ServletContext 对象的访问，用于多个程序或者多个用户之间共享数据。对于一个容器而言，每个用户都共用一个 application 对象，这和 session 对象不同。

服务器启动后就产生了这个 application 对象，当客户在所访问的网站的各个页面之间浏览时，这个 application 对象都是同一个，直到服务器关闭。与 session 不同的是，所有客户的 application 对象都是同一个，即所有客户共享这个内置的 application 对象。

application 对象常用方法见表 5-5。

表 5-5 application 对象常用方法

序 号	方 法 名	方 法 功 能
1	getAttribute(String name)	获得指定名字的 application 对象属性的值
2	getAttribute(String name,Object obj)	用 object 来初始化某个由 name 指定的属性
3	getAttributeNames()	返回 application 对象中存储的每一个属性名字
4	getInitParameter(String name)	返回 application 对象某个属性的初始值
5	removeAttribute(String name)	删除一个指定的属性
6	getServerInfo()	返回当前版本 Servlet 编译器的信息
7	getContext(URI)	返回指定 URI 的 ServletContext
8	getMajorVersion()	返回 Servlet API 的版本
9	getMimeType(URI)	返回指定 URI 的文件格式
10	getRealPath(URI)	返回指定 URI 的实际路径

【任务目标】学习 application 对象读写属性值的方法。

【知识要点】利用 application 读写属性值的方法及其应用场合。

【任务完成步骤】

① 打开 webapps 文件夹中保存单元 5 程序文件的文件夹 chap05。

② 创建使用 application 对象保存属性值的 JSP 文件 applicationdemo1.jsp。

【程序代码】applicationdemo1.jsp

```
1   <%@ page contentType="text/html;charset=GB2312" %>
2   <html>
3   <head>
4     <title>Application 应用演示</title>
5   </head>
6   <body>
7   </br>
8   <%
9       application.setAttribute("user","liuzc");
10      application.setAttribute("pass","liuzc518");
11  %>
12  <jsp:forward page="applicationdemo2.jsp"/>
13  </body>
14  </html>
```

【程序说明】

● 第 9 ~ 10 行：应用 application.setAttribute() 方法将用户名和密码分别保存在 user 和 pass 属性中。

● 第 12 行：应用 <jsp:forward> 指令转向 applicationdemo2.jsp。

③ 创建使用 application 对象读取属性值的 JSP 文件 applicationdemo2.jsp。

【程序代码】applicationdemo2.jsp

```
1   <%@ page contentType="text/html;charset=GB2312" %>
2   <html>
3   <head>
4     <title>Application 应用演示</title>
5   </head>
6   <body>
7   <%
8       String Name = (String) application.getAttribute("user");
9       String Password = (String) application.getAttribute("pass");
10      out.println("user = "+Name);
11      out.println("pass = "+ Password);
12  %>
13  </body>
14  </html>
```

【程序说明】

● 第 8 ~ 9 行：应用 application.getAttribute() 方法获取 user 属性和 pass 属性的值。

● 第 10 ~ 11 行：输出用户名和密码。

④ 启动 Tomcat 服务器后，打开 IE，在地址栏中输入 "http://localhost: 8080/chap05/ applicationdemo1.jsp"。

程序运行结果如图 5-22 所示。

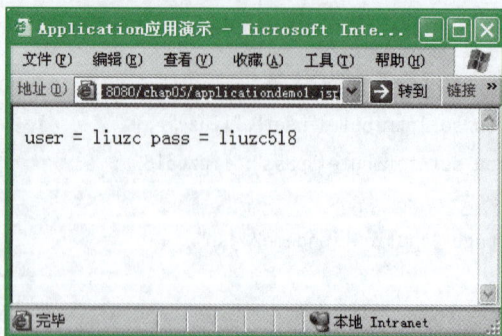

图 5-22　application 读写属性值

任务 14　使用 application 对象制作站点计数器

【任务目标】学习 application 对象制作站点计数器的方法。

【知识要点】利用 application 的对象 getAttribute() 和 setAttribute() 方法制作站点计数器、application 对象的特点和应用场合。

【任务完成步骤】

① 打开 webapps 文件夹中保存单元 5 程序文件的文件夹 chap05。

② 创建使用 application 对象制作站点计数器的 JSP 文件 applicationdemo3. jsp。

微课 5.7　使用 application 对象制作站点计数器

微课 5.8　网站计数器原理分析

【程序代码】applicationdemo3.jsp

```
1   <%@ page contentType="text/html; charset=GB2312"    import="java.util.Date"%>
2   <html>
3   <head><title>Application 计数器 </title></head>
4   <body>
5   <center>
6   <font size = 5 color = blue>Application 计数器 </font>
7   </center>
8   <hr>
9   <%
10      String strNum = (String)application.getAttribute("num");
11      int num = 0;
12      if(strNum != null)
13              num = Integer.parseInt(strNum) + 1;
14      application.setAttribute("num", String.valueOf(num)); // 起始 num 变量值
15  %>
16  访问次数为：
17  <font color = red><%= num %></font><br>
18  </body>
19  </html>
```

【程序说明】

● 第 10 行：应用 application.getAttribute() 方法获取属性 num 的值。

● 第 12 行：检查 strNum 变量是否为空。

● 第 13 行：将取得的访问次数值（num）增加 1。

● 第 14 行：使用 application.setAttribute() 方法将访问次数写入属性 num 中。

● 第 16 ～ 17 行：输出访问次数。

③ 启动 Tomcat 服务器后,打开 IE,在地址栏中输入 "http://localhost:8080/ chap05/ applicationdemo3.jsp"。

程序运行结果如图 5-23 所示。

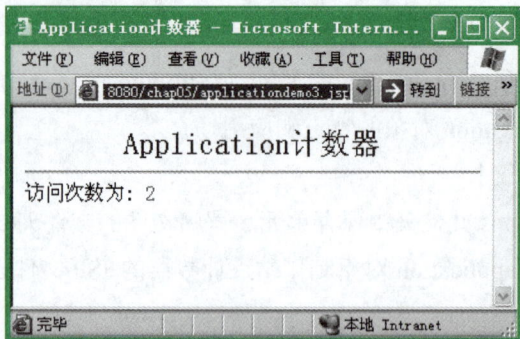

图 5-23 application 站点计数器

任务 15 使用 Cookie 对象制作站点计数器

5.15.1 Cookie 的概念和功能

微课 5.9 Cookie
对象的使用

微课 5.10 使用
Cookie 制作站点
计数器

Cookie 是 Web 服务器保存在用户硬盘上的一段文本。Cookie 允许一个 Web 站点在用户的计算机上保存信息并且随后再将其取回。

浏览器与 Web 服务器之间是使用 HTTP 进行通信的,当某个用户发出页面请求时,Web 服务器只是简单地进行响应,然后关闭与该用户的连接。因此当一个请求发送到 Web 服务器时,无论是否是第一次来访,服务器都会当做第一次来对待,这样的缺点可想而知。为了弥补这个缺陷,Netscape 开发出了 Cookie 这个有效的工具来保存某个用户的识别信息,因此被人们亲切地称为 "小甜饼"。Cookie 是一种 Web 服务器通过浏览器在访问者的硬盘上存储信息的手段。如 Netscape Navigator 使用一个名为 cookies.txt 的本地文件保存从所有站点接收的 Cookie 信息;而 IE 浏览器把 Cookie 信息保存在类似于 C:\XXX\ cookies 的目录下。当用户再次访问某个站点时,服务器端将要求浏览器查找并返回先前发送的 Cookie 信息来识别这个用户。

Cookie 给网站和用户带来的好处非常多,如下所述。

● Cookie 能使站点跟踪特定访问者的访问次数、最后访问时间和访问者进入站点的路径。

● Cookie 能告诉在线广告商广告被点击的次数,从而可以更精确地投放广告。

● Cookie 有效期限未到时，用户无需重复输入密码和用户名即可以直接进入曾经浏览过的一些站点。

● Cookie 能帮助站点统计用户个人资料，以实现各种各样的个性化服务。

服务器读取 Cookie 的时候，只能够读取到与这个服务器相关的信息。而且，浏览器一般只允许存放 300 个 Cookie，每个站点最多存放 20 个，每个 Cookie 的大小为 4 kb，不会占用太多空间。同时，Cookie 是有时效性质的。例如，若设置了 Cookie 的存活时间为 1 min，则 1 min 后当前的 Cookie 就会被浏览器删除。因此，使用 Cookie 不会带来太大的安全威胁。

Cookie 与 session 的比较见表 5-6。

表 5-6　Cookie 与 session 的比较

比 较 项 目	Cookie	session
存在期限	浏览器未关闭之前及设定时间内	浏览器未关闭之前及默认时间内
存在方式	客户端	服务器
数量限制	20（同一服务器）	无
类	Cookie	session
处理速度	快	慢

5.15.2　Cookie 基本操作

Cookie 是以"关键字 = 值（key=value）"的格式来保存记录的，其基本操作包括创建、传送和读取。

1. 创建 Cookie 对象

调用 Cookie 对象的构造函数可以创建 Cookie。Cookie 对象的构造函数有两个字符串参数：Cookie 名字和 Cookie 值。创建 Cookie 的语法格式如下：

```
Cookie c=new Cookie("username","liuzc");
```

2. 传送 Cookie 对象

JSP 中如果要将封装好的 Cookie 对象传送到客户端，可以使用 response 的 addCookie() 方法。传送 Cookie 对象的语法格式如下：

```
response.addCookie(c)
```

3. 读取 Cookie 对象

读取保存到客户端的 Cookie，可以使用 request 对象的 getCookies() 方法，执行时将所有客户端传来的 Cookie 对象以数组的形式排列。如果要取出符合需要的 Cookie 对象，就需要循环比较数组内每个对象的关键字。基本方法如下：

```
Cookie[] c=request.getCookies();
if(c!=null)
for(int I=0;I<c.length;I++)
{
    if("username".equals(c[I].getName()))
out.println(c[I].getValue());
}
```

4. 设置 Cookie 对象有效时间

设置 Cookie 对象有效时间可以使用 setMaxAge() 方法。如果设置其时间为 0,则表示删除该 Cookie。设置 Cookie 对象有效时间的语法格式如下:

```
c.setMaxAge(3600);
```

由于代理服务器、缓存等的使用,帮助网站精确统计来访人数的比较好的一个方法就是为每位访问者创建一个唯一的 ID。借助于 Cookie,网站可以完成以下工作。

- 测定多少人访问过。
- 测定有多少访问者是新用户(即第一次来访),多少是老用户。
- 测定一个用户多久访问一次网站。

网站可以使用数据库结合 Cookie 达到上述目标。当一个用户第一次访问时,网站在数据库中建立一个新的 ID,并把 ID 通过 Cookie 传送给用户。用户再次来访时,网站把该用户 ID 对应的计数器加 1,得到用户的来访次数。

【任务目标】学习使用 Cookie 对象制作站点计数器的方法。

【知识要点】Cookie 对象各种方法的使用、利用 Cookie 制作站点计数器、Cookie 的特点和应用场合。

【任务完成步骤】

① 打开 webapps 文件夹中保存单元 5 程序文件的文件夹 chap05。

② 创建使用 Cookie 制作站点计数器的 JSP 文件 cookiedemo.jsp。

【程序代码】cookiedemo.jsp

```
1  <%@ page contentType="text/html; charset=GB2312"   import="java.util.
   Date"%>
2  <html>
3  <head>
4  <title>Cookie 应用演示</title>
5  </head>
6  <body>
7  <%
8      Cookie thisCookie = null;
9      boolean cookieFound = false;
```

```
10      Cookie[] cookies = request.getCookies();
11      if(cookies!=null)
12      {
13              for(int i=0; i < cookies.length; i++)
14              {
15              thisCookie = cookies[i];
16              if (thisCookie.getName().equals("CookieCount"))
17              {
18                      cookieFound = true;
19                      break;
20              }
21              }
22      }
23      out.println("<center><h1>Cookie 计数器 </h1></center>");
24      if (cookieFound)
25      {
26      int cookieCount = Integer.parseInt(thisCookie.getValue());
27      cookieCount++;
28      out.println("<font color=blue size=+1>");
29              out.println("<p>这是 1 分钟内第 <B> " +cookieCount +" </B> 次访问本页 \n");
30              thisCookie.setValue(String.valueOf(cookieCount));
31              thisCookie.setMaxAge(60*1);
32              response.addCookie(thisCookie);
33      }
34      if (cookieFound == false)
35      {
36        out.println("<font color=blue size=+1>");
37        out.println("<p> 你在近 1 分钟没有访问过此页，现在是第 1 次访问此页 ");
38              thisCookie = new Cookie("CookieCount", "1");
39              thisCookie.setMaxAge(60*1);
40              response.addCookie(thisCookie);
41      }
42   %>
43 </body>
44 </html>
```

【程序说明】

● 第 8 行：创建 thisCookie 对象，初始为空（null）。

● 第 9 行：设置逻辑变量 cookieFound，用来判断指定的 Cookie 在 Cookie 数组中是否存在。

● 第 10 行：应用 request.getCookies() 方法从请求中获取 cookie 数组。

● 第 11 ～ 22 行：遍历 cookies 数组，检查是否存在名为 CookieCount 的 Cookie。

● 第 15 行：将 cookies 数组中的某一数组元素赋值给 thisCookie 对象。

● 第 16 ～ 20 行：应用 thisCookie.getName() 方法获取 cookies 数组元素的名称并与名称 CookieCount 进行比较，检查 CookieCount 是否存在。

● 第 24 ～ 33 行：如果指定的 Cookie（CookieCount）存在，则首先获取 Cookie 的值并加 1，然后将 Cookie 的新值写入相应对象中（thisCookie）。

● 第 26 行：应用 thisCookie.getValue() 方法获取 Cookie 的值。

● 第 27 行：计数器加 1。

● 第 28 ～ 29 行：显示当前访问次数。

● 第 30 行：应用 thisCookie.setValue() 方法将加 1 后的计数值写入到 thisCookie 中，实现计数器的更新。

● 第 31 行和第 39 行：设置 Cookie 的生存时间。

● 第 32 行和第 40 行：应用 response.addCookie() 方法将更新后的 Cookie 值传送到客户端。

● 第 34 行～第 41 行：如果指定的 Cookie（CookieCount）不存在，则首先创建名为 CookieCount 的对象，并设置初值为 1。

③ 启动 Tomcat 服务器后，打开 IE，在地址栏中输入 "http://local-host:8080/chap05/ cookiedemo.jsp"。

cookiedemo.jsp 第 1 次的运行界面如图 5-24 所示，刷新 10 次后的运行界面如图 5-25 所示。

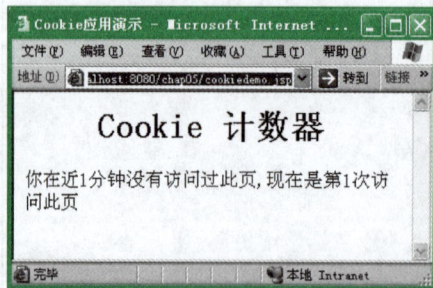

图 5-24　Cookie 站点计数器（1）

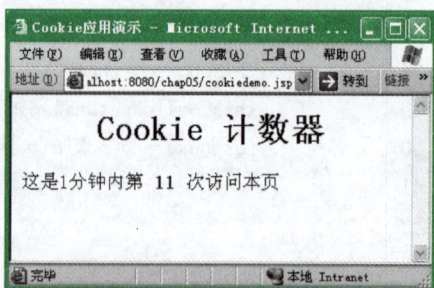

图 5-25　Cookie 站点计数器（2）

Cookie 文件保存在 "D:\My Documents\Cookies" 中的 administrator@chap05[1].txt 文件中，如图 5-26 所示。读者可以参照以上路径在计算机中找到 Cookie 文件的位置并查看其中的内容。

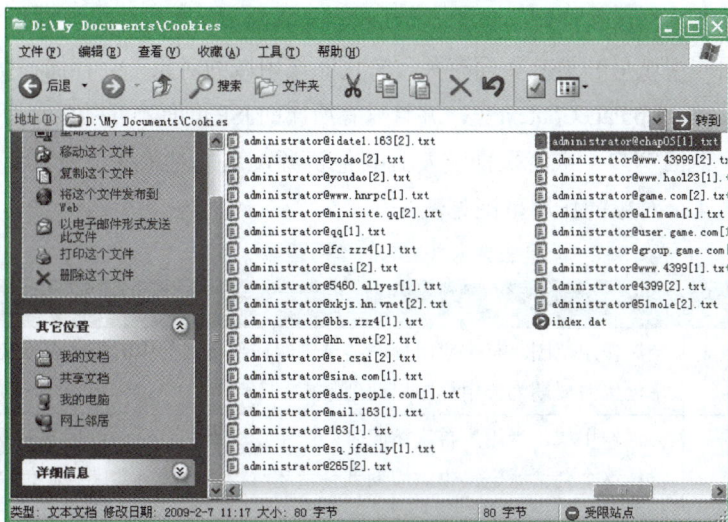

图 5-26　保存 Cookie 的文件

5.15.3　一些内置对象的作用范围

request、session、application 和 page 对象都有作用范围。下面对这几个对象的作用范围进行比较。

1. 请求（request）作用域

每当客户发出 HTTP 请求时，服务器创建一个实现 javax.servlet.http.HttpServletRequest 接口的对象，此对象包含一个由属性（key/value）构成的集合，用来存储各种对象，以供该请求在其生命周期中使用。属性的作用域局限在请求的生命周期中。当服务器完成请求，响应也回馈给客户时，请求及其属性对客户而言不再具有价值，由 JVM 当作垃圾回收。

2. 会话（session）作用域

Web 容器会创建一个实现了 javax.servlet.http.HttpSession 接口的对象，用来识别某个跨多个页面请求的用户，即会话。会话建立的时机是由应用程序和容器来决定的。用户的会话会保持一段时间，可以通过应用程序的部署描述文件（deployment descriptor）来配置，或调用会话对象上的 invalidate() 方法来撤销会话。

3. 应用（application）作用域

对安装到 Servlet 容器的 Web 应用程序，Servlet 容器会为其创建一个实现了 javax.servlet.ServletContext 接口的对象。所有客户和当前 Web 应用程序的所有线程都看得见应用作用域的对象，这些对象会一直存活到程序代码将其删除或者到应用程序中止。

4. 页面（page）作用域

页面作用域只和 JSP 页面有关。有页面作用域的对象都会存储在每个页面的 javax.servlet.jsp.PageContext 里，并且只有所属的 JSP 页面才可以存取那些对象。一旦响应返回客户，或者页面转发到其他资源，这些对象就不能再使用了。

上述 4 个对象的作用范围见表 5-7。

表 5-7　JSP 主要内置对象的作用范围

序　号	对 象 名	作 用 范 围
1	application	全局作用范围，整个应用程序共享，即在部署文件中的同一个 webApp 共享，生命周期为应用程序启动到停止
2	session	会话作用域，当用户首次访问时，产生一个新的会话，以后服务器就可以记住这个会话状态。生命周期到会话超时，或者服务器端强制使会话失效时结束
3	request	请求作用域，就是客户端的一次请求（可以包含多个页面）
4	page	一个 JSP 页面

5.15.4　其他内置对象

除了 out、request、response、session 和 application 对象外，JSP 页面中还可以使用 config、page、pageContext 和 Exception 对象。

1. config 对象

config 对象提供了对每一个给定的服务器小程序及 JSP 页面的 javax.servlet.ServletConfig 对象的访问，该对象封装了初始化参数以及一些实用方法。

config 对象的常见方法见表 5-8。

表 5-8　config 对象常见方法

序　号	方 法 名	方 法 功 能
1	getInitParameter(String name)	获得初始化参数
2	getInitParameterNames()	获得所有初始化参数的名称
3	getServletName()	获得当前服务器小程序或 JSP 页面的名称
4	getServletContext()	获得当前服务器小程序或 JSP 页面的环境

2. page 对象

page 对象是可以从 JSP 脚本小程序和表达式中获得的一个内置对象。它是 java.lang.Object 类的一个实例。在脚本语言为 Java 时，page 对象只是 this 引用的一个代名词。

3. pageContext 对象

pageContext 对象提供了对 JSP 页面内所在的对象及名字空间的访问，既可以访问本页所在的session，也可以取本页面所在的application的属性值，它是页面中所有功能的集大成者。

pageContext 对象常见方法见表 5-9。

表 5-9　pageContext 对象常见方法

序　号	方 法 名	方 法 功 能
1	forward(String url)	把页面重定向到另外一个页面或者 Servlet 组件上
2	getAttribute(String name[,int scope]	获得某一指定范围内的属性值
3	getException()	返回当前的 exception 对象
4	getRequest()	返回当前的 request 对象

4. exception 对象

exception 对象是 Java.lang.Throwable 类的一个实例。它处理 JSP 页面运行时的异常，只有在错误的页面才可以被使用。

课外拓展

【拓展 1】打开浏览器，进入自己的免费邮箱，提交用户名和密码后查看地址栏的信息，体会 POST 提交方法和 GET 提交方法的区别。

【拓展 2】分别应用 session、application 和 Cookie 对象，设计网站计数器。

【拓展 3】编写一个利用 Cookie 保存用户登录时用户名和密码的程序，可以让用户在指定的时间内实现从 Cookie 中读取信息并自动登录。

课后练习

【填空题】

1. 在 JSP 内置对象中，与请求相关的对象是_____对象。该对象可以使用_____方法获取表单提交的信息。

2. response 对象中用来动态改变 contentType 属性的方法是_____。

3. _____封装了属于客户会话的所有信息，该对象可以使用_____方法来设置指定名字的属性。

4. 在 JSP 中可使用_____对象的_____方法将封装好的 Cookie 对象传送到客户端。

【选择题】

1. 下列选项中，（　　）可以准确地获取请求页面的一个文本框的输入（文本框的名称为 name）。

A．request.getParameter（name）

B．request.getParameter（"name"）

C．request.getParameterValues(name)

D. request.getParameterValues("name")

2. 使用 response 对象进行重定向时，使用的是（　　）方法。

A. getAttribute()   B. setContentType()

C. sendRedirect()   D. setAttribute()

3. 下面对 HTTP 请求中的 GET 方法和 POST 方法叙述正确的是（　　）。

A. POST 方法提交信息可以保存为书签，GET 则不行

B. 可以使用 GET 方法提交敏感数据

C. 使用 POST 方法提交数据量没有限制

D. 使用 POST 方法提交数据比 GET 方法快

4. JSP 的内置对象中，按作用域由小到大排列正确的是（　　）。

A. request → application → session

B. session → request → application

C. request → session → application

D. application → request → session

5. 获取 Cookie[] 所用到的方法是（　　）。

A. request.getCookies()   B. request.getCookie()

C. response.getCookies()   D. response.getCookie()

6. （　　）内置对象可以处理 JSP 页面运行中的错误或者异常。

A. pageContext   B. page

C. session   D. exception

【简答题】

1. 比较 Cookie 对象和 session 对象的异同。

2. 怎样应用 request、session、application 进行参数存取？比较 3 种方法的优点与不足。

单元 6

数据库访问技术

学习目标

【知识目标】

- 掌握 JDBC 的概念
- 掌握 JDBC API 的主要内容
- 熟悉和掌握 Statement 接口、Result 接口的常用方法和相关概念
- 掌握 JSP 中检索数据库和更新数据库的方法
- 掌握 JSP 中使用预编译 SQL 语句及执行存储过程的方法
- 掌握 JSP 中分页显示的方法

【技能目标】

- 灵活运用 JDBC-ODBC 桥连接数据库
- 灵活运用专用 JDBC 驱动程序连接数据库
- 能应用 Microsoft SQL Server 2012 Driver for JDBC 驱动程序方法建立与数据库的连接，并能进行检索与更新操作
- 能应用 PreparedStatement 接口、CallableStatement 接口在 JSP 程序中实现预编译 SQL 语句及执行存储过程
- 实现对多条信息的分页显示

【素养目标】

- 进一步养成诚实守信、爱岗敬业的良好品格
- 增强信息安全意识

任务 1　使用 JDBC-ODBC 桥连接数据库

6.1.1　JDBC 访问模型

Java 数据库连接（Java Database Connectivity，JDBC）是一种用于执行 SQL 语句的 Java API（应用程序设计接口），由一组用 Java 编程语言编写的类和接口组成。JDBC 为数据库开发人员提供了一个标准的 API，使他们能够用纯 JDBC API 来编写数据库应用程序。数据库开发人员使用 JDBC API 编写一个程序后，就可以很方便地将 SQL 语句自动传送给大多数数据库，如 Sybase、Oracle 或 SQL Server 等。Java 和 JDBC 的结合可以让数据库开发人员在开发数据库应用时真正实现"只写一次，随处运行"。

使用 JDBC-ODBC 桥连接数据库显示商品信息，如图 6-1 所示。

图 6-1　商品信息展示

JDBC API 既支持数据库访问的两层模型，也支持三层模型。本书主要介绍两层模型，即 C/S 模型。

在两层模型中，Java Applet 或应用程序将直接与数据库进行对话。在这种情况下，需要一个 JDBC 驱动程序来与所访问的特定数据库管理系统（DBMS）进行通信。用户的 SQL 语句被送往数据库中，处理的结果被送回给用户。存放数据的数据库可以位于另一台物理计算机上，用户通过网络连接到数据库服务器，这就是典型的 C/S 模型。其中，用户的计算机为客户机，提供数据库的计算机为服务器。网络可以是公司内部的 Intranet，也可以是 Internet。两层模型如图 6-2 所示。

在三层模型中，命令先是被发送到服务的"中间层"，然后由它将 SQL 语句发送给数据库。数据库对 SQL 语句进行处理并将结果送回到中间层，中间层再将结果送回给用户。其模型如图 6-3 所示。

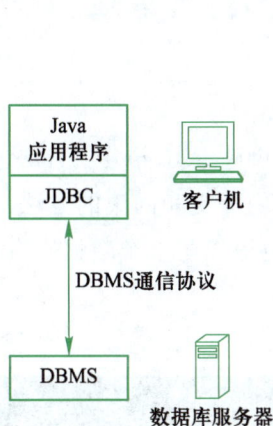

图 6-2 JDBC 数据库访问两层模型　　图 6-3 JDBC 数据库访问三层模型

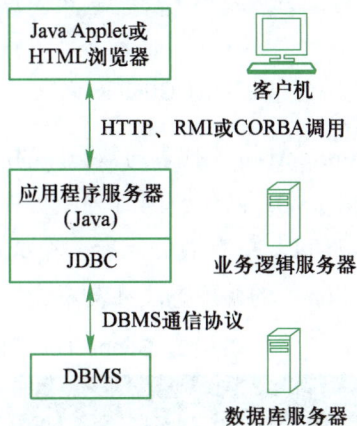

要在 JSP 程序中访问数据库，首先要实现 JSP 程序与数据库的连接。JDBC 中通过提供 DriverManager 类和 Connection 类实现数据库的连接。

6.1.2 DriverManager

JDBC 通过把特定厂商数据库操作的细节抽象，得到一组类和接口，这些类和接口包含在 java.sql 包中，这样就可以为任何具有 JDBC 驱动程序的数据库所使用，从而实现数据库访问功能的通用化。

DriverManager 类是 JDBC 的管理层，作用于用户和驱动程序之间。它跟踪可用的驱动程序，并在数据库和相应驱动程序之间建立连接。该类负责加载、注册 JDBC 驱动程序，管理应用程序和已注册的驱动程序的连接。DriverManager 类的常用方法见表 6-1。

表 6-1 DriverManager 类的常用方法

方 法 名	功 能 说 明
static connection getConnection(String url, String user, String password)	用于建立到指定数据库 URL 的连接。其中，URL 为 "JDBC: subprotocol: subname" 形式的数据库 URL；user 为数据库用户名；password 为用户的密码
static Driver getDriver(String url)	用于返回能够打开数据库 URL 的驱动程序

对于简单的应用程序，程序员一般只需要直接使用该类的方法 DriverManager.getConnection 建立连接。调用方法 Class.forName 可以显式地加载驱动程序类。使用 JDBC-ODBC 桥驱动程序建立连接的语句如下：

```
Class.forName("sun.JDBC.odbc.JdbcOdbcDriver");
String url = "JDBC:odbc:ShopData";
DriverManager.getConnection(url, "sa", "");
```

6.1.3　Connection

Connection 类代表与数据库的连接，并拥有创建 SQL 语句的方法，以完成基本的 SQL 操作，同时为数据库事务处理提供提交和回滚的方法。一个应用程序可与单个数据库有一个或多个连接，也可以与多个数据库有连接，Connection 类的常用方法见表 6-2。

表 6-2　Connection 类的常用方法

方　法　名	功能说明
void close()	断开连接，释放 Connection 对象的数据库和 JDBC 资源
Statement createStatement()	创建一个 Statement 对象将 SQL 语句发送到数据库
void commit()	用于提交 SQL 语句，确认从上一次提交 / 回滚以来进行的所有更改
boolean isClosed()	用于判断 Connection 对象是否已经被关闭
CallableStatement prepareCall(String sql)	创建一个 CallableStatement 对象调用数据库存储过程
PreparedStatement prepareStatement (String sql)	创建一个 PreparedStatement 对象将参数化的 SQL 语句发送到数据库
void rollback()	用于取消 SQL 语句，取消在当前事务中进行的所有更改

与数据库建立连接的标准方法是调用 DriverManager.getConnection 方法，该方法接收含有某个 URL 的字符串。DriverManager 类将尝试找到与 URL 所代表的数据库进行连接的驱动程序。DriverManager 类包含已注册的驱动程序的 Driver 类的列表，当调用方法 getConnection 时，它检查列表中的每个驱动程序，直到找到可与相应的数据库进行连接的驱动程序为止。然后 Driver 类的 connect 方法使用这个 URL 来建立实际的连接。

下面的语句打开一个 URL 为 "JDBC:odbc:ShopSystem" 的数据库的连接。所用的用户标识符为 "sa"，口令为 ""。

```
String url = "JDBC:odbc:ShopData";
Connection conn = DriverManager.getConnection(url, "sa", "");
```

6.1.4　连接数据库

在 JSP 中连接数据库通常有两种形式：一是通过 JDBC-ODBC 桥连接；二是通过数据库系统专用的 JDBC 驱动程序实现连接。大多数的数据库（如 Access、SQL Server、MySQL 和 Oracle）都可以采用这两种形式，本书主要以 SQL Server 为例进行详细介绍。

JDBC-ODBC 桥可以访问任何支持 ODBC 的数据库。用户只需要设置好 ODBC 数据源，再由 JDBC-ODBC 驱动程序转换成 JDBC 接口供应用程序使用即可。

下面以 SQL Server 2012 数据库管理、eBuy 电子商城数据库 ShopSystem 为例介绍 ODBC 数据源配置，然后介绍使用 JDBC-ODBC 桥进行数据库连接的方法。

【任务目标】学习使用 JDBC-ODBC 桥连接 SQL Server 2012 数据库的方法。

【知识要点】配置 ODBC 数据源、调用方法 Class.forName 显式地加载驱动程序类、使用 DriverManager 类的 getConnection 方法建立到指定数据库 URL 的连接。

【任务完成步骤】

① 配置 ODBC 数据源。

单击"开始"菜单选择"Windows 管理工具"→"ODBC 数据源（64 位）"，打开"ODBC 数据源管理器"对话框，选择"系统 DSN"选项卡，单击"添加"按钮，如图 6-4 所示。

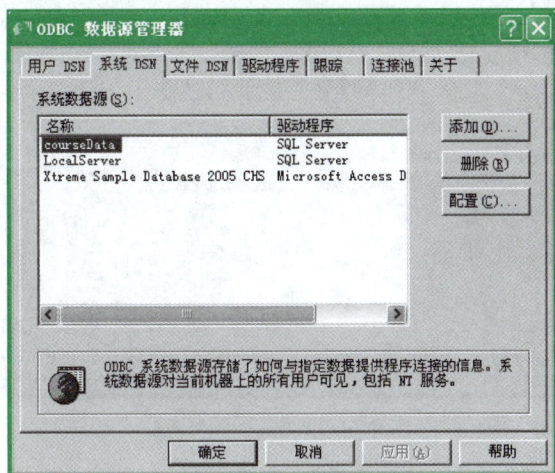

图 6-4　添加系统 DSN

打开"创建新数据源"对话框，选择 SQL Server 选项，然后单击"完成"按钮，如图 6-5 所示。

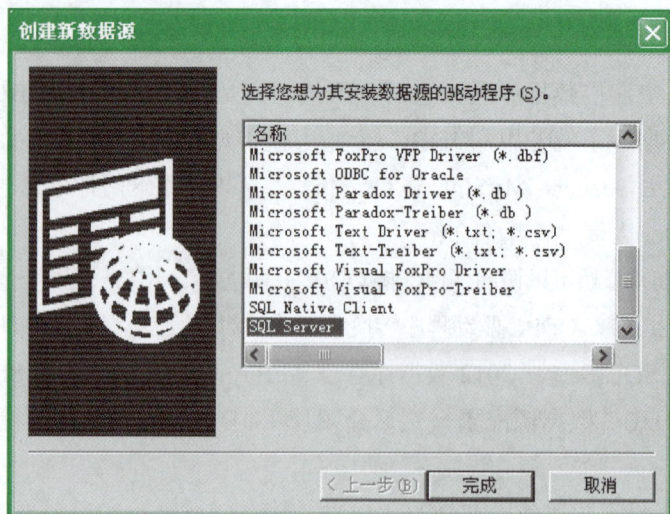

图 6-5 选择驱动程序

打开"创建到 SQL Server 的新数据源"对话框，将数据源的名称设置为"shopData"（该名称是用来连接数据库的数据源名称，但不一定是数据库的名称），同时选择 SQL Server 数据库服务器的名称，这里选择"LIUZC\SQLEXPRESS"（SQL Server 2012），然后单击"下一步"按钮，如图 6-6 所示。

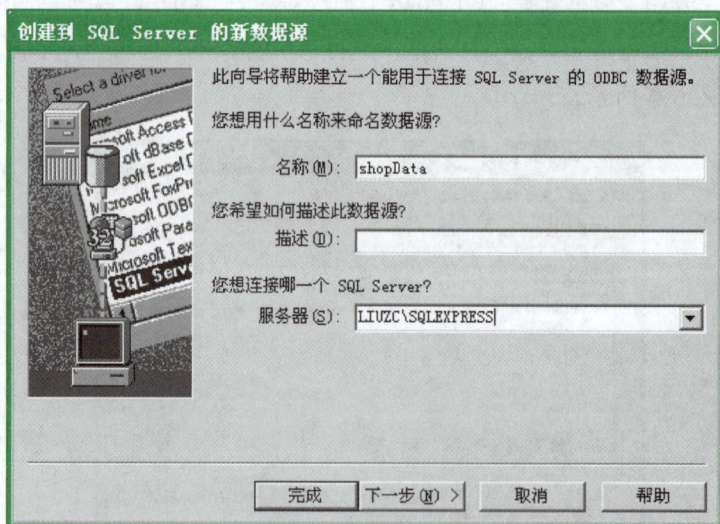

图 6-6 指定数据源名称

进入选择登录方式的界面，这里使用默认的方式。用户也可以根据需要选择 SQL Server 登录方式，并指定用户名和密码，然后单击"下一步"按钮，如图 6-7 所示。

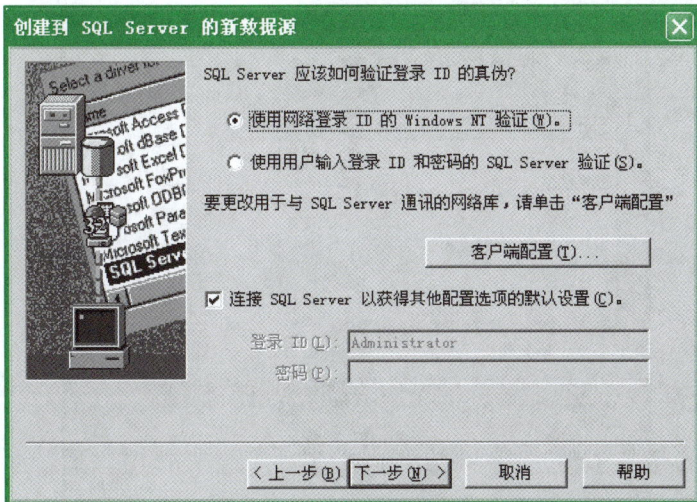

图 6-7 选择登录方式

进入选择数据库的界面，指定数据源所对应的数据库（这里为 ShopSystem），然后单击"下一步"按钮，如图 6-8 所示。

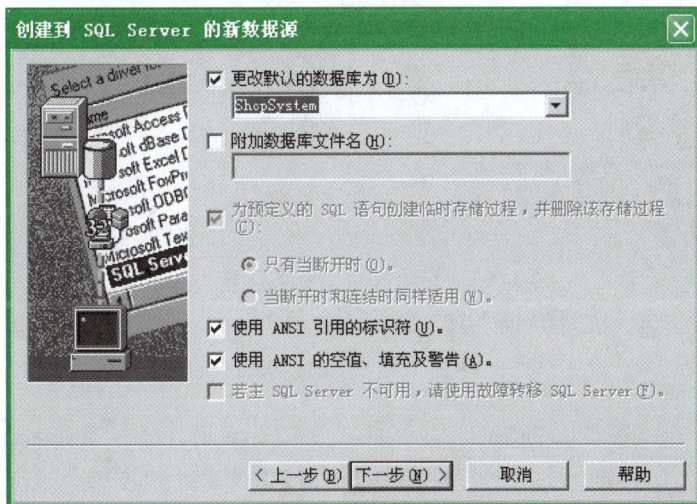

图 6-8 选择数据库

数据源的测试成功后，在 ODBC 数据源管理器中即可看到新添加的数据源"shopData"，如图 6-9 所示。

② 在 Tomcat 的 webapps 文件夹中创建保存第 6 单元程序文件的文件夹 chap06。

③ 复制 WEB-INF 文件夹和 web.xml 文件。

④ 编写使用 JDBC-ODBC 桥接方式连接到 shopData 数据源（ShopSystem 数据库）的 JSP 程序 sqlconn1.jsp。

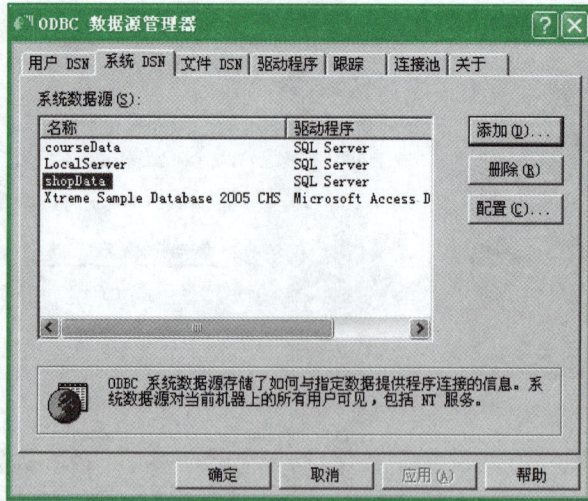

图 6-9 成功添加 shopData 数据源

【程序代码】sqlconn1.jsp

```
1   <%@ page contentType="text/html;charset=GB2312" language="java" %>
2   <%@ page import="java.sql.*"%>
3   <html>
4   <head><title>JDBC-ODBC 连接 SQL Server</title></head>
5   <%
6       Connection conn=null;
7       try
8       {
9           Class.forName("sun.JDBC.odbc.JdbcOdbcDriver");
10          String strConn="JDBC:odbc:shopData";
11          String strUser="sa";
12          String strPassword="";
13          conn=DriverManager.getConnection(strConn,strUser,strPassword);
14          out.println("<h2>JDBC-ODBC 桥连接数据库成功！</h2>");
15      }
16      catch(ClassNotFoundException e)
17      {
18          out.println(e.getMessage());
19      }
20      catch(SQLException e)
21      {
22          out.println(e.getMessage());
23      }
24      finally
```

```
25        {
26            try
27            {
28                if (conn!=null)
29                    conn.close();
30            }
31            catch(Exception e){}
32        }
33    %>
34 </html>
```

【程序说明】

● 第 6 行：使用 Connection 类构造一个连接对象。

● 第 9 行：使用 Class.forName() 方法加载 JDBC-ODBC 驱动程序。

● 第 10 行：设置连接 URL（JDBC:odbc:shopData）。其中，shopData 为建立的 ODBC 数据源。

● 第 11、12 行：设置用户名为"sa"，密码为空。

● 第 13 行：使用方法 DriverManager.getConnection() 建立与数据源 "shopData" 的连接，连接可能成功，也可能失败。如果连接成功，将返回一个 Connection 对象，供后续的数据库操作使用。

● 第 14 行：提示连接成功信息。

● 第 16 ~ 23 行：连接过程中的异常处理。

● 第 24 ~ 32 行：关闭连接，释放资源。

⑤ 启动 Tomcat 服务器后，在 IE 的地址栏中输入"http://localhost:8080/chap06/ sqlconn1.jsp"。

jspconn1.jsp 成功运行的界面如图 6-10 所示。

图 6-10　jspconn1.jsp 成功运行界面

任务 2 　使用专用 JDBC 驱动程序连接数据库

Microsoft 提供了适用于 SQL Server、Azure SQL 数据库和 Azure SQL 托管实例的 JDBC 驱动程序，Microsoft JDBC Driver 8.4 for SQL Server 是与 JDBC 4.2 兼容的驱动程序，可提供对 SQL Server 数据库的可靠数据访问。

【任务目标】 学习使用 Microsoft JDBC Driver 8.4 for SQL Server 建立数据库连接的方法。

【知识要点】 下载 Microsoft JDBC Driver 8.4 for SQL Server 驱动程序、配置 classpath、配置 SQL Server 2012、连接程序中驱动程序的设置和 URL 的指定。

【任务完成步骤】

① 下载并安装 Microsoft JDBC Driver 8.4 for SQL Server 驱动程序。要获得 SQL Server 2012 JDBC Driver，可以从 Microsoft 公司网站下载 sqljdbc_8.4.1.0_chs.zip，解压即可得到 mssql-jdbc-8.4.1.jre8.jar、mssql-jdbc-8.4.1.jre11.jar 和 mssql-jdbc-8.4.1.jre14.jar 文件。

② 配置 Microsoft JDBC Driver 8.4 for SQL Server。

● 设置 classpath。JDBC 驱动程序并未包含在 Java SDK 中，因此，如果要使用 Microsoft JDBC Driver 8.4 for SQL Server 驱动程序，就必须将 jdbc 的 jar 文件添加到 classpath。如果 classpath 缺少 jdbc 的 jar 文件，应用程序就将引发"找不到类"的常见异常。

● 在 IDE 中设置 classpath。每个 IDE 供应商都提供了在 IDE 中设置 classpath 的不同方法，可以参照设置方法将 jdbc 的 jar 文件添加到 IDE 的 classpath 中。

● 在 Servlet 和 JSP 设置 classpath。Servlet 和 JSP 在 Servlet/JSP 引擎（如 Tomcat）中运行，可以根据 Servlet/JSP 引擎文档来设置 classpath。必须正确地将 jdbc 的 jar 文件添加到现有引擎的 classpath 中，然后重新启动引擎。一般情况下，通过将 jdbc 的 jar 文件复制到 Tomcat 文件夹下的 lib 之类的特定目录，可以部署此驱动程序。也可以在引擎专用的配置文件中指定引擎驱动程序的 classpath。

③ 配置 SQL Server 2012。为了能够顺利地使用 Microsoft JDBC Driver 8.4 for SQL Server 访问 SQL Server 2012 数据库，需要进行 TCP/IP 的设置。

启用 TCP/IP。单击"程序"→"Microsoft SQL Server 2012"→"配置工

微课 6.3 使用专用 JDBC 驱动程序连接数据库

具"→"SQL Server Configuration Manager",打开"SQL Server Configuration Manager"窗口,如图 6-11 所示,然后进行如下操作。

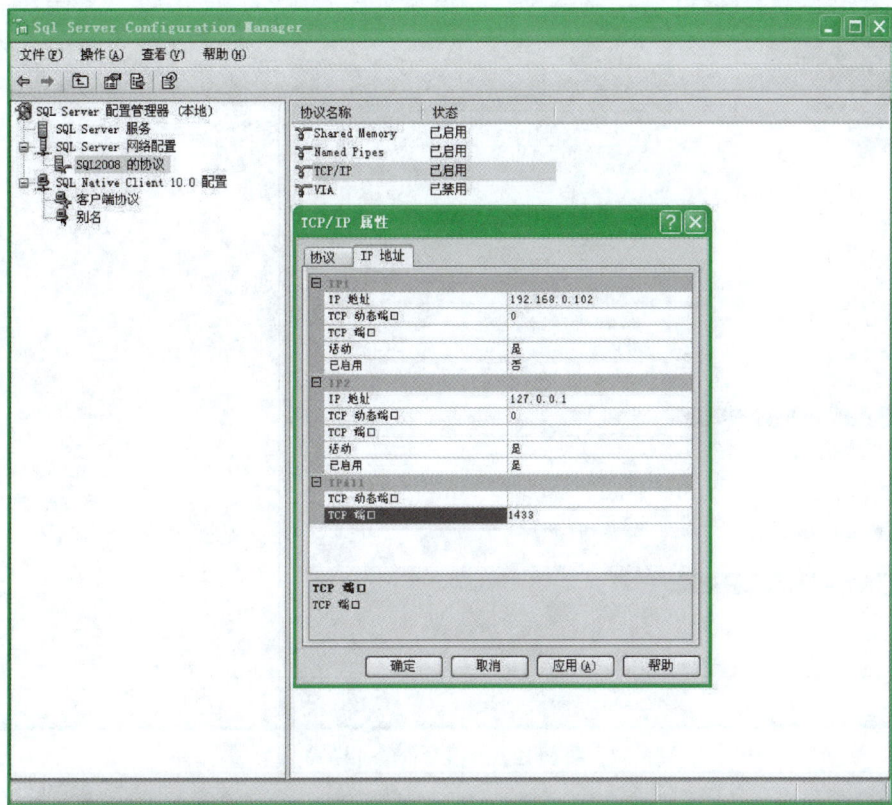

图 6-11　SQL Server 2012 外围应用配置器窗口

- 如果"TCP/IP"没有启用,右击,在弹出的快捷菜单中选择"启动"选项。
- 双击"TCP/IP",打开"TCP/IP 属性"对话框,在"IP 地址"选项卡中,可以配置"IPAll"中的"TCP 端口",默认为 1433。
- 重新启动 SQL Server 或者重新启动计算机。

设置数据库引擎的验证模式。如果要使用 SQL Server 用户(如 sa 用户)登录,可以将数据库引擎的验证模式修改为"SQL Server 和 Windows 身份验证模式",如图 6-12 所示。

在修改登录模式后,还需要启用 sa 账户并设置 sa 用户的密码。

④ 打开 webapps 文件夹中保存第 6 章程序文件的文件夹 chap06。

⑤ 编写使用 SQL Server 2012 专用驱动程序的 JSP 文件 sqlconn2.jsp。

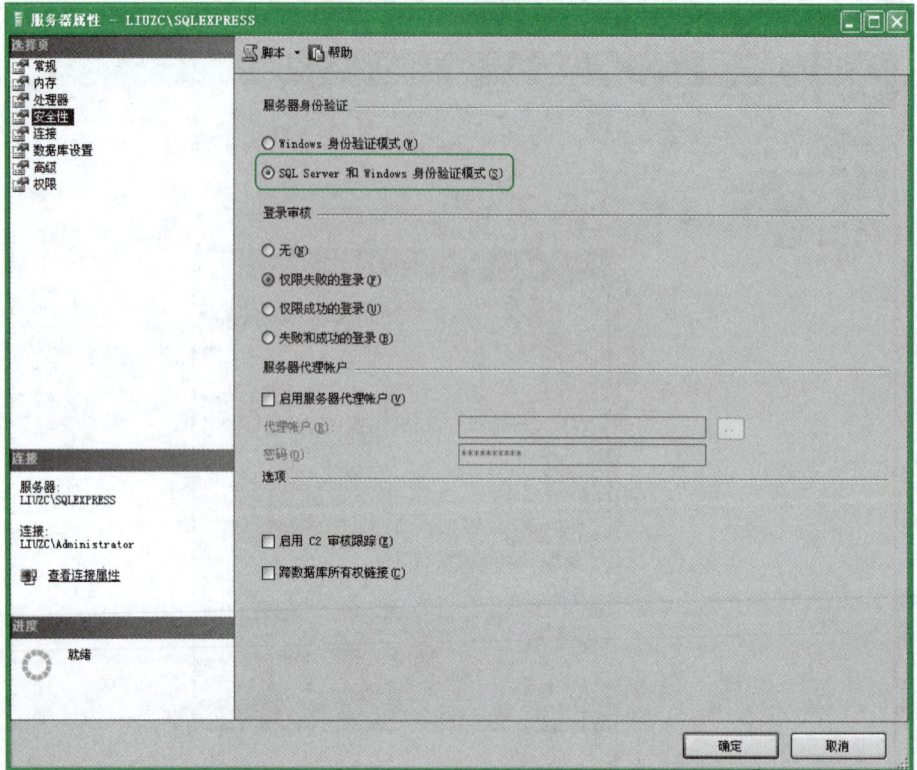

图 6-12 修改身份验证模式

【程序代码】sqlconn2.jsp

```
1   <%@ page contentType="text/html;charset=GB2312" language="java" %>
2   <%@ page import="java.sql.*"%>
3   <html>
4   <head><title>JDBC 专用驱动程序连接 SQL Server</title></head>
5   <%
6       Connection conn=null;
7       try
8       {
9           Class.forName("com.microsoft.sqlserver.JDBC.SQLServerDriver");
10          String strConn="JDBC:sqlserver://LIUZC\\SQLEXPRESS:1433;DatabaseName=
    ShopSystem";
11          String strUser="sa";
12          String strPassword="liuzc518";
13          conn=DriverManager.getConnection(strConn,strUser,strPassword);
14          out.println("<h2>JDBC 专用驱动程序连接数据库成功!</h2>");
15      }
```

```
16      catch(ClassNotFoundException e)
17      {
18          out.println("a"+e.getMessage());
19      }
20      catch(SQLException e)
21      {
22          out.println(e.getMessage());
23      }
24      finally
25      {
26          try
27          {
28              if (conn!=null)
29                  conn.close();
30          }
31          catch(Exception e){}
32      }
33  %>
34  </html>
```

【程序说明】

● 第 9 行：加载 JDBC 驱动程序。

● 第 10 行：设置连接字符串。

● 第 13 行：创建连接对象。

⑥ 启动 Tomcat 服务器后，在 IE 的地址栏中输入"http://localhost:8080/chap06/sqlconn2.jsp"。

jspconn2.jsp 成功运行的界面如图 6-13 所示。

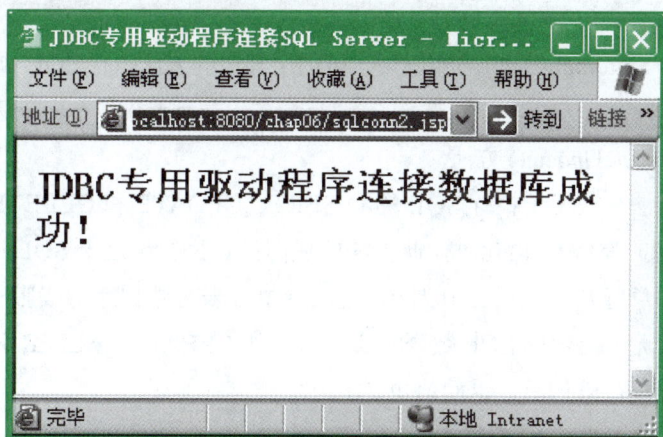

图 6-13　sqlconn2.jsp 成功运行界面

任务 3　检索最新商品信息

1. Statement 接口

Statement 接口用于执行不带参数的简单 SQL 语句，用来向数据库提交 SQL 语句并返回 SQL 语句的执行结果。提交的 SQL 语句可以是 SQL 查询语句（SELECT）、修改语句（UPDATE）、插入语句（INSERT）和删除语句（DELETE）。Statement 接口的常用方法见表 6-3。

表 6-3　Statement 接口的常用方法

方 法 名	功能说明
void close()	释放 Statement 对象的数据库和 JDBC 资源
boolean execute(String sql)	执行给定的 SQL 语句，该语句可能返回多个结果
ResultSet executeQuery(String sql)	执行给定的 SQL 语句，该语句返回单个 ResultSet 对象
int executeUpdate(String sql)	执行给定的 SQL 语句，该语句可能为 INSERT、UPDATE、DELETE 语句，或者不返回任何内容的 SQL 语句（如 SQL DDL 语句）
Connection getConnection()	获取生成此 Statement 对象的 Connection 对象
int getFetchSize()	获取结果集合的行数，该数是根据此 Statement 对象生成的 ResultSet 对象的默认值来获取的
int getMaxRows()	获取由此 Statement 对象生成的 ResultSet 对象可以包含的最大行数

创建一个 Statement 接口的实例的方法很简单，只需调用 Connection 类中的方法 createStatement() 即可，其一般形式如下：

```
Connection con=DriverManager.getConnection(URL,"user","password")
Statement sm=con.createStatement();
```

创建了 Statement 接口的实例后，可调用其中的方法执行 SQL 语句，JDBC 中提供了 3 种执行方法，分别是 executeUpdate()、execute() 和 executeQuery()。

（1）executeUpdate() 方法

这个方法一般用于执行 SQL 的 INSERT、UPDATE 和 DELETE 语句。当执行 INSERT 等 SQL 语句时，此方法的返回值是执行了这个 SQL 语句后所影响的记录的总行数。若返回值为 0，则表示执行未对数据库造成影响；该语句也可以执行无返回值的 SQL 数据定义语言，如 CREATE、ALTER 和 DROP 语句等。正确执行语句后，返回值也是 0。

（2）executeQuery() 方法

这个方法一般用于执行 SQL 的 SELECT 语句。它的返回值是执行 SQL 语句后产生的一个 ResultSet 接口的实例（结果集）。利用 ResultSet 接口中提供的方法可以获取结果集中指定列的值以进行输出或其他处理。

（3）execute() 方法

这个方法比较特殊，一般是在用户不知道执行 SQL 语句后会产生什么结果或可能有多种类型的结果产生时才会使用。例如，在执行一个存储过程时，其中可能既包含 DELETE 语句又包含 SELECT 语句。该存储过程执行后，既会产生一个 ResultSet（结果集），又会影响相关记录，即有两种类型的结果产生，这时必须用方法 excute() 执行以获取完整的结果。execute() 的执行结果包括如下 3 种情况。

- 包含多个 ResultSet（结果集）。
- 多条记录被影响。
- 既包含结果集也有记录被影响。

由于执行结果的特殊性，因此对调用 execute() 后产生的结果的查询也有特定方法。execute() 方法本身的返回值是一个布尔值，当下一个结果为 ResultSet 时返回 true，否则返回 false。

2. ResultSet 接口

ResultSet 对象包含了 Statement 和 PreparedStatement 的 executeQuery() 方法中 SELECT 查询的结果集，即符合指定 SQL 语句中条件的所有行。ResultSet 对象提供了许多方法来操作结果集中的记录指针，同时提供了一套 GET 方法（这些 GET 方法可以访问当前行中的不同列），提供了对这些行中数据的访问。ResultSet 接口的常用方法见表 6-4。

表 6-4　ResultSet 接口的常用方法

方 法 名	功 能 说 明
boolean absolute(int row)	将指针移动到第 row 条记录
boolean relative(int rows)	按相对行数（或正或负）移动指针
void beforeFirst()	将指针移动到结果集的开头（第一行之前）
boolean first()	将指针移动到结果集的第一行
boolean previous()	将指针移动到结果集的上一行
boolean next()	将指针从当前位置下移一行
boolean last()	将指针移动到结果集的最后一行
void afterLast()	将指针移动到结果集的末尾（最后一行之后）
void moveToCurrentRow()	将指针移动到记住的指针位置，通常为当前行
void moveToInsertRow()	将指针移动到插入行
boolean isAfterLast()	判断指针是否位于结果集的最后一行之后

续表

方 法 名	功能说明
boolean isBeforeFirst()	判断指针是否位于结果集的第一行之前
boolean isFirst()	判断指针是否位于结果集的第一行
boolean isLast()	判断指针是否位于结果集的最后一行
void insertRow()	将插入行的内容插入到结果集和数据库中
void deleteRow()	从结果集和底层数据库中删除当前行
void updateRow()	用结果集当前行的新内容更新底层数据库
void cancelRowUpdates()	取消对结果集中的当前行所做的更新
void refreshRow()	用数据库中的最近值刷新当前行
int getRow()	检索当前行编号
String getString(int x)	返回当前行第 x 列的值，类型为 String
int getInt(int x)	返回当前行第 x 列的值，类型为 int
boolean getBoolean(int x)	返回当前行第 x 列的值，类型为 boolean
void updateString(int x, String y)	用 String 值更新 x 列值
void updateInt(int x, int y)	用 int 值更新 x 列值
void updateBoolean(int x, boolean y)	用 boolean 值更新 x 列值
Statement getStatement()	获取生成结果集的 Statement 对象
void close()	释放此 ResultSet 对象的数据库和 JDBC 资源
ResultSetMetaData getMetaData()	获取结果集的列编号、类型和属性

ResultSet.next() 方法用于移动到 ResultSet 中的下一行，使下一行成为当前行。结果集一般是一个表，其中有查询所返回的列标题及相应的值。执行 SQL 语句并输出结果集的语句如下：

```
Statement stmt = conn.createStatement();
ResultSet rs = stmt.executeQuery("SELECT a_name, a_pass FROM admin");
while (rs.next())
    {
    // 打印当前行的值
    String name = r.getString("a_name");
    String pass = r.getString("a_pass");
    System.out.println(name + " " + pass);
    }
```

ResultSet 维护指向其当前数据行的光标。最初光标位于第一行之前，因此第一次调用 next 方法将把光标置于第一行，使其成为当前行，每调用一次

next 都将使光标向下移动一行，按照从上至下的次序获取 ResultSet 行。

方法 getXXX() 提供了获取当前行中某列值的途径。在每一行内，可按任何次序获取列值，但为了保证可移植性，应该从左至右获取列值，并且一次性地读取列值。

列名或列号可用于标识要从中获取数据的列。例如，如果 ResultSet 对象 rs 的第 1 列名为"u_name"，并将值存储为字符串，则如下两句代码均可获取存储在该列中的值：

```
String name = rs.getString("u_name");
String name = rs.getString(1);
```

注意：列是从左至右编号的，并且从列 1 开始。同时，getXXX() 方法中输入的列名不区分大小写。用户不必关闭 ResultSet，当产生它的 Statement 关闭、重新执行或从多结果序列中获取下一个结果时，该 ResultSet 将被 Statement 自动关闭。

【任务目标】学习使用 Statement 接口和 ResultSet 接口检索数据库中数据的方法。

【知识要点】通过 Statement 接口执行 SQL 语句，获得结果集；通过 ResultSet 接口读取结果集内容。

【任务完成步骤】

① 打开 webapps 文件夹中保存第 6 单元程序文件的文件夹 chap06。

② 编写检索 ShopSystem 数据库中最新 5 种商品信息的 JSP 文件 query.jsp。

【程序代码】query.jsp

```
1   <%@ page contentType="text/html;charset=GB2312" language="java" %>
2   <%@ page import="java.sql.*"%>
3   <html>
4   <head><title>展示商品信息</title></head>
5   <%
6       Connection conn=null;
7       try
8       {
9           Class.forName("com.microsoft.sqlserver.JDBC.SQLServerDriver");
10          String strConn="JDBC:sqlserver://LIUZC\\SQLEXPRESS:1433;DatabaseName=
    Shop System";
11          String strUser="sa";
12          String strPassword="liuzc518";
```

13	conn=DriverManager.getConnection(strConn,strUser,strPassword);
14	Statement stmt=conn.createStatement();
15	String strSql="SELECT TOP 5 p_id,p_type,p_name,p_price,p_quantity FROM product order by p_time desc";
16	ResultSet rs=stmt.executeQuery(strSql);
17	%>
18	`<center><h2>`最新前 5 位商品信息 `</h2></center>`
19	`<table border="1" align="center">`
20	`<tr>`
21	`<th>`商品编号 `</th>`
22	`<th>`商品类别 `</th>`
23	`<th>`商品名称 `</th>`
24	`<th>`商品单价 `</th>`
25	`<th>`商品数量 `</th>`
26	`</tr>`
27	`<%while(rs.next()){%>`
28	`<tr bgcolor="lightblue">`
29	`<td><%=rs.getString("p_id") %></td>`
30	`<td><%=rs.getString("p_type") %></td>`
31	`<td><%=rs.getString("p_name") %></td>`
32	`<td><%=rs.getFloat("p_price") %></td>`
33	`<td><%=rs.getInt("p_quantity") %></td>`
34	`</tr>`
35	`<% }%>`
36	`<%`
37	rs.close();
38	stmt.close();
39	conn.close();
40	}
41	catch(ClassNotFoundException e)
42	{
43	out.println(e.getMessage());
44	}
45	catch(SQLException e)
46	{
47	out.println(e.getMessage());
48	}
49	%>
50	`</table>`
51	`</html>`

【程序说明】

- 第 6 ～ 13 行：使用专用 JDBC 驱动程序连接数据库。

- 第 14 行：使用 conn.createStatement() 方法创建 Statement 对象。

- 第 15 行：用来获取 product 表中最新的 5 种商品的相关信息（包括"产品编号""产品类别""产品名称""产品单价"和"产品数量"）。

- 第 16 行：通过 Statement 对象的 executeQuery 方法，执行指定的查询并将结果集保存在 rs 中。

- 第 20 ～ 26 行：输出表头信息。

- 第 27 ～ 35 行：利用 while 循环结构输出 rs 中的值。

- 第 29、30、31 行：分别使用 getString() 方法获取"产品编号""产品类别"和"产品名称"信息。

- 第 32 行：使用 getFloat() 方法获取"产品单价"信息。

- 第 33 行：使用 getInt() 方法获取"产品数量"信息。

- 第 37 ～ 39 行：按顺序关闭 ResultSet、Statement 和 Connection（关闭的顺序与创建的顺序刚好相反）。

- 第 41 ～ 48 行：进行异常处理。

③ 启动 Tomcat 服务器后，在 IE 的地址栏中输入"http://localhost:8080/chap06/query.jsp"。query.jsp 成功运行的结果如图 6-14 所示。

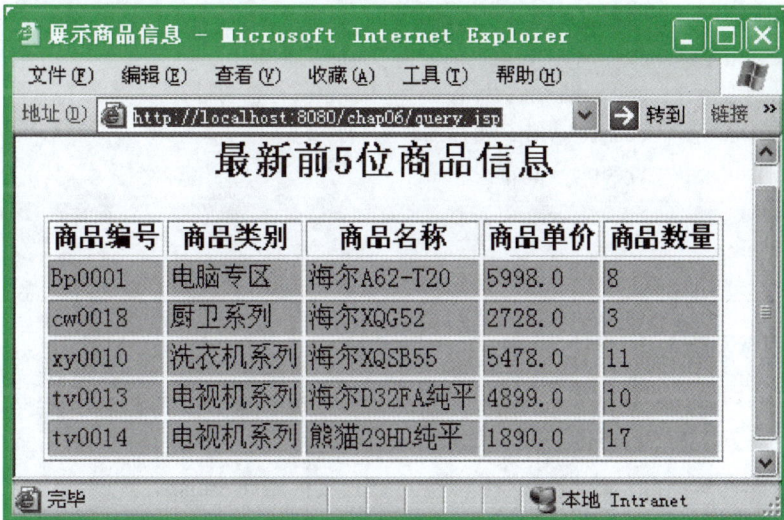

图 6-14　query.jsp 运行的结果

任务 4　更新数据库中的数据

【任务目标】学习使用 Statement 接口更新数据库中数据的方法。

【知识要点】通过 Statement 接口的 executeUpdate 方法执行 SQL 语句，对数据库进行修改；数据库操作语句与数据库设计时约束的一致性。

【任务完成步骤】

① 打开 webapps 文件夹中保存第 6 单元程序文件的文件夹 chap06。

② 编写添加商品信息界面文件 insert.jsp。

【程序代码】insert.jsp

```
1   <%@ page contentType="text/html;charset=gb2312" %>
2   <html>
3   <head><title> 添加商品信息 </title></head>
4   <center>
5   <h2> 添加新商品信息 </h2>
6   <form action="do_insert.jsp" method="post">
7   商品编号 :<input type="text" name="p_id"/><br>
8   商品类别 :<input type="text" name="p_type" /><br>
9   商品名称 :<input type="text" name="p_name" /><br>
10  商品价格 :<input type="text" name="p_price"   /><br>
11  商品数量 :<input type="text" name="p_quantity" /><br>
12  图片路径 :<input type="text" name="p_image" /><br>
13  商品描述 :<input type="text" name="p_description" /><br>
14  <input type="submit" value=" 添加 " />
15  <input type="reset"  value=" 重置 " />
16  </form>
17  </center>
18  </html>
```

【程序说明】

● 第 6 行：创建表单，并指定由 do_insert.jsp 进行处理。

● 第 7 ～ 13 行：呈现商品信息输入界面。

③ 编写对商品信息编码进行转换的 JSP 文件 convert.jsp。

【程序代码】convert.jsp

微课 6.4　数据更新

```
1    <%!
2        public String Bytes(String str)
3        {
4        try
5        {
6            String strOld=str;
7            byte[] strNew=strOld.getBytes("ISO8859-1");
8            String bytes=new String(strNew);
9            return bytes;
10        }
11        catch(Exception e){}
12        return null;
13        }
14   %>
```

【程序说明】

● 第 7 行：进行编码转换。

● 第 9 行：返回转换后的字符串。

● 第 12 行：若出现异常，则返回空值。

④ 编写处理添加商品信息的 JSP 文件 do_insert.jsp。

【程序代码】do_insert.jsp

```
1    %@ page contentType="text/html;charset=GB2312" language="java" %>
2    <%@ page import="java.sql.*"%>
3    <%@ page import="java.util.Date" %>
4    <html>
5    <head><title>成功添加新商品信息</title></head>
6    <body>
7    <%@ include file="convert.jsp" %>
8    <%
9        Connection conn=null;
10       try
11       {
12           Class.forName("com.microsoft.sqlserver.JDBC.SQLServerDriver");
13           String strConn="JDBC:sqlserver://LIUZC\\SQLEXPRESS:1433;Database
     Name= ShopSystem";
14           String strUser="sa";
15           String strPassword="liuzc518";
16           conn=DriverManager.getConnection(strConn,strUser,strPassword);
17           Statement stmt=conn.createStatement();
18           String p_id=Bytes(request.getParameter("p_id"));
```

```
19      String p_type=Bytes(request.getParameter("p_type"));
20      String p_name=Bytes(request.getParameter("p_name"));
21      float p_price=Float.parseFloat(request.getParameter("p_price"));
22      int p_quantity=Integer.parseInt(request.getParameter("p_quantity"));
23      String p_image=Bytes(request.getParameter("p_image"));
24      String p_description=Bytes(request.getParameter("p_description"));
25      Date date=new Date();
26      String p_time=String.valueOf(date.getMonth()+1)+"-"+date.getDate()+"-20"+
27 String.valueOf(date.getYear()).substring(1);
      String strSql="insert into product values('"+p_type+"','"+p_id+"','"+
p_name+"','"+p_price+","+p_quantity+",'"+p_image+"','"+p_description+"','"+p_time+"')";
28      int intTemp=stmt.executeUpdate(strSql);
29      if(intTemp!=0)
30      {
31          out.println( "<font size=4pt color='red'>" + "商品添加成功 !" +
"</font>");
32      }
33      else
34      {
35          out.println( "<font size=4pt color='red'>" + "商品添加失败 !"
+ "</font>");
36      }
37      }
38      catch(Exception e)
39      {
40          out.println(e.toString());
41      }
42 %>
43 </body>
44 </html>
```

【程序说明】

● 第 3 行：应用 import="java.util.Date" 引入日期处理包，以进行商品添加时间的处理（第 25 行～第 26 行）。

● 第 7 行：包含 convert.jsp 页面，以调用其中的 Bytes() 方法进行商品信息插入前的编码转换（第 18 ~ 20 行，第 23 ~ 24 行）。

● 第 9 行～第 16 行：创建数据库连接。

● 第 17 行：应用 conn.createStatement() 方法创建 Statement 对象。

● 第 18 ~ 24 行：应用 request 对象的 getParameter() 方法获得用户在 insert.jsp 输入的商品信息，并进行相应的数据类型转换。

- 第 25 ～ 26 行：应用 Date 类获得商品信息添加时间。
- 第 27 行：构造添加商品信息的 SQL 语句。
- 第 28 行：应用 Statement 对象的 executeUpdate() 执行商品添加操作，并将该操作影响的行数（本例中应为 1）保存在变量 intTemp 中。
- 第 29 ～ 36 行：根据 intTemp 值判断商品信息是否成功添加。

⑤ 启动 Tomcat 服务器后，在 IE 的地址栏中输入"http://localhost:8080/chap06/insert.jsp"。

insert.jsp 运行结果如图 6-15 所示，用户在输入完商品信息后单击"添加"按钮，然后由 do_insert.jsp 完成向数据库中添加数据的具体动作，如果添加成功，则打开如图 6-16 所示的"成功添加新商品信息"的页面。

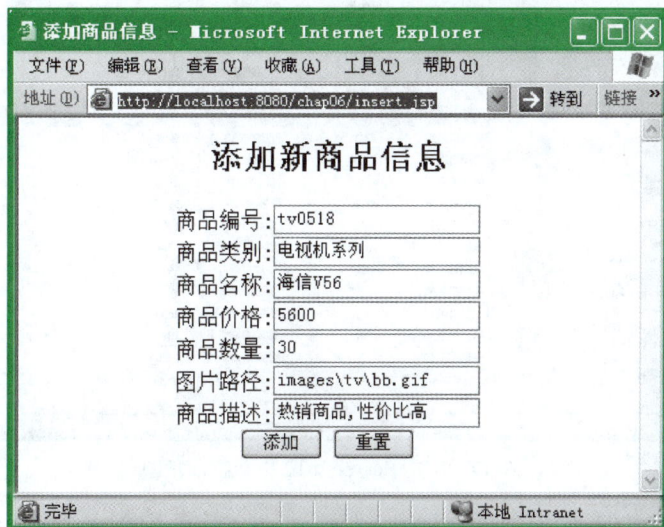

图 6-15　insert.jsp 运行结果

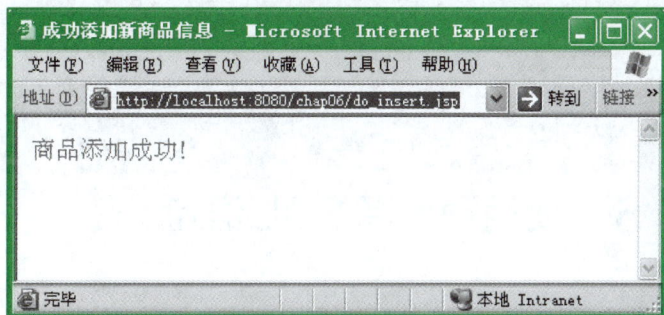

图 6-16　成功添加新商品信息

do_insert.jsp 成功执行后，可以通过查看 SQL Server 2012 服务器中数据库的数据变化情况来验证商品信息是否成功添加。图 6-17 所示中高亮显示的记录就是成功添加的商品信息。

如果要删除数据库中的记录，构造删除的 SQL 语句即可。下面的语句可以根据用户输入的商品编号删除商品详细信息。

```
String strSql="delete product where p_id='"+p_id+"'";
```

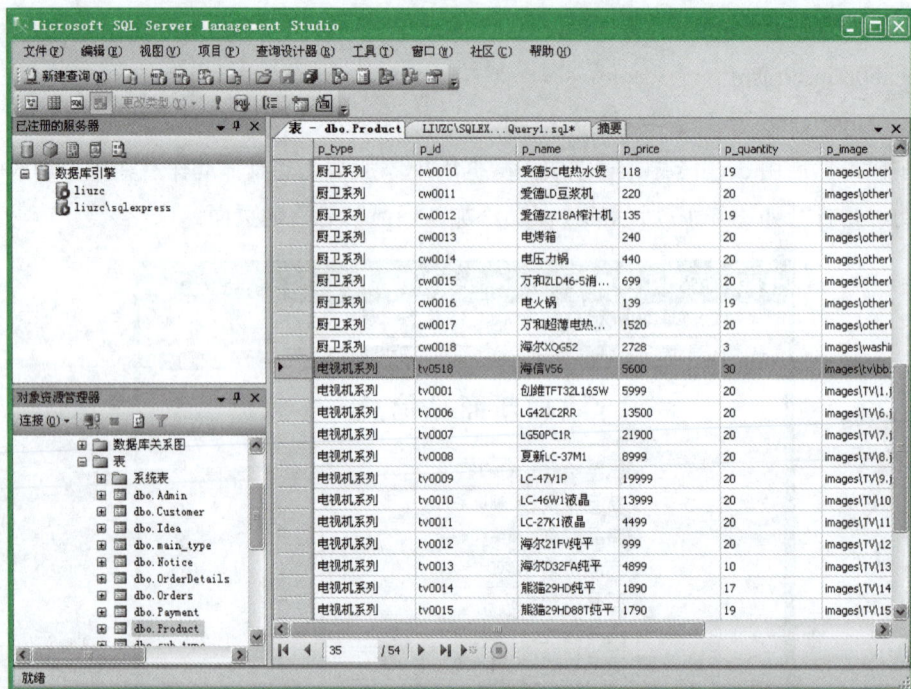

图 6-17　SQL Server 2012 中数据库信息

如果要修改数据库中的记录，构造修改的 SQL 语句即可。下面的语句可以根据商品的编号将用户修改的商品信息更新。

```
String strSql="update product set p_type='"+p_type+"',p_name='"+p_name+"',
p_price='"+ Float.parseFloat(p_price)+"',p_quantity='"+Integer.parseInt(p_
quantity)+"',p_image='"+p_image_temp+"',p_description='"+p_description+"',
p_time='"+p_time+"' where p_id='"+p_id+"'";
```

任务 5　使用预编译 SQL 语句

6.5.1　PreparedStatement 接口

PreparedStatement 接口是 Statement 接口的子接口，直接继承并重载了 Statement 的方法。PreparedStatement 接口有以下两大特点。

微课 6.5　预编译

① 一个 PreparedStatement 的对象中包含的 SQL 语句是预编译的，因此当需要多次执行同一条 SQL 语句时，利用 PreparedStatement 传送这条 SQL 语句可以大大提高执行效率。

② PreparedStatement 的对象所包含的 SQL 语句中允许有一个或多个输入参数。创建 PreparedStatement 的实例时，输入参数用"？"代替。在执行带参数的 SQL 语句前，必须对"？"进行赋值。为了对"？"赋值，PreparedStatement 接口中增添了大量的 setXXX 方法，用于对输入参数赋值。PreparedStatement 接口的常用方法见表 6-5。

表 6-5　PreparedStatement 接口的常用方法

方　法　名	功　能　说　明
boolean execute()	在 PreparedStatement 对象中执行任何 SQL 语句
ResultSet executeQuery()	在 PreparedStatement 对象中执行 SQL 查询，并返回该查询生成的结果集
int executeUpdate()	在 PreparedStatement 对象中执行 SQL 语句，该语句必须是 INSERT、UPDATE、DELETE 语句，或者 DDL 语句
ResultSetMetaData getMetaData()	检索包含有关 ResultSet 对象的列消息的 ResultSetMetaData 对象，ResultSet 对象将在执行此 PreparedStatement 对象时返回
ParameterMetaData getParameter MetaData()	检索 PreparedStatement 对象的参数的编号、类型和属性
void setInt(int x, int y)	将第 x 个参数设置为 int 值
void setString(int x, String y)	将第 x 个参数设置为 String 值

1. 创建 PreparedStatement 对象

与创建 Statement 接口实例的方法类似，在建立连接后，调用 Connection 接口中的方法 prepareStatement() 即可创建一个 PreparedStatement 对象，其中包含一条带参数的 SQL 语句。一般形式如下：

```
PreparedStatement psm=con.prepareStatement("INSERT INTO users(u_name,
u_pass) VALUES (?,?)");
```

2. 输入参数的赋值

PreparedStatement 中提供了大量的 setXXX() 方法对输入参数进行赋值，应根据输入参数的 SQL 类型选用合适的 setXXX() 方法。例如，将上述语句中第一个参数设为"zhao"，第二个参数设为"zhao0212"，就会在"users"表中插入一条新的记录，实现该功能的语句如下：

```
psm.setString(1,"zhao");
psm.setString(2,"zhao0212");
```

上面两条语句的第一个参数表示参数序号，第二个参数表示参数取值。

除了 setInt()、setLong()、setString()、setBoolean()、setShort() 和 setByte() 等常见的方法外，PreparedStatement 还提供了几种特殊的 setXXX() 方法，以进行赋值。语句 setNull(int ParameterIndex,int sqlType) 是将参数值赋为 null，其中 sqlType 是在 java.sql.Types 中定义的 SQL 类型号。将第一个输入参数的值赋为 null 的语句为：

```
psm.setNull(1,java.sql.Types.INTEGER);
```

当参数的值很大时，可以将参数值放在一个输入流 x 中，再通过调用下述 3 种方法为其赋予特定的参数，参数 length 表示输入流中字符串的长度。基本用法如下。

```
setUnicodeStream(int Index,InputStream x,int length);
setBinaryStream(int Index,inputStream x,int length);
setAsciiStream(int Index,inputStream x,int length);
```

【任务目标】学习使用预编译语句添加商品资料的方法。

【知识要点】创建 PreparedStatement 对象、PreparedStatement 对象主要方法的使用、使用 PreparedStatement 对象的场合。

【任务完成步骤】

① 打开 webapps 文件夹中保存第 6 单元程序文件的文件夹 chap06。

② 修改添加商品信息界面文件 insert.jsp。

本例的 insert.jsp 需要将"任务 4"中的 <form action="do_insert.jsp" method="post"> 语句替换为：

```
<form action="pre_insert.jsp" method="post">
```

③ 编写使用预编译语句（PreparedStatement）添加商品信息的 JSP 文件 pre_insert.jsp。

【程序代码】pre_insert.jsp

```
1  <%@ page contentType="text/html;charset=gb2312" language="java"%>
2  <%@ page import="java.sql.*" %>
3  <%@ page import="java.util.Date" %>
4  <html>
5  <head><title>成功添加新商品信息</title></head>
6  <body>
7  <%@ include file="convert.jsp" %>
8  <%
```

```
9        Connection conn=null;
10       Try
11       {
12           Class.forName("com.microsoft.sqlserver.JDBC.SQLServerDriver");
13           String strConn="JDBC:sqlserver://LIUZC\\SQLEXPRESS:1433;Database
     Name= ShopSystem";
14           String strUser="sa";
15           String strPassword="liuzc518";
16           conn=DriverManager.getConnection(strConn, strUser, strPassword);
17           String p_id=Bytes(request.getParameter("p_id"));
18           String p_type=Bytes(request.getParameter("p_type"));
19           String p_name=Bytes(request.getParameter("p_name"));
20           float p_price=Float.parseFloat(request.getParameter("p_price"));
21           int p_quantity=Integer.parseInt(request.getParameter("p_quantity"));
22           String p_image=Bytes(request.getParameter("p_image"));
23           String p_description=Bytes(request.getParameter("p_description"));
24           Date date=new Date();
25           String p_time=String.valueOf(date.getMonth()+1)+"-"+date.getDate()+"-20"
     +String.valueOf(date.getYear()).substring(1);
26           String strSql="insert into product values(?,?,?,?,?,?,?,?)";
27           PreparedStatement pstmt=conn.prepareStatement(strSql);
28           pstmt.setString(1,p_type);
29           pstmt.setString(2,p_id);
30           pstmt.setString(3,p_name);
31           pstmt.setFloat(4,p_price);
32           pstmt.setInt(5,p_quantity);
33           pstmt.setString(6,p_image);
34           pstmt.setString(7,p_description);
35           pstmt.setString(8,p_time);
36           int intTemp=pstmt.executeUpdate();
37           if(intTemp!=0)
38           {
39               out.println("<center><h3>" + "商品添加成功 " + "</h3></center>");
40           }
41           else
42           {
43               out.println( "<center><h3>" + "商品添加失败 " + "</h3></center>");
44           }
45           String strSql2="SELECT TOP 5 p_id,p_type,p_name,p_price,p_quan-
     tity FROM product WHERE p_type=? order by p_time asc";
```

```
46        PreparedStatement pstmt2=conn.prepareStatement(strSql2);
47            pstmt2.setString(1,"电视机系列");
48            ResultSet rs=pstmt2.executeQuery();
49    %>
50    <table border="1" align="center">
51        <tr>
52            <th>商品编号</th>
53            <th>商品类别</th>
54            <th>商品名称</th>
55            <th>商品单价</th>
56            <th>商品数量</th>
57        </tr>
58        <%while(rs.next()){%>
59        <tr bgcolor="lightblue">
60            <td><%=rs.getString("p_id") %></td>
61            <td><%=rs.getString("p_type") %></td>
62            <td><%=rs.getString("p_name") %></td>
63            <td><%=rs.getFloat("p_price") %></td>
64            <td><%=rs.getInt("p_quantity") %></td>
65        </tr>
66        <% }%>
67    </table>
68    <%
69            pstmt.close();
70            pstmt2.close();
71            conn.close();
72        }
73        catch(Exception e)
74        {
75            out.println(e.toString());
76        }
77    %>
78    </body>
79    </html>
```

【程序说明】

● 第 9 ～ 16 行：创建数据库连接。

● 第 17 ～ 23 行：应用 request 对象的 getParameter() 方法获得用户在 insert.jsp 输入的商品信息，并进行相应的数据类型转换。

● 第 24 ～ 25 行：应用 Date 类获得商品信息添加时间。

● 第 26 行：构造带参数的添加商品信息的 SQL 语句。

● 第 27 行：应用 conn.prepareStatement(strSql) 创建 PreparedStatement 对象。

● 第 28 ～ 35 行：使用 PreparedStatement 对象的 setXXX 语句设置预编译 SQL 语句对应的参数值。

● 第 36 行：应用 PreparedStatement 对象的 executeUpdate() 方法执行商品添加操作，并将该操作影响的行数（本例中应为 1）保存在变量 intTemp 中。

● 第 45 ～ 46 行：构造执行查询的 PreparedStatement 对象。

● 第 47 行：设置执行查询的预编译 SQL 语句对应的参数值。

● 第 48 行：应用 PreparedStatement 对象的 executeQuery() 方法执行商品查询操作，并将结果集保存在 ResultSet 中。

● 第 50 ～ 67 行：以表格形式显示结果集中的数据。

④ 启动 Tomcat 服务器后，在 IE 的地址栏中输入"http://localhost:8080/chap06/insert.jsp"，其中的 insert.jsp 为修改后的文件。

insert.jsp 运行后，添加一个商品编号为"tv0414"的商品信息，如图 6-18 所示。用户在输入完商品信息后单击"添加"按钮，然后由 pre_insert.jsp 完成向数据库中添加数据的动作，如果添加成功，则出现如图 6-19 所示的"成功添加新商品信息"页面，其中高亮显示的商品即为新添加的商品信息。

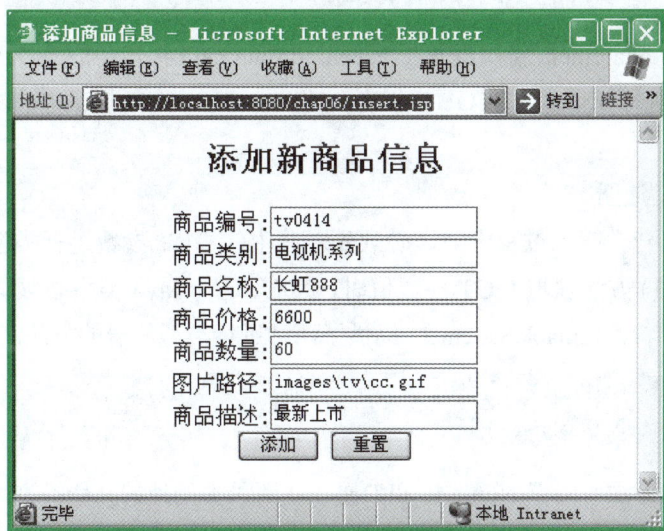

图 6-18　insert.jsp 运行结果

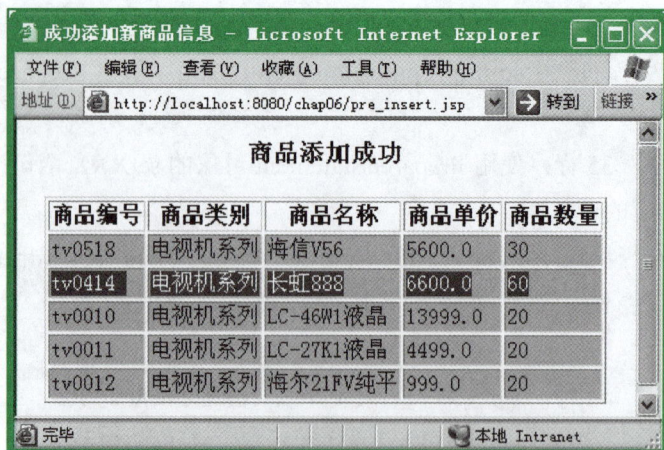

图 6-19 成功添加编号为 tv0414 的商品

6.5.2 CallableStatement 接口

CallableStatement 对象主要用于执行存储过程，可以使用 DatabaseMetaData 类中的有关方法获取相关信息以查看数据库是否支持存储过程，主要方法同 Statement 接口。可以使用 registerOutParameter(int x, int sqlType) 按顺序位置 x 将 OUT 参数注册为 JDBC 类型 sqlType。

调用 Connection 类中的方法 prepareCall() 可以创建一个 CallableStatement 对象。一般形式如下：

```
CallableStatement csm=con.prepareCall("{call test(?,?)}");
```

CallableStatement 接口继承了 PreparedStatement 接口中的 setXXX() 方法，对 IN 参数进行赋值。对于 OUT 参数，CallableStatement 提供方法进行类型注册和检索。

1. 类型注册

在执行一个存储过程之前，必须先对其中的 OUT 参数进行类型注册。使用 getXXX() 方法获取 OUT 参数值时，XXX 这一 Java 类型必须与所注册的 SQL 类型相符。CallableStatement 提供了两种进行类型注册的方法：

```
registerOutParamenter(int parameterIndex,int sqlType);
registerOutParameter(int parameterIndex.,int sqlType,int scale);
```

第一种方法对除了 Numeric 和 Decimal 两种类型外的其他类型均适用。对于 Numeric 和 Decimal，一般用第二种方法进行注册。第二种方法中的参数 scale 是一个大于或等于 0 的整数，这是一个精度值，它代表了所注册的类型中小数点右边允许的位数。下面对一个名为 test 的存储过程中的 OUT 参数进行类型注册：

```
csm.registerOutParameter(2, java.sql.Types.VARCHAR);
```

这条语句对 test 这一存储过程中的第二个参数进行输出类型注册，注册的 SQL 类型为 java.sql.Types.VARCHAR。

2.　查询结果的获取

由于 CallableStatement 允许执行带 OUT 参数的存储过程，因此它提供了完善的 getXXX() 方法以获取 OUT 参数的值。除了 IN 参数与 OUT 参数外，还有一种 INOUT 参数。INOUT 参数具有其他两种参数的全部功能，可以先用 setXXX() 方法对参数值进行设置，再对这个参数进行类型注册。允许对此参数使用 getXXX() 方法。执行完带此参数的 SQL 声明后，用 getXXX() 方法可获取改变了的值。当然，在进行类型注册时，要考虑类型一致性问题。

CallableStatement 一般用于执行存储过程，执行结果可能为多个 ResultSet，或多次修改记录，或两者都有，因此对于 CallableStatement，一般调用方法 execute() 执行 SQL 声明。

任务 6　调用存储过程统计商品总价

【任务目标】学习通过 JDBC 调用 SQL Server 数据库存储过程的方法。

【知识要点】SQL Server 中编写存储过程、JDBC 中调用存储过程、使用存储过程进行数据处理的优缺点。

【任务完成步骤】

① 在 SQL Server 2012 的 ShopSystem 数据库中创建一个统计所有商品总价的存储过程 sp_count。

【存储过程】sp_count

```
CREATE PROCEDURE sp_count
    @iSum bigint output
AS
SELECT @iSum=sum(p_price*p_quantity) FROM product
GO
```

② 打开 webapps 文件夹中保存第 6 单元程序文件的文件夹 chap06。

③ 编写调用存储过程的 JSP 文件 callable.jsp。

【程序代码】callable.jsp

```
1   <%@ page contentType="text/html;charset=gb2312" language="java"%>
2   <%@ page import="java.sql.*" %>
3   <html>
4   <head><title>商品总价统计</title></head>
5   <body>
6   <%
7       Connection conn=null;
8       try
9       {
10          Class.forName("com.microsoft.sqlserver.JDBC.SQLServerDriver");
11          String strConn="JDBC:sqlserver://LIUZC\\SQLEXPRESS:1433;Database
     Name=Shop System";
12          String strUser="sa";
13          String strPassword="liuzc518";
14          conn=DriverManager.getConnection(strConn,strUser,strPassword);
15          CallableStatement cstmt=conn.prepareCall("{call sp_count(?)}");
16          cstmt.registerOutParameter(1,Types.INTEGER);
17          cstmt.executeUpdate();
18          int iCount=cstmt.getInt(1);
19          cstmt.close();
20          conn.close();
21          out.println("<center><h3>商品总价为:"+iCount+"</h3></center>");
22      }
23      catch(Exception e)
24      {
25          out.println(e.toString());
26      }
27  %>
28  </body>
29  </html>
```

【程序说明】

- 第 7 ~ 14 行：创建数据库连接。

- 第 15 行：应用 conn.prepareCall() 方法创建 CallableStatement 对象。

- 第 16 行：应用 registerOutParameter 注册输出参数（顺序和类型）。

- 第 17 行：应用 CallableStatement 对象的 executeUpdate() 方法调用存储过程。

- 第 18 行：获得存储过程输出参数的值。

- 第 21 行：输出调用存储过程得到的商品总价。

④ 启动 Tomcat 服务器后，在 IE 的地址栏中输入 "http://localhost:8080/

chap06/callable.jsp"。

程序运行界面如图 6-20 所示。

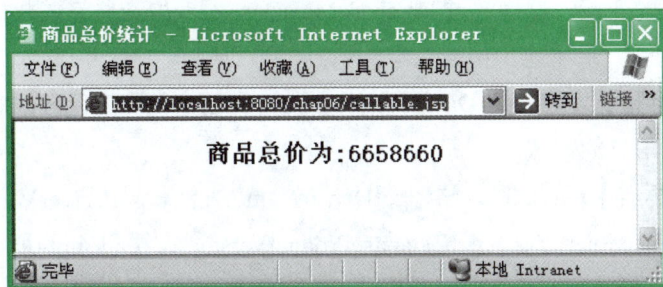

图 6-20　商品总价统计

任务 7　获取数据库原始信息

6.7.1　DatabaseMetaData

DatabaseMetaData 接口主要用来得到关于数据库的信息，如数据库中所有表格的列表、系统函数、关键字、数据库产品名和数据库支持的 JDBC 驱动程序名称。DatabaseMetaData 类的实例对象是通过 Connection 类的 getMetaData 方法创建的。

微课 6.6
Database-
MetaData

DatabaseMetaData 提供大量获取信息的方法，这些方法可分为两大类：一类返回值为布尔型，多用以检查数据库或驱动器是否支持某项功能；另一类则用于获取数据库或驱动器本身的某些特征值，返回值可能为整型，可能为字符串型，甚至可能是 ResultSet 接口的对象。DatabaseMetaData 接口的常用方法见表 6-6。

表 6-6　DatabaseMetaData 接口的常用方法

方　法　名	功能说明
boolean supportsOuterJoins()	检查数据库是否支持外部连接
boolean supportsStoredProcedures()	检查数据库是否支持存储过程
String getURL()	该方法的功能是返回用于连接数据库的 URL 地址
String getUserName()	该方法的功能是获取当前用户名
String getDatabaseProductName()	该方法的功能是获取使用的数据库产品名
String getDatabaseProductVersion()	该方法的功能是获取使用的数据库版本号
String getDriverName()	该方法的功能是获取用以连接的驱动器名称
String getProductVersion()	该方法的功能是获取用以连接的驱动器版本号
ResultSet getTypeInfo()	该方法的功能是获取数据库中可能取得的所有数据类型的描述

数据库元数据是指保存在数据库中的有关表、视图和索引等的原始信息。下面案例中，既不创建任何 SQL 语句对象，也不执行任何 SQL 操作，只是建立与数据库的连接，然后通过 DatabaseMetaData 类获取一些有关数据库和驱动器的信息。

【任务目标】学习使用 DatabaseMetaData 类创建数据库元数据对象，获取数据库原始信息的方法。

【知识要点】getURL 方法、getDriverName 方法、getDriverVersion 方法、getMax Connections 方法、getDatabaseProductVersion 方法和 supportsOuterJoins 方法。

【任务完成步骤】

① 打开 webapps 文件夹中保存第 6 单元程序文件的文件夹 chap06。

② 创建显示 ShopSystem 数据库原始信息的 JSP 文件 dbmeta.jsp。

dbmeta.jsp 通过 DataBaseMetaData 对象提取数据库的相关原始信息，包括连接 URL、数据库版本等。

【程序代码】dbmeta.jsp

```
1   <%@ page contentType="text/html;charset=gb2312" language="java" %>
2   <%@ page import="java.sql.*"%>
3   <%@ page import="java.lang.*"%>
4   <%@ page import="java.net.URL"%>
5   <html>
6   <head><title>获取 ShopSystem 数据库信息</title></head>
7   <%
8       Connection conn=null;
9       try
10      {
11          Class.forName("com.microsoft.sqlserver.JDBC.SQLServerDriver");
12          String strConn="JDBC:sqlserver://LIUZC\\SQLEXPRESS:1433;DatabaseName=ShopSystem";
13          String strUser="sa";
14          String strPassword="liuzc518";
15          conn=DriverManager.getConnection(strConn,strUser,strPassword);
16          DatabaseMetaData dmd = conn.getMetaData();
17          out.println("<center><h2>ShopSystem 数据库信息</h2></center>");
18          out.println("<b>连接到 URL:</b>" + dmd.getURL()+"<br>");
19          out.println("<b>驱动程序名:</b>" + dmd.getDriverName()+"<br>");
20          out.println("<b>驱动程序版本:</b>" + dmd.getDriverVersion()+"<br>");
21          out.println("<b>最大连接数:</b>"+dmd.getMaxConnections()+"<br>");
```

```
22        out.println("<b>数据库名:</b>" +dmd.getDatabaseProductName()+dmd.
   getDatabase ProductVersion()+"<br>");
23        out.print("<b> 数据库是否支持外部连接 :</b>");
24        if(dmd.supportsOuterJoins())
25           out.println(" 是 ");
26        else
27           out.println(" 否 ");
28     }
29     catch(ClassNotFoundException e)
30     {
31        out.println(e.getMessage());
32     }
33     catch(SQLException e)
34     {
35        out.println(e.getMessage());
36     }
37     finally
38     {
39        try
40        {
41           if (conn!=null)
42              conn.close();
43        }
44        catch(Exception e){}
45     }
46  %>
47  </html>
```

【程序说明】

● 第 11 行：加载 JDBC 驱动程序。

● 第 12 ～ 14 行：设置连接字符串、用户名和密码。

● 第 15 行：创建连接对象。

● 第 16 行：创建数据库元数据（DatabaseMetaData）对象 dmd。

● 第 17 ～ 27 行：通过 DatabaseMetaData 对象的方法提取数据库的相关
信息。

③ 启动 Tomcat 服务器后，在 IE 的地址栏中输入 "http://localhost:8080/
chap06/dbmeta. jsp"。

程序运行结果如图 6-21 所示。

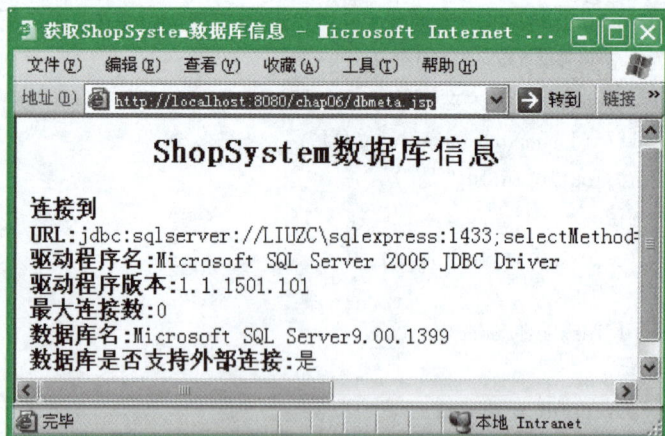

图 6-21 获取 ShopSystem 数据库信息

6.7.2 ResultSetMetaData

微课 6.7
ResultSetMeta-
Data

Java 提供了 ResultSetMetaData 类，以获取数据库表的结构。通过 ResultSetMetaData 类提供的一些常用方法，可以获取 ResultSet 对象中列的类型和属性信息。ResultSetMetaData 接口的常用方法见表 6-7。

表 6-7 ResultSetMetaData 接口的常用方法

方 法 名	功能说明
int getColumnCount()	返回此 ResultSet 对象中的列数
String getColumnName(int column)	获取指定列的名称
int getColumnType(int column)	检索指定列的 SQL 类型
String getTableName(int column)	获取指定列的名称
int getColumnDisplaySize(int column)	返回指定列的最大标准宽度，以字符为单位
boolean isAutoIncrement(int column)	返回是否自动为指定列进行编号，该方法中这些列仍然是只读的
int isNullable(int column)	返回指定列中的值是否可以为 null
boolean isSearchable(int column)	返回是否可以在 where 子句中使用指定的列
boolean isReadOnly(int column)	返回指定的列是否不可写入

任务 8　获取结果集原始信息

【任务目标】学习使用 ResultMetaData 类创建结果集元数据对象、获取数据库中指定表的原始信息的方法。

【知识要点】使用 ResultMetaData 的 getMetaData() 方法获取结果集元数

据、getColumnName() 方法获取列名、getColumnTypeName() 方法获取列类型、getColumnDisplaySize() 方法获取列宽度、isNullable() 方法判断是否可以为空和isAutoIncrement() 方法判断是否自动编号。

【任务完成步骤】

① 打开 webapps 文件夹中保存第 6 单元程序文件的文件夹 chap06。

② 创建显示 ShopSystem 数据库中 admin 表原始信息的 JSP 文件 rsmeta.jsp。

rsmeta.jsp 通过 ResultMetaData 对象提取 admin 表的相关原始信息，包括列名、类型、为空性和是否自动编号。

【程序代码】rsmeta.jsp

```
1   <%@ page contentType="text/html;charset=gb2312" language="java" %>
2   <%@ page import="java.sql.*"%>
3   <%@ page import="java.lang.*"%>
4   <%@ page import="java.net.URL"%>
5   <html>
6   <head><title>获取 admin 表信息 </title></head>
7   <%
8       Connection conn=null;
9       try
10      {
11          Class.forName("com.microsoft.sqlserver.JDBC.SQLServerDriver");
12          String strConn="JDBC:sqlserver://LIUZC\\SQLEXPRESS:1433; Databas-
    eName= ShopSystem";
13          String strUser="sa";
14          String strPassword="liuzc518";
15          conn=DriverManager.getConnection(strConn, strUser, strPassword);
16          Statement stmt=conn.createStatement(ResultSet.TYPE_SCROLL_SENSITIVE,
    ResultSet.CONCUR_UPDATABLE);
17          ResultSet rs=stmt.executeQuery("select * from admin");
18          ResultSetMetaData rsmd = rs.getMetaData();
19          String strClmname="<tr><td> 列名 </td>";
20          String strClmtype="<tr><td> 类型 </td>";
21          String strClmsize="<tr><td> 大小 </td>";
22          String strNull="<tr><td> 是否为空 </td>";
23          String strIncrease = "<tr><td> 是否自动编号 </td>";
24          for(int i=1;i<=rsmd.getColumnCount();i++)
25          {
26              strClmname=strClmname+"<td>"+rsmd.getColumnName(i)+"</td>";
```

```
27        strClmtype=strClmtype+"<td>"+rsmd.getColumnTypeName(i)+"</td>";
28        strClmsize=strClmsize+"<td>"+rsmd.getColumnDisplaySize(i)+"</td>";
29        strNull = strNull+"<td>"+rsmd.isNullable(i)+"</td>";
30        strIncrease = strIncrease+"<td>"+rsmd.isAutoIncrement(i)+"</td>";
31     }
32     strClmname=strClmname+"</tr>";
33     strClmtype=strClmtype+"</tr>";
34     strClmsize=strClmsize+"</tr>";
35     strNull=strNull+"</tr>";
36     strIncrease=strIncrease+"</tr>";
37     out.println("<center><h2>admin 表信息 </h2></center>");
38     out.println("<table width=100% border=1>");
39     out.println(strClmname);
40     out.println(strClmtype);
41     out.println(strClmsize);
42     out.println(strNull);
43     out.println(strIncrease);
44     out.println("</table>");
45     rs.close();
46     stmt.close();
47     conn.close();
48   }
49   catch(Exception e)
50   {
51        out.println(e.getMessage());
52   }
53 %>
54 </html>
```

【程序说明】

- 第 11 行：加载 JDBC 驱动程序。
- 第 12 ~ 14 行：设置连接字符串、用户名和密码。
- 第 15 行：创建连接对象。
- 第 16 行：使用 createStatement() 方法创建 Statement 对象 stmt。
- 第 17 行：通过调用 Statement 的 executeQuery() 方法创建 ResultSet 对象。
- 第 18 行：利用 getMetaData() 方法获取结果集对象的原始信息，并存放在 ResultSetMetaData 对象 rsmd 中。
- 第 19 ~ 23 行：构造输出表格的第一列信息。
- 第 24 ~ 31 行：使用 for 循环读取结果集中的信息，构造输出表格其他列的信息。

- 第 26 行：使用 rsmd.getColumnName(i) 取得第 i 列的名称。
- 第 27 行：使用 getColumnTypeName(i) 取得第 i 列的类型。
- 第 28 行：使用 getColumnDisplaySize(i) 取得第 i 列的显示宽度。
- 第 29 行：使用 isNullable(i) 判断第 i 列是否能为空。
- 第 30 行：使用 isAutoIncrement(i) 判断第 i 列是否为自动编号。
- 第 32 ～ 36 行：构造输出表格每行的结束信息。
- 第 37 ～ 44 行：完成表格的输出。
- 第 45 ～ 47 行：关闭 ResultSet、Statement 和 Connection，释放资源。

③ 启动 Tomcat 服务器后，在 IE 的地址栏中输入 "http://localhost:8080/chap06/rsmeta.jsp"。

rsmeta.jsp 运行结果如图 6-22 所示。

图 6-22　rsmeta.jsp 运行结果

任务 9　数据分页

【任务目标】学习使用 JSP 对查询数据进行分页的方法。

【知识要点】数据的获取、页面大小的设置、分页操作的处理。

【任务完成步骤】

① 打开 webapps 文件夹中保存第 6 单元程序文件的文件夹 chap06。

② 编写用户查询商品信息的 JSP 文件 search.jsp。

【程序代码】search.jsp

微课 6.8　分页功能

```
1   <%@page contentType="text/html;charset=GB2312" %>
2   <html>
3   <head>
4   <title>商品搜索</title>
5   <style type="text/css">
6   <!--
7   .style1 {font-size: 12px}
8   .style2 {color: #FF0000}
9   -->
10  </style>
11  </head>
12  <body>
13  <form name="form1" onsubmit="return check()"  method="post" action="search_ re-
    sult.jsp">
14    <table width="80%"  border="0" align="center" bgcolor="#0099FF">
15      <tr bgcolor="#FFFFFF">
16        <th height="39" scope="row"><div align="left">
17            <span style="font-weight: 400"><font size="2">查询项目:
    </font></span></ div></th>
18         <td><select name="item" size=1>
19         <option value="">请选择</option>
20         <option value="p_type">p_type</option>
21         <option value="p_id">p_id</option>
22         <option value="p_name">p_name</option>
23           </select>
24         </td>
25         <td><font size="2">查询内容:</font></td>
26         <td><input type="text" name="content"></td>
27         <td><input type="submit" name="submit" value="查询">
28       </tr>
29     </table>
30  </form>
31  </body>
32  </html>
33  <script type="text/javascript">
34  function check()
35  {
36    if (form1.content.value=="")
37    {
38      alert("请输入查询内容!");
39      form1.content.focus();
```

40	return false;
41	}
42	}
43	</script>

【程序说明】

● 第 5 ～ 10 行：设置字体样式。

● 第 13 行：创建查询表单，并指定由 search_result.jsp 进行查询处理，同时由 check() 方法进行浏览器端的验证。

● 第 18 ～ 23 行：创建查询项目下拉列表框。

● 第 33 ～ 43 行：使用 JavaScript 脚本进行数据有效性验证。

③ 编写对查询后的商品信息进行分页处理的 JSP 文件 search_result.jsp。

【程序代码】search_result.jsp

1	<%@page contentType="text/html;charset=GB2312" import="java.sql.*" %>
2	<html>
3	<head>
4	<title>商品搜索结果</title>
5	<style type="text/css">
6	<!--
7	.style1 {font-size: 12px}
8	.style2 {color: #FF0000}
9	-->
10	</style>
11	</head>
12	<body>
13	<jsp:include page="search.jsp"/>
14	<%@ include file="convert.jsp" %>
15	<%
16	Connection conn=null;
17	ResultSet rsAll=null;
18	Statement stmt=null;
19	try
20	{
21	Class.forName("com.microsoft.sqlserver.JDBC.SQLServerDriver");
22	String strConn="JDBC:sqlserver://LIUZC\\SQLEXPRESS:1433;DatabaseName =ShopSystem";
23	String strUser="sa";
24	String strPassword="liuzc518";
25	conn=DriverManager.getConnection(strConn, strUser, strPassword);

```
26          stmt=conn.createStatement(ResultSet.TYPE_SCROLL_INSENSITIVE,
   ResultSet.CONCUR_READ_ONLY);
27          String strItem=request.getParameter("item");
28          String strContent=Bytes(request.getParameter("content"));
29          String strSql="";
30          if(strItem==null || strItem=="")
31          {
32              strSql="SELECT p_id,p_type,p_name,p_price,p_quantity,p_time
   FROM product";
33          }
34          else
35          {
36              strSql="SELECT p_id,p_type,p_name,p_price,p_quantity,p_time
   FROM product WHERE "+strItem.trim()+" LIKE '%"+strContent.trim()+"%'";
37          }
38          rsAll=stmt.executeQuery(strSql);
39      }
40      catch(Exception e)
41      {
42          e.printStackTrace();
43      }
44   %>
45   <table width="80%" border=1 cellspacing="0" align="center">
46   <tr>
47      <td><font size="2" color="#0000FF">商品编号 </font></td>
48      <td><font size="2" color="#0000FF">商品名称 </font></td>
49      <td><font size="2" color="#0000FF">商品类别 </font></td>
50      <td><font size="2" color="#0000FF">商品价格 </font></td>
51      <td><font size="2" color="#0000FF">商品数量 </font></td>
52      <td><font size="2" color="#0000FF">上架日期 </font></td>
53   </tr>
54   <%
55      String str=(String)request.getParameter("page");
56      if(str==null)
57      {
58          str="0";
59      }
60      int pagesize=10;
61      rsAll.last();
62      int recordCount=rsAll.getRow();
```

```
63    int maxPage=0;
64    maxPage=(recordCount%pagesize==0)?(recordCount/pagesize):(recordCount/
      pagesize+1);
65    int currentPage=Integer.parseInt(str);
66    if(currentPage<1)
67    {
68        currentPage=1;
69    }
70    else
71    {
72        if(currentPage>maxPage)
73        {
74            currentPage=maxPage;
75        }
76    }
77    rsAll.absolute((currentPage-1)*pagesize+1);
78    for(int i=1;i<=pagesize;i++)
79    {
80 %>
81 <tr>
82 <td><font size="2"><%= rsAll.getString("p_id") %></font></td>
83 <td><font size="2"><%= rsAll.getString("p_name") %></font></td>
84 <td><font size="2"><%= rsAll.getString("p_type") %></font></td>
85 <td><font size="2"><%= rsAll.getFloat("p_price") %></font></td>
86 <td><font size="2"><%= rsAll.getInt("p_quantity") %></font></td>
87 <td><font size="2"><%= rsAll.getString("p_time") %></font></td>
88 <td><a href="#"><font size="2"> 详情 </font></a></td>
89 <td><a href="#"><font size="2"> 购买 </font></a></td>
90 </tr>
91 <%
92        try
93        {
94            if(!rsAll.next()){break;}
95        }catch(Exception e){}
96    }
97 %>
98 </table>
99 <p align="center"><font size="2"> 跳转到 :<input type="text" name= "page"
   size= "3"> 当前页数:[<%=currentPage%>/<%=maxPage%>] 
100 <%
```

```
101        if(currentPage>1)
102        {
103  %>
104        <a href="search_result.jsp?page=1">第一页</a> <a href="search_
105  result.jsp?page=<%=currentPage-1%>">上一页</a>
106  <%
107        }
108        if(currentPage<maxPage)
109        {
110  %>
111        <a href="search_result.jsp?page=<%=currentPage+1%>">下一页</a> <a
     href="search_result.jsp?page=<%=maxPage%>">最后一页 </a>
112  <%
113        }
114        rsAll.close();
115        stmt.close();
116        conn.close();
117  %>
118  </font></p>
119  </body>
120  </html>
```

【程序说明】

● 第 5 ~ 10 行：设置字体样式。

● 第 13 行：应用 jsp:include 动作包含 search.jsp。

● 第 14 行：应用 <%@ include%> 指令包含 convert.jsp 文件，以进行查询内容编码的转换（第 28 行）。

● 第 16 ~ 25 行：创建连接对象。

● 第 26 行：创建 Statement 对象，指定 ResultSet.TYPE_SCROLL_INSENSITIVE、ResultSet.CONCUR_READ_ONLY 为参数，否则使用 ResultSet 的 last 和 absolute 方法时会出现异常。

● 第 27 ~ 28 行：获取用户选择的查询项目和输入的查询内容，在这里查询项目如为英文，不需要进行编码转换；但查询内容需要进行编码转换，否则执行查询时会出现异常。

● 第 30 ~ 37 行：根据用户的选择构造查询字符串（如果用户没有选择查询项目，则查询出全部商品信息）。

● 第 38 行：执行查询并将结果集保存在 rsAll 中。

- 第 46 ～ 53 行：输出显示查询结果的表的标题行。

- 第 55 ～ 59 行：应用 str 保存当前页码，如果 request 对象中的 page 参数值为 null（空），则置为 0。

- 第 60 行：设置每页显示 10 条记录。

- 第 61 行：应用 ResultSet 的 last() 方法将指针移动到此查询结果的最后一行，与 getRow() 配合取得结果集中的记录数。

- 第 62 行：应用 ResultSet 的 getRow() 方法获得当前行号（这里为最后一行）作为记录数。

- 第 63 ～ 64 行：根据所有记录数 recordCount 和每页记录数 pagesize 计算结果集总页数 maxPage（未达到 pagesize 数量，也算一页）。

- 第 65 行：由变量 str 得到当前页码。

- 第 66 ～ 76 行：对当前页码超界情况进行处理，若页码小于 1，则置为 1；若页码大于最大页数，则置为最大页数。

- 第 77 行：应用 ResultSet 的 absolute 方法根据指定页码 currentPage 和每页记录数 pagesize 定位指定页起始记录。

- 第 78 ～ 96 行：应用循环语句显示指定页码的记录。

- 第 99 行：显示跳转、当前页码（currentPage）和总页码（maxPage）信息。

- 第 102 ～ 113 行：根据当前页码决定"下一页""上一页""第一页"和"最后一页"链接是否显示。

- 第 105 行：如果当前页码大于 1，则显示"上一页"和"第一页"。

- 第 111 行：如果当前页码小于总页数，则显示"下一页"和"最后一页"；该语句和第 105 行语句可以保证如果当前页码大于 1 并且小于总页数，则会显示"下一页""上一页""第一页"和"最后一页"链接。

- 第 114 ～ 116 行：关闭对象，释放资源。

④ 启动 Tomcat 服务器后，在 IE 地址栏中输入"http://localhost:8080/chap06/search.jsp"。

程序运行结果如图 6-23 所示。

在如图 6-23 所示的查询页面中选择查询项目为"p_name"，输入查询内容为"海尔"，单击"查询"按钮后，得到查询结果的分页显示，如图 6-24 所示。

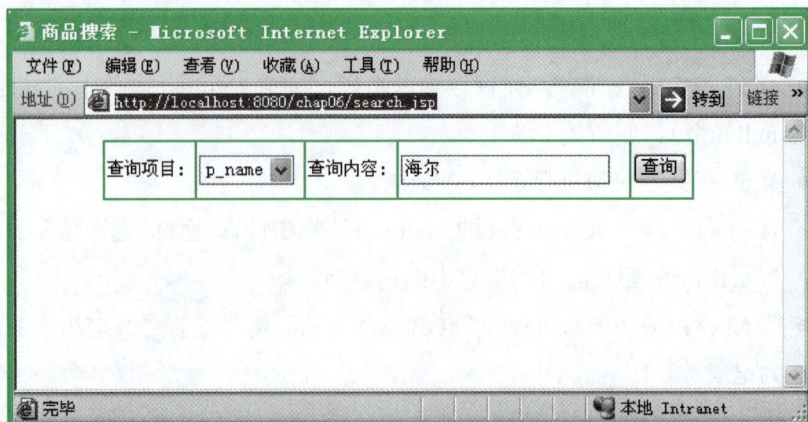

图 6-23 search.jsp 运行结果

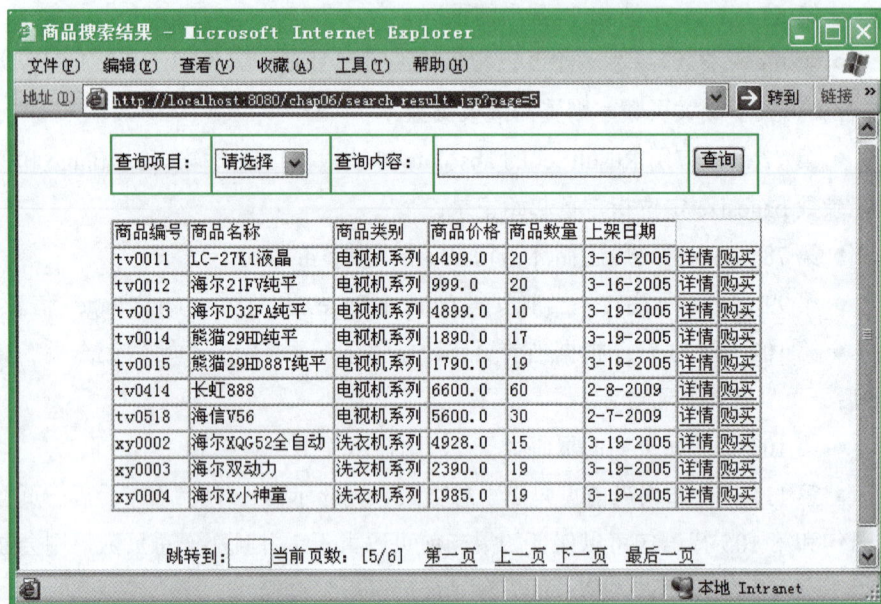

图 6-24 search_result.jsp 运行结果

任务 10 在 Tomcat 9.0 中配置数据库连接池

在 JDBC 的数据库操作中，一项事务是由一条或多条表达式所组成的一个不可分割的工作单元。可以通过提交 commit() 或是回滚 rollback() 来结束事务的操作。关于事务操作的方法都位于接口 java.sql.Connection 中。

在 JDBC 中，事务操作默认是自动提交的。也就是说，一条对数据库的更新表达式代表一项事务操作，操作成功后，系统将自动调用 commit() 来提交，否则将调用 rollback() 来回滚。程序员可以通过调用 setAutoCommit(false) 来禁止自动提交。之后就可以把多个数据库操作的表达式作为一个事务，在操作完成后调用 commit() 来进行整体提交，只要其中一个表达式操作失败，就不会执行 commit()，并且产生响应异常。此时可以在异常捕获时调用 rollback() 进行回滚。这样做可以保持多次更新操作后相关数据的一致性。进行事务处理的典型代码如下。

```
        try
        {
          Class.forName("com.microsoft.sqlserver.JDBC.SQLServerDriver");
          String strConn="JDBC:sqlserver://LIUZC\\SQLEXPRESS:1433;DatabaseName=
ShopSystem";
          String strUser="sa";
          String strPassword="liuzc518";
          Connection conn=DriverManager.getConnection(strConn,strUser,strPassword);
          conn.setAutoCommit(false);              // 禁止自动提交，设置回滚点
          stmt = conn.createStatement();
          stmt.executeUpdate("alter table …");        // 数据库更新操作 1
          stmt.executeUpdate("insert into table …");   // 数据库更新操作 2
          conn.commit();                          // 事务提交
        }catch(Exception e)
        {
          e.printStackTrace();
          try
          {
              conn.rollback();                    // 操作不成功则回滚
          }catch(Exception e)
          {
              e.printStackTrace();
          }
        }
```

JDBC API 支持事务对数据库的加锁，提供了两种加锁密度（表加锁和行加锁），并且提供了 5 种操作支持，见表 6-8。

表 6-8　JDBC 事务操作支持

操　作	功 能 说 明
static int TRANSACTION_NONE = 0	禁止事务操作和加锁
static int TRANSACTION_READ_UNCOMMITTED = 1	允许脏数据读写（dirty reads）、重复读写（repeatable reads）和幻象读写（phantom reads）
static int TRANSACTION_READ_COMMITTED = 2	禁止脏数据读写，允许重复读写和幻象读写
static int TRANSACTION_REPEATABLE_READ = 4	禁止脏数据读写和重复读写，允许幻象读写
static int TRANSACTION_SERIALIZABLE = 8	禁止脏数据读写、重复读写，允许幻象读写

在多用户的 Web 应用程序中，数据库连接是一种关键、有限、昂贵的资源。对数据库连接的管理能显著影响整个应用程序的伸缩性和健壮性，影响程序的性能指标。

数据库连接池负责分配、管理和释放数据库连接，允许应用程序重复使用一个现有的数据库连接，而不是重新建立一个；释放空闲时间超过最大空闲时间的数据库连接来避免因为没有释放数据库连接而引起的数据库连接遗漏。这项技术能明显提高数据库操作的性能。

数据库连接池在初始化时将创建一定数量的数据库连接放到连接池中，这些数据库连接的数量是由最小数据库连接数来设定的。无论这些数据库连接是否被使用，连接池都将一直保证至少拥有这么多的连接数量。连接池的最大数据库连接数量确定了这个连接池能占有的最大连接数，当应用程序向连接池请求的连接数超过最大连接数量时，这些请求将被加入到等待队列中。在 Tomcat 9.0 中提供了数据库连接池技术，下面详细说明在 Tomcat 9.0 中配置数据库连接池的方法。

【任务目标】学习 Tomcat 9.0 中配置和使用数据库连接池的方法。

【知识要点】context.xml 文件的修改、web.xml 文件的修改、连接池测试程序的编写。

【任务完成步骤】

① 配置驱动程序包。将 Microsoft JDBC Driver 8.4 for SQL Server 驱动程序解压后得到的 mssql-jdbc-8.4.1.jre8.jar、mssql-jdbc-8.4.1.jre11.jar 和 mssql-jdbc-8.4.1.jre14.jar 文件复制到 Tomcat 的 lib 目录下。

② 配置连接池。将 Tomcat 根文件夹下的 conf/context.xml 文件中的 Context 标签修改为以下内容。

```
<Context path="/connPoll" docBase="connPoll" debug="5"
    reloadable="true" crossContext="true">
<Resource name="jdbc/TestDB" auth="Container"
    type="javax.sql.DataSource" username="sa" password="liuzc518"
    driverClassName="com.microsoft.sqlserver.jdbc.SQLServerDriver"
    url="jdbc:sqlserver://LIUZC\\SQLEXPRESS:1433;DatabaseName=ShopSystem"
    maxActive="8" maxIdle="4" />
</Context>
```

<Resource> 节点参数说明如下。

● name：数据源名称。

● driverClassName：JDBC 驱动程序的类路径。

- url：数据库连接 URL。
- username 与 password：数据库的用户名和密码。

③ 在应用程序 WEB-INF 文件夹中的 web.xml 文件里添加 JNDI 资源的引用，代码如下：

```
<?xml version="1.0" encoding="ISO-8859-1"?>
<!DOCTYPE web-app
PUBLIC "-//Sun Microsystems, Inc.//DTD Web Application 2.3//EN"
"http://java.sun.com/dtd/web-app_2_3.dtd">
<web-app>
<display-name>My Web Application</display-name>
<description>
A application for test.
</description>
<resource-ref>
    <description>
        Resource reference to a factory for java.sql.Connection
        instances that may be used for talking to a particular
        database that is configured in the server.xml file.
    </description>
    <res-ref-name>jdbc/TestDB</res-ref-name>
    <res-type>javax.sql.DataSource</res-type>
    <res-auth>Container</res-auth>
</resource-ref>
</web-app>
```

④ 编写测试连接池的 JSP 文件 testpool.jsp。

【程序代码】testpool.jsp

```
1  <%@ page language="java" import="java.util.*" contentType="text/html;charset= GB2312"%>
2  <%@ page import="java.sql.*, javax.sql.*, javax.naming.*"%>
3  <!DOCTYPE HTML PUBLIC "-//W3C//DTD HTML 4.01 Transitional//EN">
4  <html>
5      <head>
6          <title>Tomcat 9.0 连接池测试 </title>
7      </head>
8      <body>
9          <%
10             Context initCtx = new InitialContext();
11             Context envCtx = (Context) initCtx.lookup("java:comp/env");
12             DataSource ds = (DataSource) envCtx.lookup("jdbc/TestDB");
```

```
13          Connection conn = ds.getConnection();
14          Statement sta = conn.createStatement();
15          ResultSet rs = sta.executeQuery("select * from admin");
16        while (rs.next()) {
17            out.println(rs.getString("a_name") + "<br>");
18        }
19          conn.close();
20     %>
21   </body>
22 </html>
```

【程序说明】

- 第 2 行：引入相关包。
- 第 10 行：创建 Context 对象 initCtx。
- 第 11 行：使用 Context 的 lookup 查找上下文，并转换为 Context 对象。
- 第 12 行：查找名为 jdbc/TestDB 的资源名称并转换为数据源。
- 第 13 行：从配置的 jdbc/TestDB 数据源中获得连接。
- 第 14 行：创建 Statement 对象。
- 第 15 行：通过执行 SELECT 语句返回结果集。
- 第 15 ～ 18 行：获得结果集中第一列的值并输出。

⑤ 启动 Tomcat 服务器后，在 IE 地址栏中输入 "http:// localhost:8080/ chap06/testpool.jsp"。

程序运行结果如图 6-25 所示，表明数据库连接池配置成功。

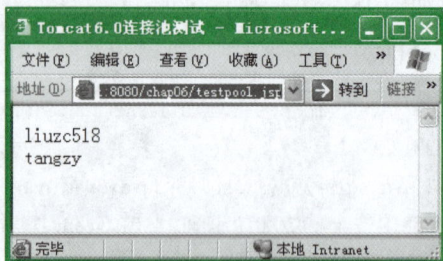

图 6-25　testpool.jsp 运行结果

课外拓展

【拓展 1】在 SQL Server 2012 中创建 eBuy 网站的数据库（单元 2 完成的设计）。

【拓展 2】编写数据库访问程序（以 JDBC-ODBC 桥方式连接数据库），通过 eBuy 网站数据库进行用户名和密码的验证。

【拓展 3】在"拓展 2"的程序的基础上，将数据库连接修改为使用 Microsoft JDBC Driver 8.4 for SQL Server 驱动程序连接。

【拓展 4】完成 eBuy 网站后台管理中的图书管理功能，实现图书信息的添加、修改和删除功能。

课后练习

【填空题】

1. 在 JSP 中，当执行查询操作时，一般将查询结果保存在_____对象中。

2. 当执行的 SQL 语句是预编译的，或者需要执行多条语句的，需要借助于一个_____对象来实现。

3. _____类是 JDBC 的管理层，作用于用户和驱动程序之间。在 JSP 中要建立与数据库的连接必须调用该类的_____方法。

4. 创建一个 Statement 接口的实例需要调用 Connection 类中的_____方法。Statement 接口的 executeUpdate() 方法一般用于执行 SQL 的 INSERT、UPDATE 或 DELETE 语句；_____方法一般用于执行 SQL 的 SELECT 语句。

【选择题】

1. 以下关于 JDBC 的描述错误的是（   ）。

A. JDBC 是一种用于执行 SQL 语句的 Java API

B. JDBC API 既支持数据库访问的两层模型，也支持三层模型

C. JDBC 由一组用 Java 编程语言编写的类和接口组成

D. 使用 JDBC 只能连接 SQL Server 数据库

2. Connection 类中用于创建一个 CallableStatement 对象来调用数据库存储过程的方法是（   ）。

A. createStatement()　　　　　　B. prepareCall()

C. prepareStatement()　　　　　 D. rollback()

3. 在下列实现数据库连接的语句中，用来指定 JDBC 驱动程序的语句是（   ）。

A. Class.forName("com.microsoft.sqlserver.JDBC.SQLServerDriver");

B. String strConn="JDBC:sqlserver://LIUZC:1433;DatabaseName=ShopSystem";

C. String strUser="sa";

D. conn=DriverManager.getConnection(strConn,strUser,strPassword);

4. 在 Statement 接口中，能够执行给定的 SQL 语句并且可能返回多个结果的方法是（   ）。

A. execute() 方法　　　　　　　 B. executeQuery() 方法

C. executeUpdate() 方法　　　　 D. getMaxRows() 方法

5. 在 ResultSet 接口中，能够直接将指针移动到第 n 条记录的方法是（   ）。

A. absolute() 方法　　　　　　　B. previous() 方法

C. moveToCurrentRow() 方法　　 D. getString() 方法

6. 在 PreparedStatement 接口中用来设置字符串类型的输入参数的方法是（　　）。

A. setInt() 方法　　　　　　　　　　　B. setString() 方法

C. executeUpdate() 方法　　　　　　　　D. execute() 方法

7. 在 DatabaseMetaData 接口中用于获取数据库连接的驱动器名称的方法是（　　）。

A. getDriverName() 方法　　　　　　　　B. getProductVersion() 方法

C. getDatabaseProductName() 方法　　　D. getURL() 方法

8. 在 ResultSetMetaData 接口中用于获取指定列的名称的方法是（　　）。

A. getColumnCount() 方法　　　　　　　B. getColumnName() 方法

C. getTableName() 方法　　　　　　　　D. getColumnDisplaySize() 方法

【简答题】

1. 如何防范 SQL 注入式攻击？如何利用事务保证数据的一致性和安全性？

2. 什么是数据库连接池？在 JSP 中怎样实现数据库连接池？

单元 7

JavaBean 技术

学习目标

【知识目标】

- 了解 JavaBean 的概念，掌握在 JSP 中编写 JavaBean 的方法
- 掌握在 JSP 中使用 JavaBean 的方法
- 熟悉并掌握应用 JavaBean 封装数据库访问操作的方法
- 熟悉并掌握应用 JavaBean 实现购物车的方法
- 熟悉并掌握应用 JavaBean 实现编码转换的方法

【技能目标】

- 学会编写和使用 JavaBean
- 能利用 JavaBean 实现封装数据库访问、购物车操作、编码转换等功能

【素养目标】

- 养成耐心、细致的工作作风
- 增强遵守规范的意识
- 增强法律意识和底线思维

任务 1 编写一个简单的 JavaBean

JavaBean 的定义是：JavaBean 是一个可重复使用的软件部件。JavaBean 是描述 Java 的软件组件模型，是 Java 程序的一种组件结构，也是 Java 类的一种。JavaBean 与微软公司的 ActiveX、OpenDoc、LiveConnect 是相互竞争的关系。JavaBean 给外部提供操作接口，而外部无须了解实现过程。应用 JavaBean 的主要目的是实现代码重用，便于维护和管理。在 Java 开发模型中，通过 JavaBean 可以无限扩充 Java 程序的功能，通过 JavaBean 的组合可以快速地生成新的应用程序。

JavaBean 传统的应用是在可视化领域（如 AWT 下的应用），自从 JSP 诞生后，JavaBean 更多地应用在了非可视化领域，在服务器端应用领域表现出越来越强的生命力。非可视化的 JavaBean，也就是没有 GUI 的 JavaBean，在 JSP 程序中常用来封装事务逻辑、数据库操作等，可以很好地实现业务逻辑和前台程序（如 JSP 文件）的分离，使系统具有更好的健壮性和灵活性。

以 eBuy 电子商城为例，在 eBuy 电子商城中有一个购物车程序，若要实现在购物车中添加一件商品的功能，可以编写一个购物车操作的 JavaBean，在该 JavaBean 中建立一个 AddItem（添加商品）的成员方法，前台 JSP 文件可以直接调用这个方法来实现商品的添加。若后续添加商品的时候需要判断库存是否有货物，这时可以直接修改 JavaBean 中的 AddItem() 方法来实现这个功能，而不用修改前台 JSP 程序，方便代码的维护和管理。如果要开发一个同类型的电子商城，可以把购物车的 JavaBean 经过简单的修改应用到新的系统中，从而实现代码的重用。

综上所述，JavaBean 实质上是一个 Java 类，但是有它独有的特点。JavaBean 的特性包括以下几方面。

- JavaBean 是公共的类。
- 构造函数没有输入参数。
- 属性必须声明为 private，方法必须声明为 public。
- 用一组 set 方法设置内部属性。
- 用一组 get 方法获取内部属性。
- JavaBean 是一个没有 main() 方法的类（但可以编写 main() 方法进行 JavaBean 功能的测试），一般的 Java 类默认继承自 Object 类，而 JavaBean 不需要这种继承。

微课 7.1 Java-Bean 简介

微课 7.2 编写 JavaBean

使用 JavaBean 实现的购物车，如图 7-1 所示。

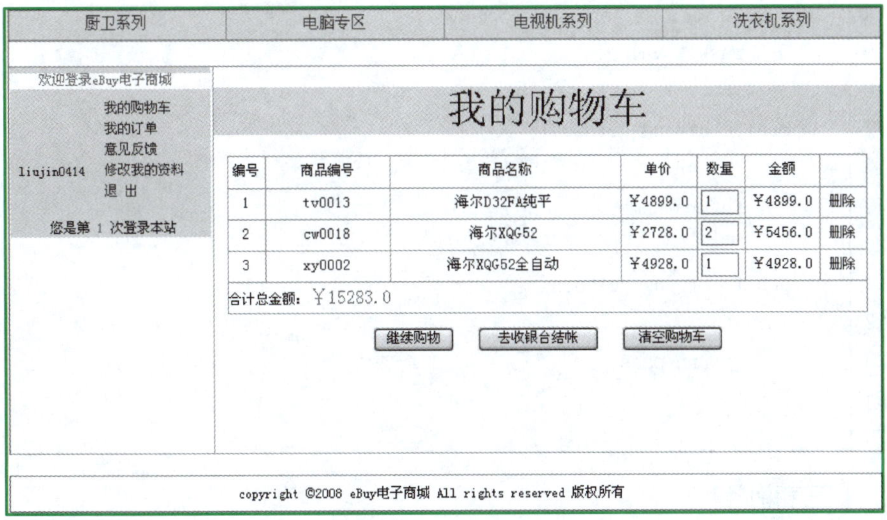

图 7-1　我的购物车

【任务目标】学习在 JSP 文件中编写 JavaBean 的方法。

【知识要点】JavaBean 的编写、set 和 get 方法的使用、JavaBean 与普通 Java 类的区别与联系。

【任务完成步骤】

① 在 Tomcat 的 webapps 文件夹中创建保存第 7 单元程序文件的文件夹 chap07。

② 复制 WEB-INF 文件夹和 web.xml 文件。

③ 编写第 1 个简单的 JavaBean 程序 TestBean.java。

【程序代码】TestBean.java

```
1   package mybean;
2   public class TestBean
3   {
4       private String  name = null;
5       private String  pass = null;
6       public TestBean()
7       {
8       }
9       public void setName(String value)
10      {
11          name = value;
12      }
```

```
13        public void setPass(String value)
14        {
15            pass = value;
16        }
17        public String getName()
18        {
19            return name;
20        }
21        public String getPass()
22        {
23            return pass;
24        }
25    }
```

【程序说明】

● 第 1 行：定义了名为 mybean 的包，将 TestBean 类添加到该包中。

● 第 2 行：定义了 TestBean 类的开始。

● 第 4 ～ 5 行：定义了两个属性。

● 第 6 ～ 8 行：不带参数的构造函数。

● 第 9 ～ 16 行：属性的 setXXX() 方法。

● 第 17 ～ 24 行：属性的 getXXX() 方法。

④ 将 TestBean.java 编译成为一个类（TestBean.class 文件）。将该类连同所在的包存放在指定的 Tomcat 应用程序文件夹中的 classes 文件夹（如 D:\Tomcat 6.0\webapps\chap07\WEB-INF\classes）中才可以被指定的 JSP 程序调用。

TestBean.class 是一个很典型的 JavaBean，其中 name 和 pass 是该 JavaBean 的两个属性，外部可以通过 get/set 方法对这些属性进行操作；setName（String value）和 setPass（String value）用来设置属性的值；getName() 和 getPass() 用来读取属性的值；package mybean 表示将当前 JavaBean 添加到指定的包中。

任务 2   使用 JavaBean

微课 7.3   JSP 中使用 JavaBean

在改进的 JSP 开发模式 1 中，采用的就是 JavaBean+JSP 的模式，JavaBean 和 JSP 技术的结合不仅可以实现表现层和商业逻辑层的分离，还可以提高 JSP 程序的运行效率和代码重用的程度，实现并行开发，是 JSP 编程中常用的技术。在 JSP 中提供了 <jsp:useBean>、<jsp:setProperty> 和 <jsp:getProperty> 动作元素来实现对 JavaBean 的操作。

7.2.1 <jsp:useBean> 操作

<jsp:useBean> 可以定义一个具有一定生存范围以及一个唯一 ID 的 JavaBean 的实例，JSP 页面通过指定的 ID 来识别 JavaBean，也可以通过 id.method 语句来调用 JavaBean 中的方法。 在执行过程中，<jsp:useBean> 首先会尝试寻找已经存在的具有相同 ID 和 scope 值的 JavaBean 实例，如果没有就会自动创建一个新的实例。<jsp:useBean> 的基本语句格式如下：

```
<jsp:useBean id="beanName" scope="page|request|session|application" class="packageName. className"/>
```

<jsp:useBean> 标签的基本属性见表 7-1。

表 7-1 <jsp:useBean> 标签的基本属性

序 号	属 性 名	功 能
1	id	JavaBean 对象的唯一标志，代表了一个 JavaBean 对象的实例。它具有特定的存在范围（page|request|session|application）。在 JSP 页面中通过 ID 来识别 JavaBean
2	scope	代表了 JavaBean 对象的生存范围，可以是 page、request、session 和 application 中的一种，默认为 page
3	class	代表了 JavaBean 对象的 class 名字，需要特别注意的是大小写要完全一致

7.2.2 <jsp:setProperty> 操作

使用 <jsp:setProperty> 标签可以设置 JavaBean 的属性值。<jsp:setProperty> 的基本语句格式如下：

```
<jsp:setProperty name="beanName" last_syntax />
```

其中，name 属性代表了已经存在并且具有一定生存范围（scope）的 JavaBean 实例。last_syntax 代表的语法如下：

```
property="*" |
property="propertyName" |
property="propertyName" param="parameterName" |
property="propertyName" value="propertyValue"
```

<jsp:setProperty> 标签的基本属性含义见表 7-2。

表 7-2 <jsp:setProperty> 标签的基本属性

序　号	属　性　名	功　　能
1	name	代表通过 <jsp:useBean> 标签定义的 JavaBean 对象实例
2	property	代表了要设置值的属性 property 的名字。如果使用 property= "*"，程序就会反复地查找当前 ServletRequest 的所有参数，匹配 JavaBean 中相同名字的属性，并通过 JavaBean 中属性的 set 方法给这个属性赋值 value。如果 value 属性为空，则不会修改 JavaBean 中的属性值
3	param	代表了页面请求（request）的参数名字，<jsp:setProperty> 标签不能同时使用 param 和 value
4	value	代表了赋给 JavaBean 的属性 property 的具体值

7.2.3　<jsp:getProperty> 操作

使用 <jsp:getProperty> 可以得到 JavaBean 实例的属性值，并将其转换为 java.lang.String，最后放置在隐含的 Out 对象中。JavaBean 的实例必须在 <jsp:getProperty> 前面定义。<jsp:getProperty> 的基本语句格式如下：

```
<jsp:getProperty name="beanName" property="propertyName" />
```

<jsp:getProperty> 标签的基本属性见表 7-3。

表 7-3　<jsp:getProperty> 标签基本属性

序　号	属　性　名	功　　能
1	name	代表了想要获得属性值的 JavaBean 的实例，JavaBean 实例必须在前面用 <jsp:useBean> 标签定义
2	property	代表了想要获得值的 property 的名字

【任务目标】学习在 JSP 文件中调用 JavaBean 的方法。

【知识要点】<jsp:getProperty> 动作的使用、<jsp:setProperty> 动作的使用和 JavaBean 的属性的读写操作。

【任务完成步骤】

① 打开 webapps 文件夹中保存第 7 单元程序文件的文件夹 chap07。

② 编写调用 TestBean 的 JSP 文件 firstbean.jsp。

【程序代码】firstbean.jsp

```
1  <%@ page contentType="text/html;charset=GB2312" import = "mybean.TestBean" %>
2  <html>
3  <head><title>第一个 JavaBean</title></head>
4  <body>
5  <jsp:useBean id ="test" class = "mybean.TestBean"/>
```

6	`<% test.setName("wangym");`
7	`    test.setPass("wangym0806");`
8	`%>`
9	`<h3>` 应用 getProperty 获得的值为 :`</h3>`
10	用户名 :
11	`<jsp:getProperty name="test" property="name"/>`
12	密码 :
13	`<jsp:getProperty name="test" property="pass"/>`
14	`<jsp:setProperty name="test" property="name" value="liujin"/>`
15	`<jsp:setProperty name="test" property="pass" value="liujin0414"/>`
16	`<h3>` 调用属性 get 方法获得的值为 :`</h3>`
17	用户名 :
18	`<%= test.getName() %>`
19	密码 :
20	`<%= test.getPass() %>`
21	`</body>`
22	`</html>`

【程序说明】

- 第 1 行：导入 TestBean 类。
- 第 5 行：应用 <jsp:useBean> 声明使用 TestBean，指定其 ID 为 "test"。
- 第 6 ～ 7 行：应用 TestBean 属性的 set 方法分别设置两个属性的值。
- 第 10 ～ 13 行：应用 <jsp:getProperty> 获得 TestBean 中属性的值并输出。
- 第 14 ～ 15 行：应用 <jsp:setProperty> 分别设置两个属性的值。
- 第 17 ～ 20 行：应用 TestBean 属性的 get 方法获得 TestBean 中属性的值并输出。

③ 启动 Tomcat 服务器后，在 IE 的地址栏中输入 "http://localhost:8080/chap07/firstbean.jsp"。

程序运行结果如图 7-2 所示。

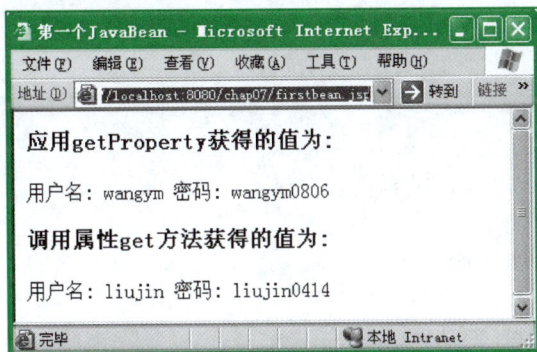

图 7-2　firstbean.jsp 运行结果

任务 3 JavaBean 与 HTML 表单的交互

【任务目标】学习应用 JavaBean 实现与 HTML 表单交互的方法。

【知识要点】HTML 表单的设计、HTML 表单的 JavaBean 的编写和调用、
JavaBean 获取 HTML 表单元素值、使用 JavaBean 封装业务逻辑的优点。

【任务完成步骤】

① 打开 webapps 文件夹中保存第 7 章程序文件的文件夹 chap07。

② 编写进行用户登录处理的 JavaBean 文件 LoginBean.java。

本任务中将用户登录验证的功能封装在 LoginBean 中，LoginBean 在
TestBean 的基础上增加了一个进行用户名和密码验证的 check() 方法。

【程序代码】LoginBean.java

```
1   package mybean;
2   public class LoginBean
3   {
4       private String  name = null;
5       private String  pass = null;
6       public LoginBean()
7       {
8       }
9       public void setName(String value)
10      {
11          name = value;
12      }
13      public void setPass(String value)
14      {
15          pass = value;
16      }
17      public String getName()
18      {
19          return name;
20      }
21      public String getPass()
22      {
23          return pass;
24      }
25      public int check()
```

```
26        {
27            if (name.equals("liuzc") && pass.equals("liuzc"))
28            {
29                return 1;
30            }
31            else
32            {
33                return 0;
34            }
35        }
36 }
```

【程序说明】

● 第 1 ～ 24 行：参阅 TestBean.java 的程序说明。

● 第 25 ～ 35 行：进行用户名和密码验证的 check() 方法，这里假定合法的用户名和密码为 liuzc。

③ 编译 LoginBean.java 文件为 LoginBean.class，并将该类文件复制到 chap07\WEB-INF\ classes\mybean 文件夹下。

④ 编写用户登录的 HTML 页面 jsplogin.htm。

【程序代码】jsplogin.htm

```
1  <html>
2  <head>
3  <title>用户登录</title>
4  </head>
5  <body>
6  <form name="form1" onsubmit="return check()"  method="post"
   action="jsplogin Bean. jsp">
7    <table width="80%"  border="0" align="center" bgcolor="#0099FF">
8      <tr>
9        <th colspan="2" scope="col">  用户登录 </th>
10     </tr>
11     <tr bgcolor="#FFFFFF">
12       <th scope="row">用户名：</th>
13       <td><input name="name" type="text" id="name"></td>
14     </tr>
15     <tr bgcolor="#FFFFFF">
16       <th scope="row">密码：</th>
17       <td><input name="pass" type="password" id="pass"></td>
18     </tr>
19     <tr bgcolor="#FFFFFF">
```

```
20        <th scope="row"> </th>
21        <td><input type="submit" name="Submit" value=" 提交 ">
22        <input type="reset" name="Reset" value=" 重置 "></td>
23      </tr>
24   </table>
25  </form>
26  </body>
27  </html>
28  <script type="text/javascript">
29  function check()
30  {
31    if (form1. name. value=="")
32    {
33      alert(" 请输入用户名 !!!");
34      form. name. focus();
35      return false;
36    }
37    if (form1. pass. value=="")
38    {
39      Alert(" 请输入密码 !!!");
40      form. pass. focus();
41      return false;
42    }
43  }
44  </script>
```

【程序说明】

- 第 6 行：创建用户登录表单，并指定以 jsploginBean.jsp 进行登录处理。
- 第 7 ~ 24 行：创建用户登录信息表格。
- 第 13 行：创建用户名输入框，其中 name 属性指定的 "name" 和 LoginBean 中的 "name" 属性一致，以便交互。
- 第 17 行：创建密码输入框，其中 name 属性指定的 "pass" 和 LoginBean 中的 "pass" 属性一致，以便交互。
- 第 28 ~ 44 行：JavaScript 脚本进行用户名和密码的为空性验证。

⑤ 编写进行用户登录处理的 JSP 文件 jsploginBean.jsp。

【程序代码】jsploginBean.jsp

```
1  <%@ page contentType="text/html; charset=GB2312"%>
2  <jsp:useBean id="login" scope="page" class="mybean. LoginBean" />
```

3	`<jsp:setProperty name="login" property="*" />`
4	`<%`
5	`int iResult = login.check();`
6	`if(iResult==1){`
7	`%>`
8	`<h2>` 欢迎 `<%=login.getName()%>` 进入 eBuy 电子商城 `</h2>`
9	`<%`
10	`}`
11	`if(iResult==0){`
12	`%>`
13	`<h2>` 登录失败！点击 `<a href="javascript:history.back(-1);">` 这里 `</a>` 重新登录！`</h2>`
14	`<%`
15	`}`
16	`%>`

【程序说明】

● 第 2 行：应用 `<jsp:useBean>` 定义一个 ID 为 "login" 的 LoginBean 实例。

● 第 3 行：应用 property="*" 实现 HTML 表单元素与 LoginBean 中属性的映射（同名匹配），完成 LoginBean 中属性的赋值。

● 第 5 行：调用 LoginBean 中的 check 方法进行 name 属性和 pass 属性的合法性验证（name 属性和 pass 属性的赋值在第 3 行已完成）。

● 第 6 ~ 10 行：如果验证通过（这里用户名和密码均为 liuzc），显示欢迎信息，如图 7-3 所示。

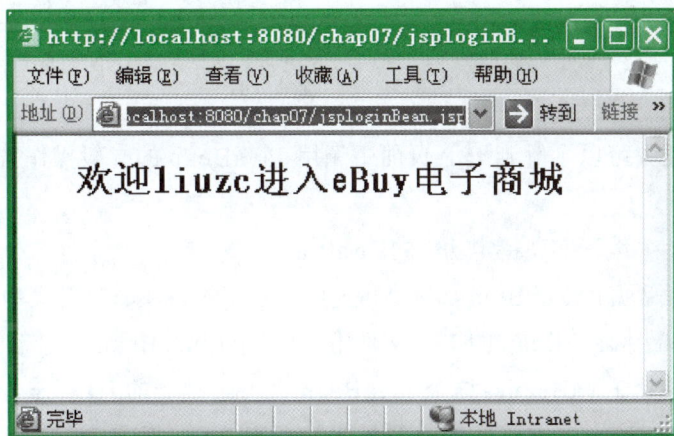

图 7-3　显示欢迎信息

● 第 11 ~ 13 行：如果验证未通过，显示登录失败信息，如图 7-4 所示。

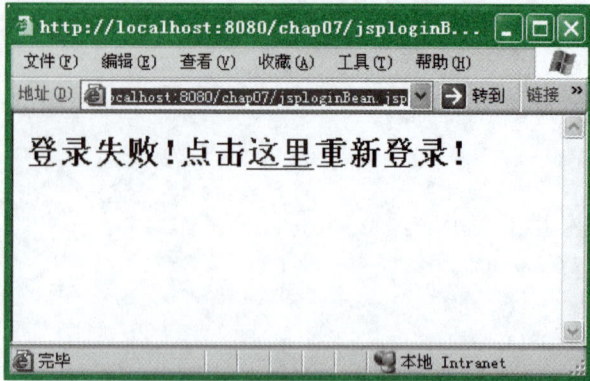

图 7-4　显示用户登录失败信息

⑥ 启动 Tomcat 服务器后，在 IE 的地址栏中输入"http://localhost:8080/chap07/jsplogin.htm"。用户登录页面如图 7-5 所示。用户输入用户名和密码后（本例为"liuzc"和"liuzc"），单击"提交"按钮，由 jsploginBean.jsp 负责用户名和密码的合法性验证。

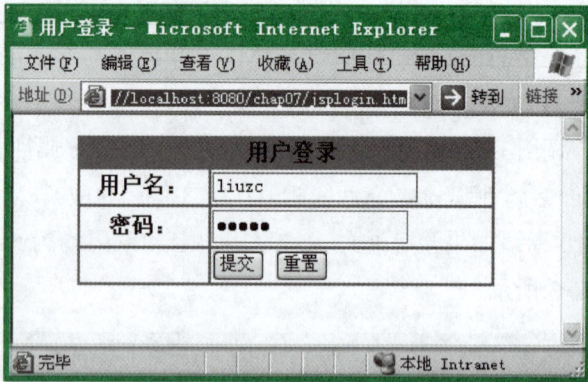

图 7-5　用户登录页面

从本任务可以了解到 JSP 页面中调用 JavaBean 的一般操作方法，具体如下。

① 编写并编译实现特定功能的 JavaBean。

② 将编译好的 JavaBean 部署到特定应用程序的 classes 文件夹中。

③ 在调用 JavaBean 的 JSP 文件中应用 <jsp:useBean>，在 JSP 页面中声明并初始化 JavaBean，这个 JavaBean 有一个唯一的 ID 标志，还有一个生存范围 scope（根据具体的需要指定），同时还要指定 JavaBean 的 class 来源（如 mybean.LoginBean）。

④ 调用 JavaBean 提供的 public 方法或者直接使用 <jsp:getProperty> 操作来得到 JavaBean 中属性的值。

⑤ 调用 JavaBean 中的特定方法完成指定的功能（如进行用户登录验证）。

在 JSP 页面中调用 JavaBean 最关键的是对 <jsp:setProperty> 的使用，<jsp:setProperty> 的用法有多种形式，分别适合于不同场合，具体如下。

① 使用 <jsp:setProperty name="myBean" property="*" />。这种方法适合于 HTML 表单中元素的 name 属性值与 JavaBean 中的属性名一致的情况，参考语句格式如下：

```
<jsp:useBean id="login" scope="page" class="mybean.LoginBean" />
<jsp:setProperty name="login" property="*" />
```

② 使用 param 属性。这种方法适合于 HTML 表单中元素的 name 属性值与 JavaBean 中的属性名不一致的情况。例如，若在本任务中将 jsplogin.htm 页面中的用户名文本框的 "name" 属性设置为 "user"，密码输入框 "name" 的值设置为 "pwd"，则不能使用第 1 种方法，但可以使用第 2 种方法。参考语句格式如下：

```
<jsp:useBean id="myBean" scope="page" class="mybean.LoginBean" />
<jsp:setProperty name="login" property="name" param="user" />
<jsp:setProperty name="login" property="pass" param="pass" />
```

③ 使用 value 属性。这种方法适合于直接给指定的属性赋值，参考语句格式如下：

```
<jsp:useBean id="myBean" scope="page" class="mybean.myBean" />
<jsp:setProperty name="login" property="name" value="liuzc" />
<jsp:setProperty name="login" property="pass" value="liuzc" />
```

本任务可以进一步改进，通过数据库（ShopSystem）进行登录验证。只需要将 LoginBean.java 文件的 check() 方法进行如下修改即可，读者可以自行完成。

```
public int check()
  {
    try
    {
        Class.forName("com.microsoft.sqlserver.jdbc.SQLServerDriver");
        StringstrConn="jdbc:sqlserver://LIUZC\\SQLEXPRESS:1433;DatabaseName=ShopSystem";
        String strUser="sa";
        String strPassword="liuzc518";
        Connectionconn=DriverManager.getConnection(strConn, strUser, strPassword);
```

```
            Statement stat=conn.createStatement();
            String strSql="SELECT COUNT(*) FROM admin WHERE a_name=
'"+name+"' and a_pass=' "+pass+"' ";
            ResultSet result=stat.executeQuery(strSql);
            result.next();
            if (result.getInt(1)==1)
            {
                return 1;
            }
            else
            {
                return 0;
            }
        }
        catch(Exception e)
        {
            return 0;
        }
    }
}
```

任务 4　应用 JavaBean 封装数据库访问操作

在单元 6 中已经详细地介绍了 JSP 中连接数据库的多种方法和对数据库进行增加、删除、修改和查询的各种操作。在同一个应用程序中的许多地方都需要进行数据库连接和数据库内容的更新操作，如 eBuy 系统中的用户登录验证、商品信息展示和会员注册等。如果每次都重复地编写数据连接代码，一是造成了代码冗余；二是如果数据库的基础信息发生变化（如数据库服务器名称变化），则需要进行大量代码的修改，维护工作量很大。因此，可以借助于本单元所学的 JavaBean 技术将数据库的一些常用操作封装到 JavaBean 中，需要用到这些功能的程序可以借助于 JSP 中提供的 JavaBean 动作元素来实现对 JavaBean 的调用。下面以 eBuy 电子商城为例说明数据库访问的封装方法。

【任务目标】学习将数据库访问操作通过 JavaBean 进行封装的方法。

【知识要点】通用数据库访问 JavaBean 的方法、数据库连接方法、数据库更新方法、数据库查询方法等。

【任务完成步骤】

① 进入 eBuy\WEB-INF\classes 文件夹。

微课 7.5　应用 JavaBean 封装数据库访问操作

② 查看封装数据库访问操作的 JavaBean 文件 ConnDB.java。

【程序代码】ConnDB.java

```
1   package shopBeans;
2   import java.sql.*;
3   import java.io.*;
4   import java.util.*;
5   public class ConnDB
6   {
7       public Connection conn=null;
8       public Statement stmt=null;
9       public ResultSet rs=null;
10      private static String dbDriver="sun.jdbc.odbc.JdbcOdbcDriver";
11      private static String dbUrl="jdbc:odbc:shopData";
12      private static String dbUser="sa";
13      private static String dbPwd="";
14      public static Connection getConnection()
15      {
16          Connection conn=null;
17          try
18          {
19              Class.forName(dbDriver);
20              conn=DriverManager.getConnection(dbUrl,dbUser,dbPwd);
21          }
22          catch(Exception e)
23          {
24              e.printStackTrace();
25          }
26      if (conn == null)
27      {
28              System.err.println("警告：数据库连接失败！");
29      }
30          return conn;
31      }
32      public ResultSet doQuery(String sql)
33      {
34          try
35          {
36              conn=ConnDB.getConnection();
37      stmt=conn.createStatement(ResultSet.TYPE_SCROLL_INSENSITIVE,Result Set.
CONCUR_READ_ONLY);
38              rs=stmt.executeQuery(sql);
```

```
39              }
40          catch(SQLException e)
41          {
42              e.printStackTrace();
43          }
44          return rs;
45      }
46      public int doUpdate(String sql)
47      {
48          int result=0;
49          try
50          {
51              conn=ConnDB.getConnection();
52      stmt=conn.createStatement(ResultSet.TYPE_SCROLL_INSENSITIVE,Result Set.
    CONCUR_READ_ONLY);
53              result=stmt.executeUpdate(sql);
54          }
55          catch(SQLException e)
56          {
57              result=0;
58          }
59          return result;
60      }
61      public void closeConnection()
62      {
63          try
64          {
65              if (rs!=null)
66                  rs.close();
67          }
68          catch(Exception e)
69          {
70              e.printStackTrace();
71          }
72          try
73          {
74              if (stmt!=null)
75                  stmt.close();
76          }
77          catch(Exception e)
78          {
```

```
79              e.printStackTrace();
80          }
81          try
82          {
83              if (conn!=null)
84                  conn.close();
85          }
86          catch(Exception e)
87          {
88              e.printStackTrace();
89          }
90      }
91  }
```

【程序说明】

● 第 1 行：使用 package shopBeans 语句，表示将当前 JavaBean 保存在 shopBeans 包中。

● 第 2～4 行：引入相关包。

● 第 7～9 行：初始化连接对象、命令对象和结果集对象。

● 第 10～13 行：设置连接属性（使用 JDBC-ODBC 桥接方式）。

● 第 14～31 行：getConnection() 方法，打开数据库连接并返回连接对象。

● 第 32～45 行：doQuery() 方法，根据指定的 SELECT 语句执行数据库查询并返回结果集。

● 第 46～60 行：doUpdate() 方法，根据指定的 INSERT、UPDATE 或 DELETE 语句执行数据库的更新操作，并返回更新操作所影响的行数。

● 第 61～90 行：closeConnection() 方法，关闭数据库连接。

③ 查看 eBuy 系统中实现用户登录验证的 JSP 文件 login_ok.jsp。

【程序代码】login_ok.jsp

```
1   <%@ page contentType="text/html;charset=gb2312" %>
2   <%@ page import="shopBeans.ConnDB" %>
3   <%@ page import="java.sql.*" %>
4   <%
5       String c_name=(String)request.getParameter("c_name");
6       String c_pass=(String)request.getParameter("c_pass");
7       String cname=(String) session.getAttribute("c_name");
8       String header="";
9       String name="",pass="";
10      ConnDB conn=new ConnDB();
```

```
11        if (c_name!=null || c_name!="")
12        {
13            try
14            {
15                String strSql="select c_name,c_pass,c_header from customer
       where c_name='"+c_name+"' and c_pass='"+c_pass+"'";
16                ResultSet rsLogin=conn.doQuery(strSql);
17                while(rsLogin.next())
18                {
19                    name=rsLogin.getString("c_name");
20                    pass=rsLogin.getString("c_pass");
21                    header=rsLogin.getString("c_header");
22                }
23            }
24            catch(Exception e)
25            {}
26        if(name.equals(c_name) && pass.equals(c_pass))
27        {
28            session.setAttribute("c_name",c_name);
29            session.setAttribute("c_header",header);
30            %>
31                <jsp:forward page="login.jsp"/>
32            <%
33        }
34        else
35        {
36            out.println("<script language='javascript'>alert('用户名或者密
       码错误，请重新登录');window.location.href='index_.jsp';</script>");
37        }
38        }
39        %>
```

login_ok.jsp 文件通过调用 ConnDB 的 doQuery 方法实现数据库的连接，根据所输入的用户名和密码执行查询，以实现用户名和密码的验证。读者要特别注意程序中的粗体部分。

④ 按要求配置好 eBuy 系统数据库后，运行 eBuy 电子商城系统完整代码中的 login.jsp（调用 login_ok.jsp）程序完成用户登录的验证。

任务 5　应用 JavaBean 实现购物车

微课 7.6　应用 JavaBean 实现购物车

在一个电子商城中，用户选择的商品首先放置在购物车中。对于购物车中

的商品，用户可以根据需要进行商品数量的更改、商品的删除等操作。为了方便对购物车进行操作，在 eBuy 电子商城中也实现了对购物车的封装。

【任务目标】学习将数据库访问操作通过 JavaBean 进行封装的方法。

【知识要点】购物车的原理、查询购物车的方法、修改商品数量、删除购物车商品等。

【任务完成步骤】

① 进入 eBuy\WEB-INF\classes 文件夹。

② 查看封装数据库访问操作的 JavaBean 文件 CartBean.java。

【程序代码】CartBean.java

```
1   package shopBeans;
2   import java.sql.*;
3   import java.util.Vector;
4   import shopBeans.ConnDB;
5   import shopBeans.Convert;
6   public class CartBean
7   {
8       public String p_id;
9       public float p_price;
10      public String p_header;
11      public int p_number;
12      ConnDB conn=new ConnDB();
13      Convert convert=new Convert();
14      Vector cart=null;
15      ResultSet rs=null;
16      public Vector addCart(String p_id,Vector cart)
17      {
18          this.cart=cart;
19          String sql="select p_price,p_image from Product where p_id='"+p_id+"'";
20          rs=conn.doQuery(sql);
21          float p_price=0;
22          String p_image="";
23          try
24          {
25              if(rs.next())
26              {
27                  p_price=rs.getFloat("p_price");
28                  p_image=rs.getString("p_image");
29              }
```

```
30              }
31          catch(Exception e) {}
32          this.p_id=p_id;
33          this.p_price=p_price;
34          this.p_header=p_image;
35          this.p_number=1;
36          boolean Flag=true;
37          if(cart==null)
38          {
39              cart=new Vector();
40          }
41          else
42          {
43              for(int i=0;i<cart.size();i++)
44              {
45                  CartBean goodsitem=(CartBean)cart.elementAt(i);
46                  if(goodsitem.p_id.equals(this.p_id))
47                  {
48                      goodsitem.p_number++;
49                      cart.setElementAt(goodsitem,i);
50                      Flag=false;
51                  }
52              }
53          }
54          if(Flag)
55              cart.addElement(this);
56          return cart;
57      }
58      public int deleteCart(int p_id,Vector cart)
59      {
60          int id=p_id;
61          this.cart=cart;
62          if (cart==null)
63          {
64              return 0;
65          }
66          else
67          {
68              cart.removeElementAt(id);
69              return 1;
70          }
```

```
71          }
72      public CartBean updateCart(Vector cart,int i,String num)
73      {
74          this.cart=cart;
75          CartBean goodsitem=(CartBean)cart.elementAt(i);
76          String sum1=num;// 得到修改的数量
77          if(sum1!=null && sum1!="")
78          {
79              goodsitem.p_number=Integer.parseInt(sum1);
80          }
81          return goodsitem;
82      }
83  }
```

【程序说明】

- 第 2 ～ 5 行：引入相关包。
- 第 8 ～ 11 行：声明购物车中商品信息的相关变量。
- 第 14 行：构造购物车向量 Vector。
- 第 16 ～ 57 行：将指定商品号的商品添加到购物车。
- 第 58 ～ 71 行：根据指定的商品号从购物车中删除商品。
- 第 72 ～ 82 行：根据指定的数量更新购物车。

③ 查看 eBuy\shop 文件夹下的添加商品到购物车的 JSP 文件 cart_add.jsp。

【程序代码】cart_add.jsp

```
1   <%@ page contentType="text/html; charset=gb2312" language="java"
    import="java.sql. *" errorPage="" %>
2   <%@ page import="java.util.Vector"%>
3   <%@ page import="shopBeans.CartBean"%>
4   <%@ page import="shopBeans.ConnDB"%>
5   <html>
6   <head>
7   <meta http-equiv="Content-Type" content="text/html; charset=gb2312">
8   <title> 添加购物车 </title>
9   </head>
10  <body>
11  <%
12      String p_id=request.getParameter("p_id");
13      Vector cart=(Vector)session.getAttribute("cart");
14      CartBean cb=new CartBean();
15      cart=cb.addCart(p_id,cart);
```

```
16        if(cart!=null)
17        {
18            session.setAttribute("cart",cart);
19            response.sendRedirect("my_cart.jsp");
20        }
21   %>
```

④ 按要求配置好 eBuy 系统数据库。注册为会员后，选择购买商品，即可体验"添加商品到购物车"的功能。

任务 6　应用 JavaBean 实现编码转换

微课 7.7　应用 JavaBean 实现编码转换

在编写 JSP 程序时，通常需要对 HTML 表单中的中文数据进行编码处理，可以将 ISO-8859-1 转换为 GBK 编码格式。有时也需要将 GBK 编码转换为 ISO-8859-1 编码。通常的做法是将这些编码转换的功能封装到 JavaBean 中。

【任务目标】学习编写封装编码转换的 JavaBean 的方法。

【知识要点】从 GBK 编码到 ISO-8859-1 编码的转换、从 ISO-8859-1 编码到 GBK 编码的转换、编码转换功能的应用场合。

【任务完成步骤】

① 编写封装编码转换功能的 JavaBean 文件 Convert.java。

【程序代码】Convert.java

```
1    package shopBeans;
2    import java.util.*;
3    public class Convert
4    {
5        public Convert() {}
6        public String toISO8859(String strvalue)
7        {
8          try
9          {
10             if (strvalue == null)
11             {
12               return null;
13             }
14             else
15             {
16             strvalue = new String(strvalue.getBytes("GBK"), "ISO-8859-1");
17               return strvalue;
```

```
18              }
19           }
20        catch (Exception e)
21         {
22           return "";
23         }
24      }
25      public String toGbk(String strvalue)
26      {
27         try
28          {
29            if (strvalue == null)
30             {
31               return "";
32             }
33            else
34             {
35           strvalue = new String(strvalue. getBytes("ISO-8859-1"), "GBK");
36               return strvalue;
37             }
38          }
39        catch (Exception e)
40         {
41           return "";
42         }
43      }
44 }
```

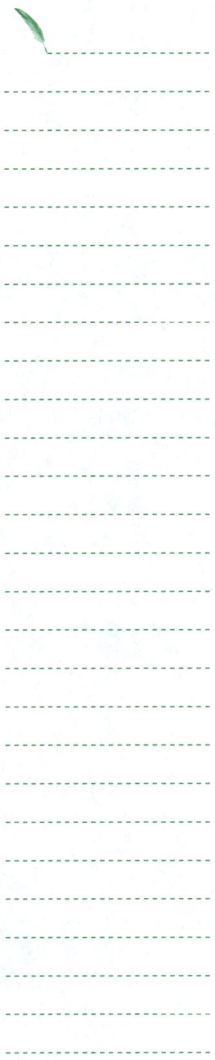

【程序说明】

● 第 5 行：构造方法。

● 第 6 ～ 24 行：将 GBK 编码转换为 ISO-8859-1 编码。

● 第 25 ～ 43 行：将 ISO-8859-1 编码转换为 GBK 编码。

② 在应用程序中需要进行编码转换的地方调用该 JavaBean。

课外拓展

【拓展 1】编写一个计算圆的周长和面积的 JavaBean，同时编写一个调用该 JavaBean 的 JSP 程序，实现对指定半径的圆的周长和面积的输出。

【拓展 2】将 eBuy 网站的数据库访问操作通过 JavaBean 进行封装，并修改单元 6 中 "课外拓展" 的 "拓展 2" 中的数据库连接代码。

【拓展 3】编写一个 JavaBean，用来实现单元 6 中 "任务 9" 的数据分页功能。

课后练习

【填空题】

1. 在 JSP 中可以使用_____操作来设置 JavaBean 的属性，也可以使用_____操作来获取 JavaBean 的值。

2. _____操作可以定义一个具有一定生存范围以及一个唯一 ID 的 JavaBean 的实例。

3. JavaBean 有 4 个 scope，分别为 page、request、_____和 application。

【选择题】

1. 关于 JavaBean 的说法正确的是（   ）。

A. JavaBean 是公共的类

B. 在 JSP 文件中引用 JavaBean，其实就是使用 <jsp:useBean> 语句

C. 被引用的 JavaBean 文件的扩展名为 .java

D. JavaBean 文件放在任何目录下都可以被引用

2. 在 JSP 中调用 JavaBean 时不会用到的标记是（   ）。

A. <javabean>   B. <jsp:useBean>

C. <jsp:setProperty>   D. <jsp:getProperty>

3. 在 JSP 中使用 <jsp:getProperty> 标记时，不会出现的属性是（   ）。

A. name   B. property

C. value   D. param

4. 如果在项目中已经建立了一个 JavaBean：bean.Student，该 bean 具有 name 属性，则下列标签用法正确的是：（   ）。

A. <jsp:useBean id="student" class="Student" scope="session"></jsp:useBean>

B. <jsp:useBean id="student" class="bean" scope="session"> </jsp:useBean>

C. <jsp:useBean id="student" class="bean.Student" scope="session">
   hello student!</jsp:useBean>

D. <jsp:getProperty name="name"property="student"/>

5. （   ）方法可以用于获取 JavaBean 的属性值。

A. setProperty   B. setValue

C. getProperty   D. getValue

6. （   ）动作用于嵌入现有的 JavaBean。

A. include   B. useBean

C. setProperty   D. getProperty

【简答题】

1. 怎样理解应用程序的 3 层架构？在 JSP 中怎样才能实现 Web 应用的 3 层架构？

2. 怎样将 JavaBean 的一个属性与输入参数关联？怎样将 JavaBean 中的所有属性与请求参数关联？

单元 8

Servlet 技术

学习目标

【知识目标】

■ 掌握 Servlet 的基本概念，了解 Servlet 的生命周期

■ 掌握编写和配置 Servlet、调用 Servlet 的方法

■ 掌握 Servlet 读取 HTML 表单数据的方法

■ 掌握 Servlet 读取 Cookie 数据的方法

■ 掌握 Servlet 读取 Session 数据的方法

■ 掌握 Servlet 读取 HTTP 请求头数据的方法

【技能目标】

■ 学会配置 Servlet

■ 学会编写和调用 Servlet

■ 学会运用 Servlet 处理实际问题

【素养目标】

■ 提升分析问题和解决问题的能力

■ 提升与他人沟通和合作的能力

■ 提升信息素养和辩证思维能力

任务 1   认识第一个 Servlet

1. 什么是 Servlet

一个 Servlet 就是一个 Java 类，更直接一点地说，Servlet 是能够使用 print 语句产生动态 HTML 内容的 Java 类。它是在 Web 服务器上驻留着的可以通过"请求—响应"编程模型来访问的应用程序，被用来扩展 Web 服务器的性能。虽然 Servlet 可以对任何类型的请求产生响应，但是通常只用来扩展 Web 服务器的应用程序。

Servlet 与 Applet 相对应，Applet 是运行在客户端浏览器上的程序，而 Servlet 是运行在服务器端的程序。因为都是字节码对象，可以动态地从网络加载，所以 Servlet 对 Server 就如同 Applet 对客户端一样。但是，由于 Servlet 运行于服务器中，因此并不需要图形用户界面。

Servlet 的主要功能包括以下几点。

① 读取客户端发送到服务器端的显式数据（表单数据）。

② 读取客户端发送到服务器端的隐式数据（请求报头）。

③ 服务器端发送到客户端的显式数据（HTML）。

④ 服务器端发送到客户端的隐式数据（状态代码和响应报头）。

2. Servlet 的特点

Servlet 程序在服务器端运行，动态地生成 Web 页面。与传统的 CGI 和许多其他类似 CGI 的技术相比，Java Servlet 具有更高的效率，更容易使用，功能更强大，具有更好的可移植性，其主要特点包括以下几方面。

（1）高效率

在传统的 CGI 中，每个请求都要启动一个新的进程，如果 CGI 程序本身的执行时间较短，启动进程所需要的开销很可能反而超过实际执行时间。在 Servlet 中，每个请求由一个轻量级的 Java 线程处理（而不是重量级的操作系统进程），因而效率更高。

在传统 CGI 中，如果有 N 个并发的对同一 CGI 程序的请求，则该 CGI 程序的代码在内存中重复装载了 N 次；而对于 Servlet，处理请求的是 N 个线程，只需要一份 Servlet 类代码。在性能优化方面，Servlet 也比 CGI 具有更多的选择，比如缓冲以前的计算结果、保持数据库连接的活动等。

（2）使用方便

Servlet 提供了大量的实用工具程序，例如，自动地解析和解码 HTML 表单数据、读取和设置 HTTP 头、处理 Cookie、跟踪会话状态等，使用起来更方便。

（3）功能强大

在 Servlet 中，许多使用传统 CGI 程序很难完成的任务都可以轻松地完成。例如，Servlet 能够直接和 Web 服务器交互，而普通的 CGI 程序则不能。Servlet 还能够在各个程序之间共享数据，使数据库连接池之类的功能很容易实现。

（4）可移植性好

Servlet 是用 Java 编写的，因此也具有"编写一次，到处运行"的特点。Servlet API 具有完善的标准，因此，编写的 Servlet 无须任何实质上的改动即可移植到 Apache、IIS 或者其他 Web 服务器上。

3. Java Servlet 的优势

Java Servlet 的优势表现在以下几方面。

① Servlet 可以和其他资源（文件、数据库、Applet、Java 应用程序等）交互，以生成返回给客户端的响应内容，也可以根据用户需要保存"请求－响应"过程中的信息。

② 采用 Servlet 技术，服务器可以完全授权对本地资源（如数据库）的访问，Servlet 自身将会控制外部用户的访问数量及访问性质。

③ Servlet 可以是其他服务的客户端程序，例如，它们可以用于分布式的应用系统中，可以从本地硬盘或者通过网络从远端硬盘激活 Servlet。

④ Servlet 可被链接。一个 Servlet 可以调用另一个或一系列 Servlet，即成为它的客户端。

⑤ 采用 Servlet Tag 技术，Servlet 能够生成嵌于静态 HTML 页面中的动态内容，在 HTML 页面中也可以动态调用 Servlet。

⑥ Servlet API 与协议无关，并不对传递它的协议有任何假设。

使用 Servlet 统计网站在线人数如图 8-1 所示。

图 8-1　使用 Servlet 统计在线人数

与所有的 Java 程序一样，Servlet 拥有面向对象 Java 语言的所有优势——可移植、健壮、易开发。一个 Servlet 被客户端发送的第一个请求激活，然后将继续运行于后台，等待以后的请求。每个请求将生成一个新的线程，多个客户能够在同一个线程中同时得到服务。一般来说，Servlet 线程只在 Web 服务器卸载时被卸载。

【任务目标】学习 Servlet 的基本编写方法。

【知识要点】Servlet 的编写、Servlet 的编译、Servlet 的使用场合。

【任务完成步骤】

① 在 Tomcat 的 webapps 文件夹中创建保存单元 8 程序文件的文件夹 chap08。

② 复制 WEB-INF 文件夹和 web.xml 文件。

③ 编写第一个 Servlet 程序 FirstServlet.java。

【程序代码】FirstServlet.java

微课 8.2 编写
第一个 Servlet

```
1   package myservlet;
2   import java.io.IOException;
3   import java.io.PrintWriter;
4   import javax.servlet.http.*;
5   import javax.servlet.*;
6   public class FirstServlet extends HttpServlet
7   {
8       protected void doGet(HttpServletRequest request,HttpServletResponse
    response) throws ServletException,IOException
9       {
10          PrintWriter out=response.getWriter();
11          out.println("<html><body><h3>Welcome To The First Servlet! </h3>
    </body> </html>");
12          out.flush();
13      }
14  }
```

【程序说明】

● 第 1 行：将当前 Servlet（Java 类）放在 myservlet 包中。

● 第 2～5 行：引入编写 Servlet 所需要的包。

● 第 8～13 行：重载 HttpServlet 类中的 doGet 方法，实现 Servlet 的功能。

④ 编译该 FirstServlet.java 为 FirstServlet.class，完成第一个 Servlet 的编写。

本任务显示了一个简单 Servlet 的基本结构。该 Servlet 处理的是 GET 请求。

Servlet 也可以很方便地处理 POST 请求。GET 请求和 POST 请求的区别可以参阅单元 5。

任务 2　配置和调用 Servlet

8.2.1　Servlet 常用类与接口

1.　Servlet 常用类与接口的层次关系

Java API 提供了 javax.servlet 和 javax.servlet.http 包，为编写 Servlet 提供了接口和类。所有的 Servlet 都必须实现 Servlet 接口，该接口定义了 Servlet 的生命周期。当实现一个通用的服务时，可以使用或继承由 Java Servlet API 提供的 GenericServlet 类。在本单元任务 1 中也可以看到这一点。在编写 Servlet 时用到的主要的 Servlet 类的层次结构如图 8-2 所示。

微课 8.3　Servlet
常用类与接口

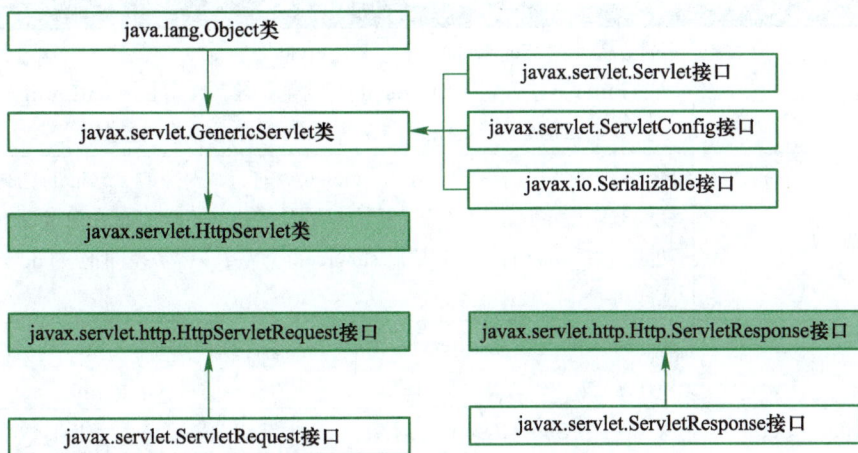

图 8-2　Servlet 类的层次结构

在编写 Servlet 时要用到的 javax.servlet.HttpServlet 类为 javax.servlet.GenericServlet 的子类。javax.servlet.GenericServlet 类为 java.lang.Object 类的子类，并且实现了 javax.servlet.Servlet 接口、javax.servlet.ServletConfig 接口和 javax.io.Serializable 接口。一般情况下要用到的 javax.servlet. http.HttpServletRequest 接口继承于 javax.servlet.ServletRequest 接口，javax.servlet.http. HttpServlet Response 接口继承于 javax.servlet.ServletResponse 接口。Servlet 详细的类和接口的层次结构可以参阅 Java API。

2.　Servlet 常用类与接口

在编写 Servlet 时经常要用到的类与接口见表 8-1。

表 8-1　编写 Servlet 常用的类与接口

序　号	类 / 接口名	说　明
1	Servlet 接口	定义了 Servlet 必须实现的方法
2	HttpServlet 类	提供 Servlet 接口的 HTTP 特定实现
3	HttpServletRequest 接口	获得客户端的请求信息
4	HttpServletResponse 接口	获得服务器端的响应信息
5	ServletContext 接口	与相应的 Servlet 容器通信
6	ServletConfig 接口	用于在 Servlet 初始化时向其传递信息

在编写 Servlet 时必须直接或间接地实现 javax.servlet.Servlet 接口。通常采用间接实现，即通过 javax.servlet.GenericServlet 或 javax.servlet.http.HttpServlet 类派生。Servlet 接口的常用方法见表 8-2。

表 8-2　Servlet 接口常用方法

序　号	方　法　名	功　能
1	void init()	在服务器装入 Servlet 时执行，在 Servlet 的生命期中仅执行一次；默认的 init() 方法设置了 Servlet 的初始化参数，并用 ServletConfig 对象参数来启动配置；通常用来装入 GIF 图像或初始化数据库连接
2	void service()	每当一个客户请求一个 HttpServlet 对象时，该对象的 service() 方法就要被调用；默认的服务功能是调用与 HTTP 请求的方法相应的 do 功能，如 doGet()；不必覆盖 service() 方法，只需覆盖相应的 do 方法即可
3	void destroy()	在服务器停止且卸装 Servlet 时执行该方法；通常用来将统计数字保存在文件中或关闭数据库连接
4	ServletConfig getServletConfig()	返回一个 ServletConfig 对象，该对象用来返回初始化参数和 ServletContext。ServletContext 接口提供有关 Servlet 的环境信息
5	String getServletInfo()	提供有关 Servlet 的信息，如作者、版本、版权信息

HttpServlet 类的常用方法见表 8-3。

表 8-3　HttpServlet 类常用方法

序　号	方　法　名	功　能
1	void doGet()	由 Servlet 引擎调用处理一个 HTTP GET 请求
2	void doPost()	由 Servlet 引擎调用处理一个 HTTP POST 请求
3	void doPut()	处理一个 HTTP PUT 请求，请求 URL 指出被载入的文件位置
4	void doDelete ()	处理一个 HTTP DELETE 请求，请求 URL 指出资源被删除的位置
5	void service()	将请求导向 doGet()、doPost() 等，一般不应该覆盖此方法

HttpServletRequest 接口的常用方法见表 8-4，其中前 10 种方法为 HttpServletRequest 接口增加的方法，其他方法继承于 ServletRequest 接口。

表 8-4　HttpServletRequest 接口常用方法

序　号	方 法 名	功　　能
1	String getContextPath()	返回指定 Servlet 上下文（Web 应用）的 URL 的前缀
2	Cookie[] getCookies()	返回与请求相关的一个 Cookie 数组
3	String getHeader(String name)	返回指定的 HTTP 头标
4	String getMethod()	返回 HTTP 请求方法（如 GET、POST 等）
5	String getQueryString()	返回查询字符串，即 URL 中 "?" 后面的部分
6	String getRequestedSessionId()	返回客户端的会话 ID
7	String getRequestURI()	返回统一资源标识符（URI）中的一部分，从 "/" 开始，包括上下文，但不包括任意查询字符串
8	String getServletPath()	返回请求 URI 上下文后的子串
9	HttpSession getSession(boolean create)	返回当前 HTTP 会话，如果不存在，则创建一个新的会话，create 参数为 true
10	boolean isRequestedSessionIdValid()	如果客户端返回的会话 ID 仍然有效，则返回 true
11	Object getAttribute(String name)	返回具有指定名字的请求属性
12	Enumeration getAttributeName()	返回请求中所有属性名的枚举值
13	String getCharacter Encoding()	返回请求所用的字符编码
14	Int getContentLength()	返回指定输入流的长度，如果未知则返回 -1
15	String getParameter(String name)	返回指定输入参数，如果不存在，返回 null
16	Enumeration getParameterNames()	返回请求中所有参数名的枚举，可能为空
17	String[] getParameterValues(String name)	返回指定输入参数名的取值数组，如果取值不存在则返回 null
18	String get Protocol()	返回请求使用协议的名称和版本
19	String getServerName()	返回处理请求的服务器的主机名
20	String getServerPort()	返回接收主机正在侦听的端口号
21	String getRemoteAddr()	返回客户端主机的数字型 IP 地址
22	String getRemoteHost()	返回客户端主机名
23	void setAttribute(String name,Object obj)	以指定名称保存请求中指定对象的引用
24	void removeAttribute(String name)	从请求中删除指定属性

HttpServletResponse 接口的常用方法见表 8-5。其中，前 5 种方法为 HttpServletResponse 接口增加的方法，其他方法继承于 ServletResponse 接口。

表 8–5　HttpServletResponse 接口常用方法

序　号	方 法 名	功　能
1	void addCookie(Cookie cookie)	将一个 Set-Cookie 头标加入到响应
2	Void addDateHeader(String name,long date)	将指定日期值加入带有指定名字的响应头标
3	void setHeader(String name,String value)	设置具有指定名字和取值的一个响应头标
4	boolean containsHeader(String name)	判断响应是否包含指定名字的头标
5	void setStatus(int status)	设置响应状态码为指定值
6	String getCharacterEncoding()	返回响应使用字符编码的名称
7	OutputStream getOutputStream()	返回一个二进制的响应数据的输出流，此方法和 getWrite() 方法两者只能调用其一
8	Writer getWriter()	返回一个文本的响应数据的 PrintWriter
9	void reset()	清除输出缓存及所有响应头标
10	void setContentLength(int length)	设置响应的内容体的长度
11	void setContentType(String type)	设置响应的内容类型

3. Servlet 程序结构

从本单元任务 1 中可以看到 Servlet 程序的基本结构包含以下几部分。

（1）引入相关包

编写 Servlet 时，需要引入 java.io 包（要用到 PrintWriter 等类）、javax.servlet 包（要用到 HttpServlet 等类）以及 javax.servlet.http 包（要用到 HttpServletRequest 类和 Http ServletResponse 类）。

（2）通过继承 HttpServlet 类得到 Servlet

编写 Servlet，应该从 HttpServlet 继承，然后根据数据是通过 GET 还是 POST 发送，重载 doGet、doPost 方法中的一个或全部。

（3）重载 doGet 或 doPost 方法

doGet 和 doPost 方法都有两个参数，分别为 HttpServletRequest 类型和 HttpServletResponse 类型。其中，HttpServletRequest 提供访问有关请求的信息的方法，如表单数据、HTTP 请求头等；HttpServletResponse 提供用于指定 HTTP 应答状态（200、404 等）、应答头（Content-Type，Set-Cookie 等）的方法。

（4）实现 Servlet 功能

一般情况下，在 doGet 或 doPost 方法中利用 HttpServletResponse 的向客户端发送数据的 PrintWriter 类的 println 方法生成向客户端发送的页面。

Servlet 的配置一般通过一个配置文件（如 web.xml）来实现，不同的 Web 服务器上安装 Servlet 的具体细节可能不同。在 Tomcat 服务器下，Servlet

微课 8.4　Servlet 程序结构

应该放到应用程序的 WEB-INF\classes 目录下，调用 Servlet 的 URL 是"http: //
主机名 / 应用程序文件夹名 /Servlet 名"。同时，大多数 Web 服务器还允许定
义 Servlet 的别名，因此 Servlet 也可能以使用别名形式的 URL 调用。

【任务目标】学习通过修改 web.xml 文件配置 Servlet 以及调用 Servlet 的
方法。

【知识要点】web.xml 的修改、Servlet 的部署、调用 Servlet 的方法。

【任务完成步骤】

① 部署 Servlet。将 FirstServlet.java 编译成 FirstServlet.class 文件，连同
包（myservlet）复制到对应目录的 WEB-INF/classes 目录下（这里的目录为 d:\
tomcat9.0\webapps\chap08\classes）。

② 修改 web.xml 文件。

【程序代码】web.xml

```
1   ......
2   <!-- JSPC servlet mappings start -->
3       <servlet>
4           <servlet-name>First</servlet-name>
5           <display-name>First</display-name>
6           <description>The First Servlet</description>
7           <servlet-class>myservlet.FirstServlet</servlet-class>
8       </servlet>
9       <servlet-mapping>
10          <servlet-name>First</servlet-name>
11          <url-pattern>/First</url-pattern>
12      </servlet-mapping>
13  <!-- JSPC servlet mappings end -->
14  ......
```

【程序说明】

● 第 3 ～ 8 行：完成对 Servlet 的名称（name）和 Servlet 类（class）的
匹配，本例将名称为 First 的 Servlet 匹配到 myservlet 包中的 FirstServlet 类。

● 第 9 ～ 12 行：完成 Servlet 的映射，即如果在浏览器地址栏中出现了 /First
的内容，则映射成名称（name）为 First 的 Servlet。

③ 启动 Tomcat 服务器后，在 IE 的地址栏中输入"http://localhost:8080/
chap08/First"。

FirstServlet.java 运行结果如图 8-3 所示。

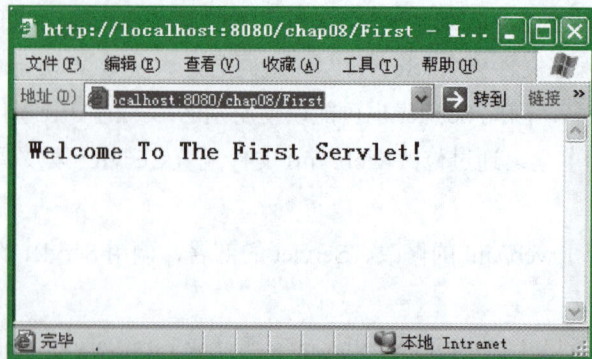

图 8-3　FirstServlet.java 运行结果

8.2.2　Servlet 的生命周期

微课 8.5　Servlet 的生命周期

一个 Servlet 的生命周期由部署 Servlet 的容器来控制。当一个请求映射到一个 Servlet 时，该容器执行下列步骤。

① 如果一个 Servlet 的实例并不存在，Web 容器将进行以下处理。若存在，则直接跳转至第 2 步。

　a. 加载 Servlet 类。

　b. 创建一个 Servlet 类的实例。

　c. 调用 init() 初始化 Servlet 实例。

② 调用 service() 方法，传递一个请求和响应对象。Servlet 首先判断该请求是 GET 操作还是 POST 操作，如果请求是 GET 就调用 doGet 方法，如果请求是 POST 就调用 doPost 方法。doGet 和 doPost 都接受请求（HttpServletRequest）和响应（HttpServletResponse）。

③ 如果该容器要移除这个 Servlet，可调用 Servlet 的 destroy 方法来结束该 Servlet。

在 Servlet 的生命周期中，用户可以通过定义监听器对象对事件进行检测。当生命周期事件发生时，调用该对象的方法产生反应。要使用这些监听器对象，用户必须定义监听器类，并且指定相应的监听器类。

Servlet 的主要功能在于交互式地浏览和修改数据，生成动态 Web 内容。这个过程可以概括如下。

① 客户端发送请求至服务器端。

② 服务器将请求信息发送至 Servlet。

③ Servlet 生成响应内容并将其传给服务器。

④ 响应内容通常根据客户端的请求动态生成。

⑤ 服务器将响应返回给客户端。

Servlet 在内存中仅被装入一次，由 init() 方法初始化。在 Servlet 初始化之后，接收客户请求，对每个请求均执行 service() 方法来处理它们，直到被 destroy() 方法关闭为止。Servlet 的生命周期如图 8-4 所示。

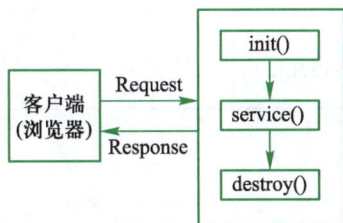

图 8-4　Servlet 的生命周期

任务 3　应用 Servlet 读取指定 HTML 表单数据

在前面已经学习过 GET 和 POST 方法的区别以及应用 request 对象获取 HTML 表单数据的方法。Servlet 同样可以自动完成 HTML 表单数据的读取操作。在 Servlet 中只需要简单地调用 HttpServletRequest 的 getParameter 方法，在调用参数中提供表单元素的名字即可。

getParameter 方法的返回值是一个字符串，是参数中指定的变量名字第一次出现所对应的值经反编码得到的字符串（可以直接使用）。如果指定的表单变量存在，但是没有值，getParameter 就返回空字符串；如果指定的表单变量不存在，则返回 null。如果表单变量可能对应多个值，可以用 getParameterValues 来 取 代 getParameter。getParameterValues 能 够 返 回一个字符串数组。

在调试环境中，通常需要获得完整的表单变量名字列表。利用 HttpServletRequest 的 getParameterNames 方法可以方便地实现。getParameterNames 返回的是一个 Enumeration，其中的每一项都可以转换为调用 getParameter 的字符串。

【任务目标】学习 Servlet 读取指定 HTML 表单数据的基本方法。

【知识要点】HTML 页面中指定表单元素名称、Servlet 根据名称读取表单元素、Servlet 把读取的两个表单元素的值以 HTML 列表的形式输出。

【任务完成步骤】

① 打开 webapps 文件夹中保存单元 8 程序文件的文件夹 chap08。

② 编写用户登录的 HTML 文件 login.htm（详见 chap08\login.htm）。

在创建表单的语句中指定由 Login（步骤 3 创建的 Servlet）进行处理。

微课8.6　Servlet 读取 HTML 表单数据

```
<form name="form1"  method="post" action="Login" onSubmit="return check()" >
```

③ 编写读取 login.htm 表单中输入的用户名和密码的 Servlet 文件 LoginServlet.java。

【程序代码】LoginServlet.java

```
1   package myservlet;
2   import java.io.*;
3   import javax.servlet.*;
4   import javax.servlet.http.*;
5   public class LoginServlet extends HttpServlet
6   {
7       public void doPost(HttpServletRequest req,HttpServletResponse res)
    throws ServletException,IOException
8       {
9           res.setContentType("text/html");
10          PrintWriter out=res.getWriter();
11          out.println("<html>");
12          out.println("<head><title>Read the Parameter</title></head>");
13          out.println("<body>");
14          out.println("<h3>Your input:</h3>");
15          out.println("<LI>UserName:"+req.getParameter("NAME"));
16          out.println("<LI>Password:"+req.getParameter("PWD"));
17          out.println("</body></html>");
18      }
19  }
```

【程序说明】

● 第 2～4 行：引入相关包。

● 第 7～18 行：重载 doPost 方法。

● 第 9 行：设置响应的内容类型（这里为 text/html），类似于 page 指令中的 ContentType 属性。

● 第 10 行：应用 res.getWriter() 构造输出对象 out。

● 第 15 行：应用 req.getParameter("NAME") 方法读取名称为"NAME"的表单对象的值。

● 第 16 行：应用 req.getParameter("PWD") 方法读取名称为"PWD"的表单对象的值。

④ 编译并部署 LoginServlet。

⑤ 配置 web.xml 文件。

在 web.xml 文件中添加以下内容：

```
<servlet>
    <servlet-name>Login</servlet-name>
    <display-name>Login</display-name>
    <description>Login Servlet</description>
    <servlet-class>myservlet.LoginServlet</servlet-class>
</servlet>
<servlet-mapping>
    <servlet-name>Login</servlet-name>
    <url-pattern>/Login</url-pattern>
</servlet-mapping>
```

⑥ 启动 Tomcat 服务器后，在 IE 的地址栏中输入"http://localhost:8080/chap08/login.htm"后，输入用户名"liujin"和密码"liujin"，如图 8-5 所示。单击"提交"按钮后，运行结果如图 8-6 所示。

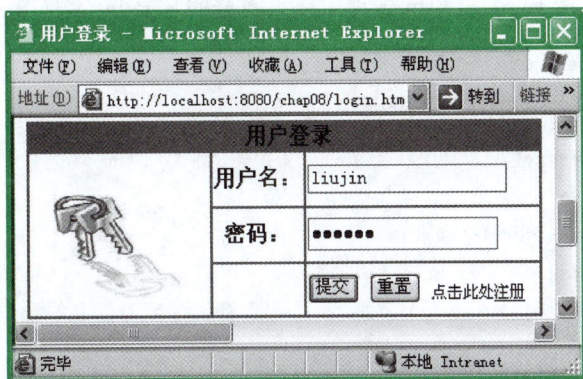

图 8-5　login.htm 运行结果

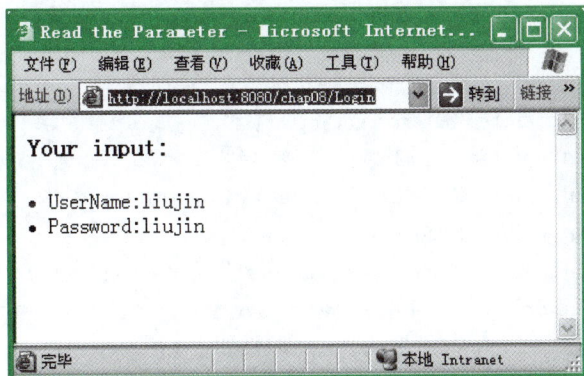

图 8-6　LoginServlet 运行结果

任务 4 应用 Servlet 读取所有 HTML 表单数据

通过任务 1~任务 3 的学习，读者应该对 Servlet 的编写、配置和运行有了一定的了解，本任务将通过一个实例进一步介绍 Servlet 的典型应用。

【任务目标】学习 Servlet 读取所有 HTML 表单数据的基本方法。

【知识要点】使用 HttpServletResponse 的 getParameterNames 方法获取所有表单数据，使用 Enumeration 对象保存所有表单数据，对保存所有表单数据的 Enumeration 对象遍历后以表格形式输出。

【任务完成步骤】

① 打开 webapps 文件夹中保存单元 8 程序文件的文件夹 chap08。

② 编写用户登录的 HTML 文件 register.htm（详见 chap08\register.htm）。

③ 编写读取 register.htm 表单中所有数据的 Servlet 文件 RegisterServlet.java。

【程序代码】RegisterServlet.java

```
1    package myservlet;
2    import java.io.*;
3    import javax.servlet.*;
4    import javax.servlet.http.*;
5    import java.sql.*;
6    import java.util.*;
7    public class RegisterServlet extends HttpServlet
8    {
9        public void doPost(HttpServletRequest req,HttpServletResponse res)
     throws ServletException,IOException
10       {
11           res.setContentType("text/html");
12           PrintWriter out=res.getWriter();
13           out.println("<html>");
14           out.println("<head><title>Read all Parameters</title></head>");
15           out.println("<body >\n");
16           out.println("<h3>All Parameters From Request</h3>");
17           out.println("<table border=1 align=left>\n");
18           out.println("<tr bgcolor=\"#FFFFFF\">\n");
19           out.println("<th>Parameter Name<th>Parameter Value");
20           Enumeration enuNames=req.getParameterNames();
21           while(enuNames.hasMoreElements())
```

```
22              {
23                  String strParam=(String)enuNames.nextElement();
24                  out.println("<tr><td>"+strParam+"\n<td>");
25                  String[] paramValues=req.getParameterValues(strParam);
26                  if (paramValues.length==1)
27                  {
28                      String paramValue=paramValues[0];
29                      if (paramValues.length==0)
30                          out.print("<i>Empty</i>");
31                      else
32                          out.print(paramValue);
33                  }
34                  else
35                  {
36                      out.println("<ul>");
37                      for (int i=0;i<paramValues.length;i++)
38                      {
39                          out.println("<li>"+paramValues[i]);
40                      }
41                      out.println("</ul>");
42                  }
43              }
44          out.println("</table>\n</body></html>");
45      }
46 }
```

【程序说明】

● 第 2～6 行：引入相关包。

● 第 9～45 行：重载 doPost 方法。

● 第 20 行：应用 req.getParameterNames() 方法构造参数枚举对象 enuNames。

● 第 21～42 行：通过 while 循环输出所有参数名（enuNames 对象的值）和参数值。

● 第 23 行：应用 enuNames.nextElement() 方法获得一个参数名。

● 第 24 行：输出所获取的参数名称。

● 第 25 行：应用 req.getParameterValues 方法获得指定参数名的值。

● 第 26～33 行：输出参数的单个值，如果参数值为空，则输出"Empty"。

● 第 34～42 行：输出参数的多个值。

首先，程序通过 HttpServletRequest 的 getParameterNames 方法得到所有

的变量名字，getParameterNames 返回的是一个 Enumeration。接下来，程序循环遍历这个 Enumeration，通过 hasMoreElements 确定何时结束循环，利用 nextElement 得到 Enumeration 中的各个项。由于 nextElement 返回的是一个 Object，程序将其转换成字符串后再用这个字符串来调用 getParameterValues。

getParameterValues 返回一个字符串数组，如果这个数组只有一个元素且等于空字符串，说明这个表单变量没有值，Servlet 输出 "Empty"；如果数组元素个数大于 1，就说明这个表单变量有多个值，Servlet 以 HTML 列表形式输出这些值；其他情况下 Servlet 直接把变量值放入表格。

④ 编译并部署 RegisterServlet。

⑤ 配置 web.xml 文件（略）。

⑥ 启动 Tomcat 服务器后，在 IE 的地址栏中输入 "http://localhost:8080/chap08/register.htm"，填写用户注册信息，如图 8-7 所示。

register.htm 文件的内容与前面章节的基本相同，但是通过下列语句指定了由名称为 Register 的 Servlet 进行表单处理：

```
<form name="form1" onsubmit="return check()" method="post" action="Register">
```

用户在登录页面单击 "提交" 按钮后，运行结果如图 8-8 所示。

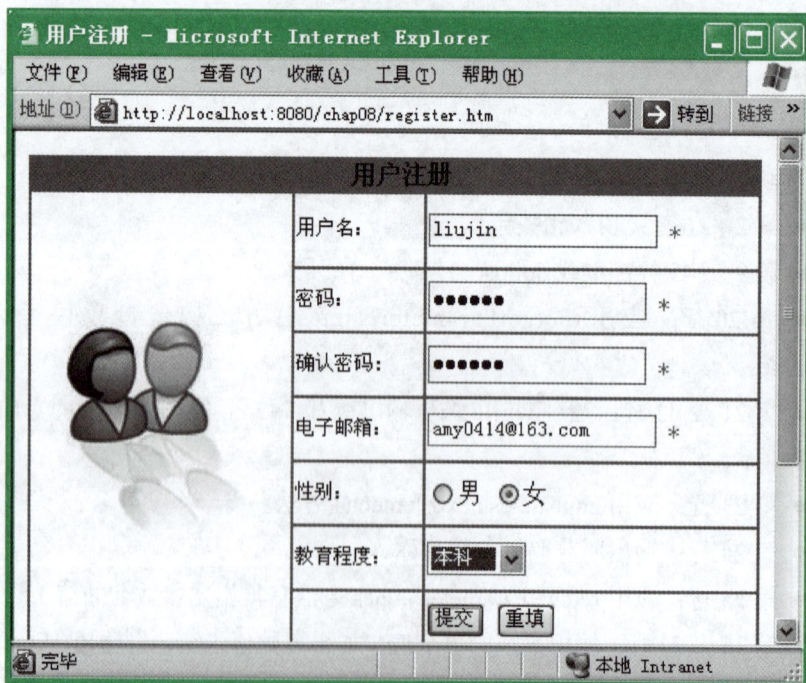

图 8-7　register.htm 运行结果

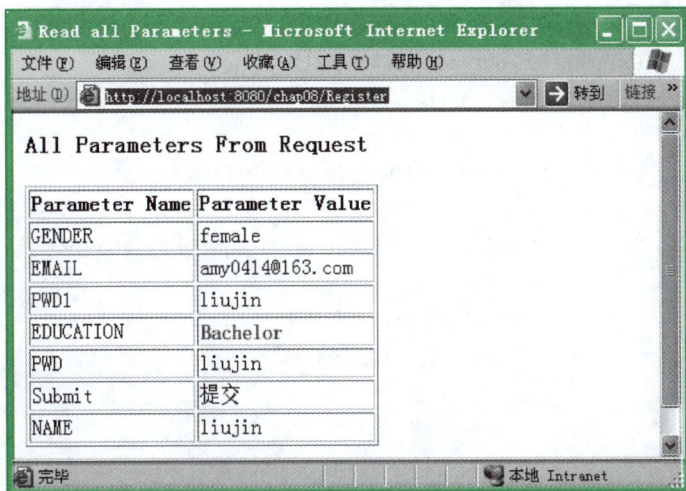

图 8-8　RegisterServlet 运行结果

任务 5　应用 Servlet 读取 Cookie 数据

利用 Servlet 读取 Cookie 数据与使用 Cookie 对象非常类似。

【任务目标】学习应用 Servlet 读取 Cookie 数据的方法。

【知识要点】使用 HttpServletResponse 的 getCookies 方法获取 Cookie 数据、输出 Cookie 数据。

【任务完成步骤】

① 打开 webapps 文件夹中保存单元 8 程序文件的文件夹 chap08。

② 编写读取 Cookie 数据的 Servlet 文件 CookieServlet.java。

【程序代码】CookieServlet.java

微课 8.7　应用 Servlet 读取Cookie 数据

```
1   package myservlet;
2   import java.io.*;
3   import javax.servlet.*;
4   import javax.servlet.http.*;
5   public class CookieServlet extends HttpServlet
6   {
7       public void service(HttpServletRequest req,HttpServletResponse res)throws
    IOException
8           {
9           boolean blnFound=false;
10          Cookie myCookie=null;
11          Cookie[] allCookie=req.getCookies();
```

```
12        res.setContentType("text/html");
13        PrintWriter out=res.getWriter();
14        if (allCookie!=null)
15        {
16            for (int i=0;i<allCookie.length;i++)
17            {
18                if (allCookie[i].getName().equals("logincount"))
19                {
20                    blnFound=true;
21                    myCookie=allCookie[i];
22                }
23            }
24        }
25        out.println("<html>");
26        out.println("<body>");
27        if (blnFound)
28        {
29            int temp=Integer.parseInt(myCookie.getValue());
30            temp++;
31            out.println("The number of times you have logged on is:"+String.
    valueOf(temp));
32            myCookie.setValue(String.valueOf(temp));
33            int age=60*60*24*30;
34            myCookie.setMaxAge(age);
35            res.addCookie(myCookie);
36        }
37        else
38        {
39            int temp=1;
40            out.println("This is the first time you have logged on");
41            myCookie=new Cookie("logincount",String.valueOf(temp));
42            int age=60*60*24*30;
43            myCookie.setMaxAge(age);
44            res.addCookie(myCookie);
45        }
46        out.println("</body>");
47        out.println("</html>");
48    }
49 }
```

【程序说明】

● 第 7～48 行：重载 service() 方法。

- 第 9 行：声明一个用于判断指定 Cookie 是否存在的逻辑变量 blnFound。
- 第 10 行：初始化 myCookie 为空（null）。
- 第 11 行：应用 req.getCookies() 方法获得一个 Cookie 数组 allCookie。
- 第 14 ~ 24 行：对 Cookie 数组 allCookie 进行遍历，判断是否有与 logincount 匹配的 Cookie。如果有，则置 blnFound 为真，表明找到指定的 Cookie，同时将该 Cookie（allCookie 的一个元素）赋值给 myCookie。
- 第 27 ~ 36 行：如果在请求中查找到指定的 Cookie，则通过 myCookie. getValue() 方法获得该 Cookie 的值进行输出，然后将 Cookie 值加 1。
- 第 29 行：将 myCookie 值转换后存放在 temp 变量中。
- 第 30 行：访问次数加 1。
- 第 31 行：在浏览器中输出访问次数。
- 第 32 行：修改后的访问次数（加 1）保存到 myCookie 中。
- 第 33 ~ 34 行：设置 myCookie 的生存时间。
- 第 35 行：应用 res.addCookie(myCookie) 方法，将 myCookie 加入到响应中。
- 第 37 ~ 45 行：如果在请求中没有查找到指定的 Cookie，则创建一个指定的 Cookie（logincount），将 Cookie 置为 1。
- 第 39 行：访问次数置为 1。
- 第 40 行：在浏览器中输出第 1 次访问信息。
- 第 41 行：创建一个名为 logincount 的 Cookie 对象。
- 第 42 ~ 43 行：设置 myCookie 的生存时间。
- 第 44 行：同第 35 行。

③ 编译并部署 RegisterServlet。

④ 配置 web.xml 文件（略）。

⑤ 启动 Tomcat 服务器后，在 IE 的地址栏中输入 "http://localhost:8080/ chap08/Cookie"。

第 1 次运行 CookieServlet.java 的结果如图 8-9 所示。

图 8-9 第 1 次运行 CookieServlet.java 结果

第 4 次运行 CookieServlet.java 的结果如图 8-10 所示。

图 8-10 第 4 次运行 CookieServlet.java 结果

任务 6 应用 Servlet 读取 session 数据

微课 8.8 应用
Servlet 读取
session 数据

【任务目标】学习应用 Servlet 读取 Session 数据的方法。

【知识要点】使用 HttpServletResponse 的 getSession() 方法获取 session 数据，HttpServletResponse 其他相关方法的使用。

【任务完成步骤】

① 打开 webapps 文件夹中保存单元 8 程序文件的文件夹 chap08。

② 编写读取 Cookie 数据的 Servlet 文件 SessionServlet.java。

【程序代码】SessionServlet.java

```
1   package myservlet;
2   import java.io.*;
3   import java.util.Enumeration;
4   import javax.servlet.*;
5   import javax.servlet.http.*;
6   public class SessionServlet extends HttpServlet
7   {
8     public void doGet (HttpServletRequest req, HttpServletResponse res)
            throws ServletException, IOException
9     {
10      HttpSession session = req.getSession(true);
11      res.setContentType("text/html; charset=GB2312");
12      PrintWriter out = res.getWriter();
13      out.println("<html>");
14      out.println("<head><title>Session Servlet</title></head><body>");
15      out.println("<p>");
```

```
16    out.println("<h2> Servlet 中使用 Session 实例 </h2>");
17    Integer iCount = (Integer) session.getAttribute("counter");
18    if (iCount==null)
19        iCount = new Integer(1);
20    else
21        iCount = new Integer(iCount.intValue() + 1);
22    session.setAttribute("counter", iCount);
23    out.println("您访问本站的次数为：<b>" + iCount + "</b> 次.<p>");
24    out.println("点击 <a href=" + res.encodeURL("Session") +"> 这里 </a>");
25    out.println("更新你的 Session 信息 ");
26    out.println("<p>");
27    out.println("<h3> 请求信息 :</h3>");
28    out.println("请求 Session Id 号：" +req.getRequestedSessionId());
29    out.println("<br> 是否使用 Cookie: " +req.isRequestedSessionIdFromCookie());
30    out.println("<br> 是否从表单提交：" +req.isRequestedSessionIdFromURL());
31    out.println("<br> 当前 Session 是否激活：" +req.isRequestedSessionIdValid());
32    out.println("<h3>Session 信息 :</h3>");
33    out.println("是否首次创建：" + session.isNew());
34    out.println("<br>Session ID 号：" + session.getId());
35    out.println("<br> 创建时间：" + session.getCreationTime());
36    out.println("<br> 上次访问时间：" +session.getLastAccessedTime());
37    out.println("</body></html>");
38    }
39 }
```

【程序说明】

● 第 8 ～ 38 行：重载 doGet 方法。

● 第 10 行：应用 req.getSession(true) 方法获取会话对象，true 表示如果这个对象不存在，则创建新的。

● 第 11 行：设置内容类型，增加了 "charset=GB2312"，可以正常显示中文。

● 第 17 行：获取 session 的 counter 属性值。

● 第 18 ～ 21 行：如果 counter 为空，则赋值为 1，否则在原有基础上加 1。

● 第 22 行：设置 session 的 counter 属性值。

● 第 28 行：应用 req.getRequestedSessionId() 方法获得 session 的 ID 号。

● 第 29 行：应用 req.isRequestedSessionIdFromCookie() 判断 ID 号是否使用了 Cookie。

● 第 30 行：应用 req.isRequestedSessionIdFromURL() 方法判断 session 是

否为从表单提交的。

● 第 31 行：应用 req.isRequestedSessionIdValid() 方法判断当前 session 是否激活。

● 第 33 行：应用 session.isNew() 方法判断当前的 session 是否首次建立。

● 第 34 行：应用 session.getId() 方法获得这个 session 的 ID 号。

● 第 35 行：应用 session.getCreationTime() 方法获得创建这个会话的时间。

● 第 36 行：应用 session.getLastAccessedTime() 方法获得用户最后一次访问的时间。

③ 编译并部署 SessionServlet。

④ 配置 web.xml 文件（略）。

⑤ 启动 Tomcat 服务器后，在 IE 的地址栏中输入 "http://localhost:8080/chap08/Session"。

第 1 次运行 SessionServlet.java 结果如图 8-11 所示。

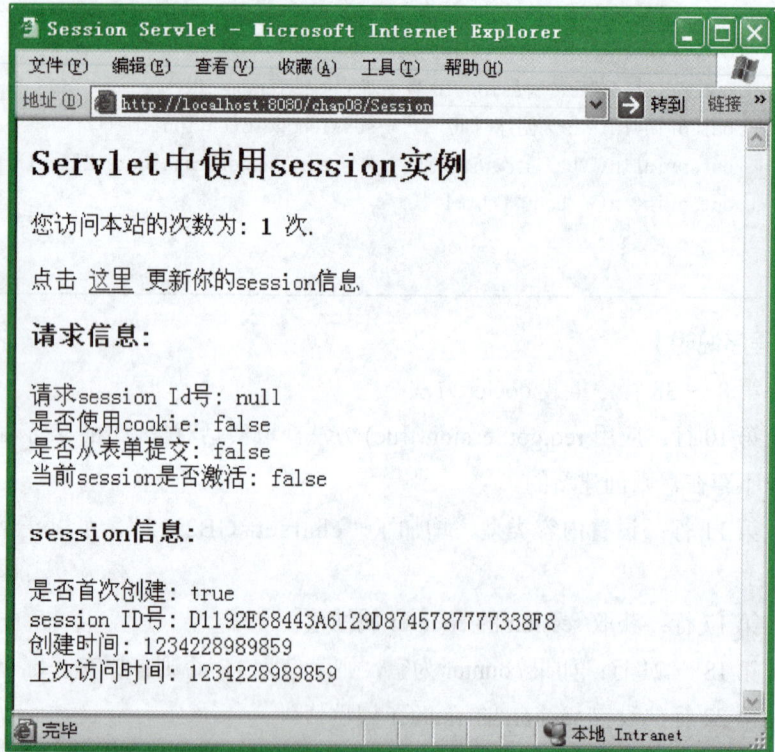

图 8-11　第 1 次运行 SessionServlet.java 的结果

第 3 次运行 SessionServlet.java 结果如图 8-12 所示。比较图 8-11 和图 8-12，查看有哪些地方发生了变化。

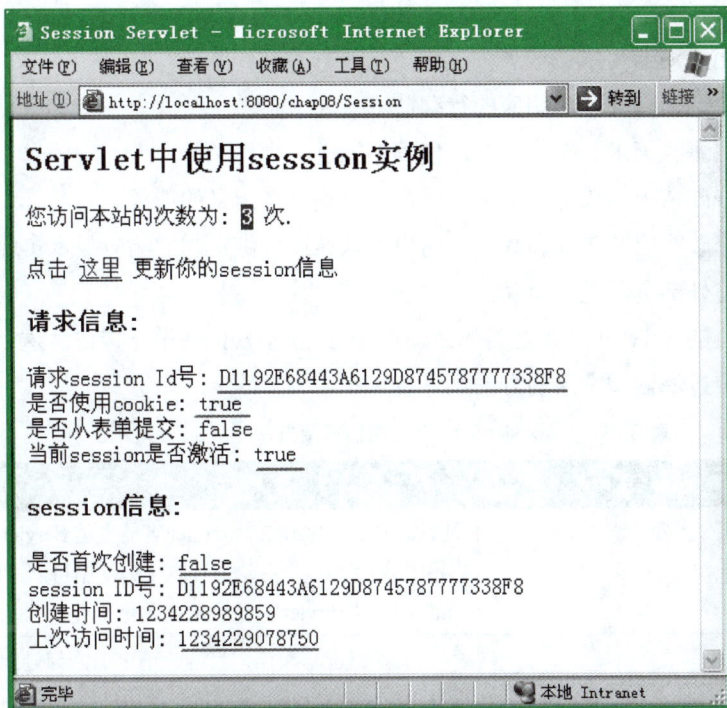

图 8-12 第 3 次运行 SessionServlet.java 的结果

任务 7 应用过滤器进行身份验证

基于 Java 的 Web 开发中的 Servlet 有 3 类：标准 Servlet、过滤器 Filter 和监听器 Listener。前面介绍过标准 Servlet 的用法，本任务将对过滤器进行简单的介绍，下一任务将对监听器进行介绍。

Servlet 过滤器是在 Java Servlet 规范 2.3 中定义的，它能够对 Servlet 容器的请求和响应对象进行检查和修改。Servlet 过滤器本身并不产生请求和响应对象，只能提供过滤作用。Servlet 过滤器能够在 Servlet 被调用之前检查 Request 对象、修改 Request Header（请求头）和 Request 内容；同时，也可以在 Servlet 被调用之后检查 Response 对象、修改 Response Header 和 Response 内容。Servlet 过滤器负责过滤的 Web 组件可以是 Servlet、JSP 或者 HTML 文件。

Servlet 过滤器的特点如下。

① Servlet 过滤器可以检查和修改 ServletRequest 和 ServletResponse 对象。

② Servlet 过滤器可以被指定和特定的 URL 关联，只有当客户请求访问该 URL 时，才会触发过滤器。

③ Servlet 过滤器可以被串联在一起，形成管道效应，协同修改请求和响

应对象。

使用过滤器可以完成下列工作。

- 查询请求并做出相应的行动。
- 阻塞"请求－响应"对，使其不能进一步传递。
- 修改请求的头部和数据，用户可以提供自定义的请求。
- 修改响应的头部和数据，用户可以通过提供定制的响应版本实现。
- 与外部资源进行交互。

所有的 Servlet 过滤器类都必须实现 javax.servlet.Filter 接口。这个接口包含有 3 个过滤器类常用的方法，见表 8-6。

表 8-6　javax.servlet.Filter 接口常用方法

序　号	方 法 名	功　能
1	init(FilterConfig)	过滤器的初始化方法，Servlet 容器创建 Servlet 过滤器实例后将调用这个方法。在这个方法中可以读取 web. xml 文件中 Servlet 过滤器的初始化参数
2	doFilter (ServletRequest, ServletResponse, FilterChain)	完成实际的过滤操作，当客户请求访问与过滤器关联的 URL 时，Servlet 容器将先调用过滤器的 doFilter() 方法。FilterChain 参数用于访问后续过滤器
3	destroy()	Servlet 容器在销毁过滤器实例前调用该方法，这个方法可以释放 Servlet 过滤器占用的资源

Servlet 过滤器创建的一般步骤如下所述。

① 实现 javax.servlet.Filter 接口。

② 实现 init() 方法，读取过滤器的初始化函数。

③ 实现 doFilter() 方法，完成对请求或过滤的响应。

④ 调用 FilterChain 接口对象的 doFilter() 方法，向后续的过滤器传递请求或响应。

⑤ 销毁过滤器。

在 Web 应用系统中，用户身份验证成功后的信息将会记录在 session 对象中，在以后的操作中，只需要对保存在 session 中的信息进行验证和查看即可。但是如果有多个页面都需要进行这些验证工作，在每个页面都加上验证代码，就会增加许多冗余的代码，如果不进行验证，又会带来安全隐患。例如，在单元 5 的任务 12 中，为了避免用户直接访问 welcome.jsp 页面，我们选择通过代码来判断用户是否进行过登录。使用过滤器技术就可以简化以上操作。下面介绍应用过滤器进行身份验证的操作。

【任务目标】学习编写和配置 Servlet 过滤器实现身份验证的方法。

【知识要点】应用 Filter 接口创建过滤器类、通过 init() 方法初始化过滤器、通过 doFilter() 方法实现过滤器、通过 destroy() 方法销毁过滤器。

【任务完成步骤】

① 打开 webapps 文件夹中保存单元 8 程序文件的文件夹 chap08。

② 将 chap05 文件夹中的 login.htm1、login.jsp 和 welcome.jsp 文件复制到 chap08 文件夹中。

③ 修改 welcome.jsp 文件，将其中判断是否登录的代码删除（将通过过滤器完成该功能）。

④ 编写检查用户是否进行登录的过滤器文件 FilterStation.java。

【程序代码】FilterStation.java

```java
1   package myservlet;
2   import javax.servlet.*;
3   import javax.servlet.http.*;
4   import java.io.*;
5   import java.util.*;
6   public class FilterStation extends HttpServlet implements Filter
7   {
8       private FilterConfig filterConfig;
9       public void init(FilterConfig filterConfig) throws ServletException
10      {
11          this.filterConfig = filterConfig;
12      }
13      public void doFilter(ServletRequest request, ServletResponse response,
14                      FilterChain filterChain) throws ServletException,
15              IOException
16      {
17          HttpSession session=((HttpServletRequest)request).getSession();
18          response.setCharacterEncoding("gb2312");
19          if(session.getAttribute("me")==null)
20          {
21              PrintWriter out=response.getWriter();
22              out.print("<script language=javascript>alert('您还没有登录！！！
23  ');window.location.href='login1.htm';</script>");
24          }
25          else
26          {
27              filterChain.doFilter(request, response);
28          }
29      }
```

| 29 | public void destroy() { } |
| 30 | } |

【程序说明】

- 第 2 ~ 5 行：引入相关包。
- 第 6 行：通过实现 Filter 接口创建过滤器。
- 第 9 ~ 12 行：通过 init() 方法初始化过滤器。
- 第 13 ~ 28 行：通过 doFilter() 方法实现过滤功能（检查用户是否经过登录页面访问特定的页面）。
- 第 17 行：通过 getSession 方法获取当前 session。
- 第 19 行：如果 session 中记录的"me"属性为空（未经过登录页面），则弹出提示消息。
- 第 26 行：访问后续过滤器。
- 第 29 行：通过 destroy() 方法销毁过滤器。

⑤ 编译 FilterStation.java 和部署 FilterStation.class。

将编译后的 FilterStation.class 复制到 chap08\WEB-INF\classes\myservlet 文件夹中。

⑥ 修改 web.xml，配置过滤器 FilterStation。

在 web.xml 文件夹中，添加如下代码：

```xml
<filter>
    <filter-name>filterstation</filter-name>
    <filter-class>myservlet.FilterStation</filter-class>
</filter>
<filter-mapping>
    <filter-name>filterstation</filter-name>
    <url-pattern>welcome.jsp</url-pattern>
</filter-mapping>
```

其中，"<url-pattern>"标签用来指定需要进行过滤的 JSP 文件，也可以使用"/*"或"/shop/*"的形式来指定过滤根文件夹或指定文件夹中的所有文件。但要注意，供用户进行登录的页面不能包含在过滤页面中，否则，用户将无法进行登录。

⑦ 启动 Tomcat 服务器后，直接在 IE 的地址栏中输入"http://localhost:8080/chap08/welcome.jsp"。

程序运行结果如图 8-13 所示，说明过滤器发挥了验证用户身份的作用。

图 8-13　FilterStation 过滤器效果

任务 8　应用监听器统计在线人数

Servlet 监听器是在 Servlet 2.3 规范中与 Servlet 过滤器一起引入的，并且在 Servlet 2.4 中进行了较大的改进，主要用来对 Web 应用进行监听和控制。监听器对象可以在事情发生前、发生后做一些必要的处理。Servlet 监听器的功能类似于 Java GUI 程序的事件监听器，可以监听由于 Web 应用中的状态改变而引起的由 Servlet 容器产生的相应事件，并进行相应的事件处理。

目前，Servlet 2.4 和 JSP 2.0 总共有 8 个监听器接口和 6 个事件类，监听器与事件的对应关系见表 8-7。

表 8-7　Servlet 监听器与对应的事件

序　　号	监听器接口	事件类
1	HttpSessionAttributeListener HttpSessionBindingListener	HttpSessionBindingEvent
2	HttpSessionListener HttpSessionActivationListener	HttpSessionEvent
3	ServletContextListener	ServletContextEvent
4	ServletContextAttributeListener	ServletContextAttributeEvent
5	ServletRequestListener	ServletRequestEvent
6	ServletRequestAttributeListener	ServletRequestAttributeEvent

1. Servlet 上下文监听

Servlet 上下文监听可以监听 ServletContext 对象的创建、删除以及属性添加、删除和修改操作。在 JSP 文件中，application 是 ServletContext 的实例，由 JSP 容器默认创建。Servlet 中通过调用 getServletContext() 方法得到 ServletContext 的实例。通过 ServletContext 的实例可以存取应用程序的全局对象以及初始化阶段的变量。

全局对象即 application 范围对象，初始化阶段的变量是指在 web.xml 中经由 <context-param> 元素所设定的变量，它的范围也是 application 范围，例如：

```
<context-param>
<param-name>Name</param-name>
<param-value>browser</param-value>
</context-param>
```

当容器启动时，会建立一个 application 范围的对象，在 JSP 网页中取得 Name 变量的语句为：

```
String name = (String)application.getInitParameter("Name");
```

在 Servlet 中，取得 Name 值的语句为：

```
String name = (String)ServletContext.getInitParameter("Name");
```

Servlet 上下文监听需要用到两个接口：ServletContextListener 和 ServletContextAttributeListener。

① ServletContextListener 用于监听 Web 应用启动和销毁的事件，监听器类需要实现 javax. servlet.ServletContextListener 接口。

ServletContextListener 是 ServletContext 的监听者，随 ServletContext 的变化而改变。例如，服务器启动时 ServletContext 被创建，服务器关闭时 ServletContext 将要被销毁。

ServletContextListener 接口中的方法见表 8-8。

表 8-8　ServletContextListener 接口中的方法

序　　号	方　　法	功　　能
1	void contextInitialized(ServletContextEvent sce)	通知正在收听的对象，应用程序已经被加载及初始化
2	void contextDestroyed(ServletContextEvent sce)	通知正在收听的对象，应用程序已经被卸载（即关闭）

对应的 ServletContextEvent 事件中的方法有：

ServletContext getServletContext()：取得 ServletContext 对象。

② ServletContextAttributeListener 用于监听 Web 应用属性改变的事

件，包括增加属性、删除属性、修改属性，监听器类需要实现 javax.servlet.
ServletContextAttributeListener 接口。

ServletContextAttributeListener 接口中的方法见表 8-9。

表 8-9　ServletContextAttributeListener 接口中的方法

序　号	方　法	功　能
1	void attributeAdded(ServletContextAttributeEvent scab)	若有对象加入 application 的范围，通知正在收听的对象
2	void attributeRemoved(ServletContextAttributeEvent scab)	若有对象从 application 的范围移除，通知正在收听的对象
3	void attributeReplaced(ServletContextAttributeEvent scab)	若在 application 的范围内有对象取代另一个对象时，通知正在收听的对象

2. HTTP 会话监听

HTTP 会话监听（HttpSession）需要用到以下 4 个接口。

（1）HttpSessionBindingListener 接口

当监听器类实现了 HttpSessionBindingListener 接口后，只要对象加入 session 范围（即调用 HttpSession 对象的 setAttribute 方法的时候）或从 Session 范围中移出（即调用 HttpSession 对象的 removeAttribute 方法或 Session Time out 的时候）时，容器分别会自动调用下列两个方法。

①　void valueBound（HttpSessionBindingEvent event）：当有对象加入 session 的范围时会被自动调用。

②　void valueUnbound（HttpSessionBindingEvent event）：当有对象从 session 的范围内移除时会被自动调用。

（2）HttpSessionAttributeListener 接口

HttpSessionAttributeListener 监听 HttpSession 中的属性操作。HttpSessionAttributeListener 提供以下 3 个方法。

①　attributeAdded（HttpSessionBindingEvent se）：当在 session 中增加一个属性时激发。

②　attributeRemoved（HttpSessionBindingEvent se）：当在 session 中删除一个属性时激发。

③　attributeReplaced（HttpSessionBindingEvent se）：当 session 中的属性被重新设置时激发。

这和 ServletContextAttributeListener 比较类似。

（3）HttpSessionListener 接口

HttpSessionListener 监听 HttpSession 的操作。HttpSessionListener 接口提供以下两个方法。

① sessionCreated(HttpSessionEvent se)：当创建一个 session 时激发。

② sessionDestroyed (HttpSessionEvent se)：当销毁一个 session 时激发。

（4）HttpSessionActivationListener 接口

HttpSessionActivationListener 监听 HTTP 会话 active、passivate 状态，提供以下两个方法。

① sessionDidActivate(HttpSessionEvent se)：通知正在收听的对象，session 状态变为有效状态。

② sessionWillPassivate(HttpSessionEvent se)：通知正在收听的对象，session 状态变为无效状态。

3. Servlet 请求监听

Servlet 2.4 规范中新增的一个技术是请求监听，用来监听客户端的请求。

（1）ServletRequestListener 接口

该接口与 ServletContextListener 接口类似，也提供了两个方法，只需要将 ServletContext 改为 ServletRequest 即可。

（2）ServletRequestAttributeListener 接口

该接口与 ServletContextListener 接口类似，也提供了 3 个方法，只需要将 ServletContext 改为 ServletRequest 即可。

【任务目标】学习使用 HttpSessionListener 接口实现在线人数统计的方法。

【知识要点】HttpSessionListener 接口的应用、Servlet 监听器的编写、Servlet 监听器的使用方法及应用场合。

【任务完成步骤】

① 打开 webapps 文件夹中保存单元 8 程序文件的文件夹 chap08。

② 编写实现计数功能的 Java 程序 OnlineCounter.java。

【程序代码】OnlineCounter.java

```
1   package myservlet;
2   public class OnlineCounter
3   {
4       private static long online = 0;
5       public static long getOnline()
6       {
7           return online;
8       }
```

```
9      public static void raise()
10     {
11         online++;
12     }
13     public static void reduce()
14     {
15         online--;
16     }
17 }
```

【程序说明】

- 第 4 行：初始化计数器变量 online 为 0。
- 第 5～8 行：获得在线人数的方法 getOnline()。
- 第 11 行：在线人数加 1。
- 第 15 行：在线人数减 1。

③ 编写 HttpSessionListener 实现类的 Java 文件 OnlineCounterListener.java。

在 OnlineCounterListener 类中的 sessionCreated() 方法中调用 OnlineCounter 的 raise() 方法，在 sessionDestroyed() 方法中调用 OnlineCounter 的 reduce() 方法。

【程序代码】OnlineCounterListener.java

```
1  package myservlet;
2  import javax.servlet.http.HttpSessionEvent;
3  import javax.servlet.http.HttpSessionListener;
4  public class OnlineCounterListener implements HttpSessionListener
5  {
6      public void sessionCreated(HttpSessionEvent hse)
7      {
8          OnlineCounter.raise();
9      }
10     public void sessionDestroyed(HttpSessionEvent hse)
11     {
12         OnlineCounter.reduce();
13     }
14 }
```

【程序说明】

- 第 2～3 行：引入相关包。
- 第 4 行：通过实现 HttpSessionListener 接口创建 HTTP 会话监听类 OnlineCounterListener。
- 第 6～9 行：在创建新的会话时（打开新的浏览器），在线人数加 1。

● 第 10 ~ 13 行：在移除会话时，在线人数减 1。

④ 把 OnlineCounterListener 监听器注册到网站应用中。

在网站应用的 web.xml 中添加如下内容：

```
<listener>
    <listener-class>myservlet.OnlineCounterListener</listener-class>
</listener>
```

⑤ 编写测试 OnlineCounterListener 的 JSP 文件 listener.jsp。

【程序代码】listener.jsp

```
1  <%@ page language="java" pageEncoding="GB2312" %>
2  <%@ page import="myservlet.OnlineCounter" %>
3  <html>
4  <head><title> 在线人数统计 </title></head>
5  <body bgcolor="#FFFFFF">
6  当前在线人数 :<%=OnlineCounter.getOnline()%>
7  </body>
8  </html>
```

【程序说明】

● 第 2 行：引入相关文件。

● 第 6 行：根据当前 session 状态，调用 OnlineCounter 类中的 getOnline() 方法，显示在线人数。

⑥ 启动 Tomcat 服务器后，在 IE 的地址栏中输入 "http://localhost:8080/chap08/listener.jsp"。

连续 4 次打开 IE 后，程序运行结果如图 8-14 所示，说明监听器发挥了监听的作用。

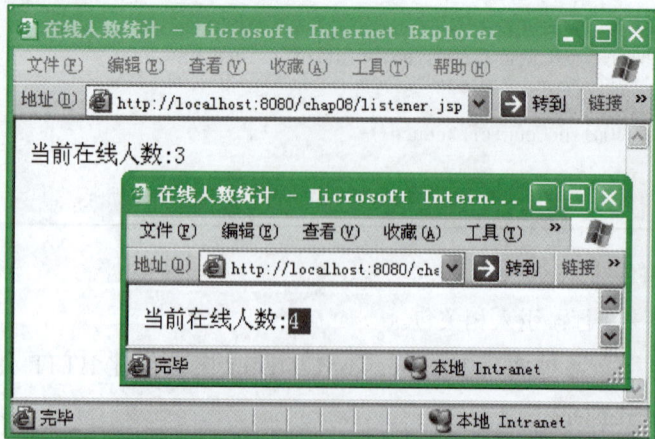

图 8-14　应用监听器实现在线人数统计

课外拓展

【拓展 1】编写一个显示"Welcome To Servlet！"的 Servlet，将其配置好之后执行该 Servlet，了解 Servlet 编写、配置和调用的方法。

【拓展 2】编写一个制作网站计数器的 Servlet，将其配置好之后执行该 Servlet，并比较与使用 Cookie 制作网站计数器的区别。

【拓展 3】编写一个读取 Cookie 中网站计数值的 Servlet，将其配置好之后执行该 Servlet，并与使用 Cookie 制作计数器和 Servlet 制作计数器进行比较。

【拓展 4】编写一个读取 session 信息的 Servlet，将其配置好之后执行该 Servlet。

课后练习

【填空题】

1. 编译 Servlet 之前，将 Servlet 所需要的_____包添加到 classpath 中。

2. 在编写 Servlet 时要用到的类_____为 javax.servlet.GenericServlet 的子类。

3. Servlet 接口的_____方法在服务器装入 Servlet 时执行，在 Servlet 的生命周期中仅仅执行一次。当客户请求一个 HttpServlet 对象时，该对象的_____方法就要被调用。

4. 要编写 Servlet 过滤器时，通过重载 javax.servlet.Filter 接口中的_____方法完成实际的过滤操作。

【选择题】

1. Servlet 程序的入口点是（   ）。

A. init()   B. main()

C. service()   D. doGet()

2. 下面关于 Servlet 的描述正确的是（   ）。

A. 在浏览器的地址栏直接输入要请求的 Servlet，该 Servlet 默认会使用 doPost() 方法处理请求

B. Servlet 和 Applet 一样是运行在客户端的程序

C. Servlet 的生命周期包括实例化、初始化、服务、销毁、不可以用

D. Servlet 也可以直接向浏览器发送 HTML 标签

3. 在 Web 应用程序中使用的 Servlet 的包为 myservlet，项目名称为 LoginDemo，则 Servlet 最可能位于（   ）目录下。

A. LoginDemo/WEB-INF/classes/

B. LoginDemo/WEB-INF/lib/

C. LoginDemo/WEB-INF/classes/myservlet

D. LoginDemo/WEB-INF/

4. 下列不属于 Servlet 过滤器的特点是（   ）。

A. Servlet 过滤器可以检查和修改 ServletRequest 和 ServletResponse 对象

B. Servlet 过滤器可以被指定和特定的 URL 关联，只有当客户请求访问该 URL 时，才会触发过滤器

C. Servlet 过滤器可以被串联在一起，形成管道效应，协同修改请求和响应对象

D. Servlet 过滤器可以监听客户端的变化

5. 下列不属于 Servlet 监听器类型的是（　　　）。

A. Servlet 上下文监听　　　　　　　　B. HTTP 会话监听

C. Servlet 请求监听　　　　　　　　　D. Servlet 容器监听器

6. 在编写 Servlet 时，要用到许多接口，下列能够获得客户端请求信息的接口是（　　　）。

A. HttpServlet 类　　　　　　　　　　B. HttpServletRequest 接口

C. HttpServletResponse 接口　　　　　D. ServletContext 接口

【简答题】

1. Servlet 和 Servlet 之间以及 Servlet 与 JSP 之间是怎样实现通信的？

2. 怎样实现 Servlet 和 Applet 之间的通信？

单元 **9**

组件应用

🔍 **学习目标**

【知识目标】

- ■ 掌握 jspSmartUpload 组件中常用的类和方法
- ■ 掌握在 JSP 中应用 jspSmartUpload 组件实现上传和下载的方法（重点、难点）
- ■ 掌握 JavaMail 中常用的类和方法
- ■ 了解验证码的原理，熟悉验证码类
- ■ 了解 JFreeChart 项目
- ■ 熟悉 JFreeChart 的安装配置
- ■ 熟悉 JFreeChart 的核心类库

【技能目标】

- ■ 运用 jspSmartUpload 组件实现文件的上传和下载功能
- ■ 运用 JavaMail 类来发送邮件
- ■ 灵活编写彩色验证码程序
- ■ 灵活运用 JFreeChart 对象实现数据统计功能

【素养目标】

- ■ 提升客观评价自我和他人的能力
- ■ 培养耐心、细致的工匠精神
- ■ 形成全局思维、培养全局观

任务 1 应用 jspSmartUpload 组件实现文件上传

一个网站总是不可避免地要和用户进行信息的交互，如果只是将一些简单输入类型（如 text、password、radio、checkbox、select 等）的信息上传到服务器端，只要使用 JSP 的内置对象（如 session）进行传递就可以了。但是如果涉及用户和服务器之间的文件交换（包括上传和下载），仅使用 session 是不能实现的，必须借助文件流读写的方式来实现。但由于直接应用文件流读写比较复杂，加上在上传文件到服务器时必须使用 multipart/form-data 的编码方式，不能直接使用 request.getParameter() 来取得，因此文件的上传和下载需要借助于第三方的组件来完成。完成文件上传和下载的方法有很多种，例如 jspsmart 公司的 jspSmartUpload 组件，O'Reilly 公司的 cos 组件，Jakarta Apache 公司的 commonsFileUpload 组件，JavaZoom 的 uploadbean 组件，以及 Struts 组件中自带的 org.apache.struts.upload 类工具等。下面针对其中的 3 种常用的解决方案（jspSmartUpload、O'Reilly-cos、struts.upload）进行简单的介绍和对比，详见表 9-1。

表 9-1 3 种上传组件的比较

比 较 项 目	O'Reilly-Cos	jspSmartUpload	Struts-Upload
是否开源	是	否	是
是否免费	是	是	是
是否继续开发	是	否	不明
功能	一般	多	多
可靠性	高	一般	高
特点综述	不定期增加新功能，可靠性高，代码直接写在 JSP 文件中	简单好用，可上传、下载，功能强大，代码直接写在 JSP 文件中。上传的性能和文件及内存的大小关系密切	在 Struts 中使用极为方便，免费，开源，可靠性高，表示层和业务层分离，有后台的 Form 和 Action

9.1.1 jspSmartUpload 概述

使用 jspSmartUpload 组件实现文件上传和下载功能具有以下特点。

① 使用简单。在 JSP 文件中仅仅书写简单的几行 Java 代码就可以实现文件的上传或下载，学习和应用都非常方便。

② 能全程控制上传。利用 jspSmartUpload 组件提供的对象及其操作方法，

可以获得上传文件的全部信息（包括文件名、大小、类型、扩展名、文件数据等），方便存取。

③ 能对上传的文件在大小、类型等方面做出限制。利用这个功能可以指定能够下载哪些文件，也可以过滤掉不符合要求的文件。

④ 下载灵活。通过简单的代码，就能把 Web 服务器变成文件服务器。无论文件在 Web 服务器的任何目录下，都可以利用 jspSmartUpload 进行下载。

⑤ 能将文件上传到数据库中，也能将数据库中的数据下载下来（仅对 MySQL 数据库）。

使用 jspSmartUpload 组件进行文件上传和下载需要在服务器环境中安装和配置好组件，本书以 Tomcat 为例介绍其安装和配置方法。其安装与配置步骤如下：

① 下载 jspSmartUpload 组件后，将其解压。

② 将其中的 com 目录复制到应用程序目录下的 WEB-INF\classes 中（如 chap09\WEB-INF\classes）。目录结构如图 9-1 所示。

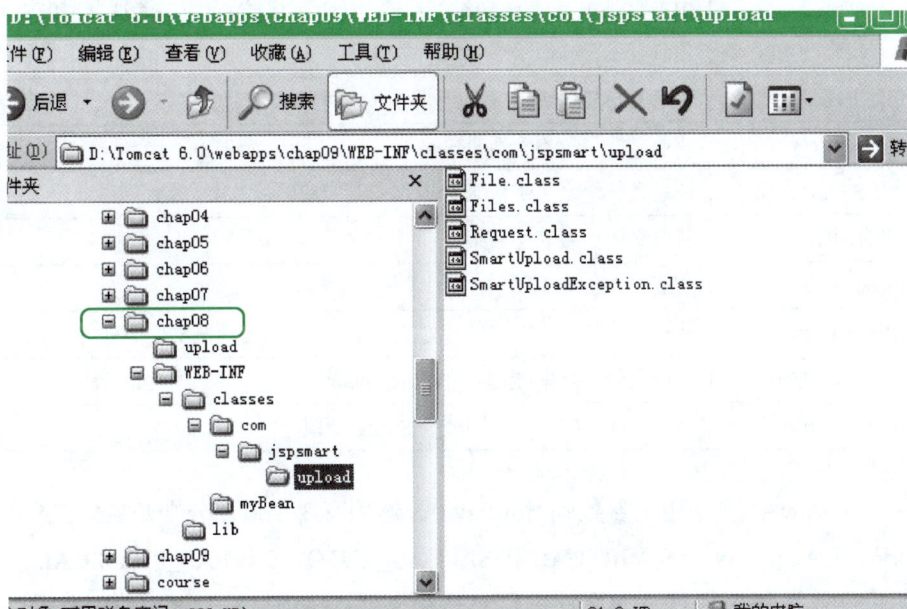

图 9-1　jspSmartUpload 组件文件目录结构

③ 如果希望 Tomcat 服务器的所有 Web 应用程序都可以使用 jspSmartUpload 组件，将 com 目录复制到 webapps\ROOT\WEB-INF\classes 文件夹中即可。

④ 重新启动 Tomcat，就可以在 JSP 文件中使用 jspSmartUpload 组件了。

9.1.2　jspSmartUpload 常用类

在使用 jspSmartUpload 组件进行文件上传和下载时，需要用到 jspSmartUpload 组件中的 File、Files、Request 和 SmartUpload 等核心类，下面介绍 jspSmartUpload 组件中常用的类。

1. File 类

这里的 File 类不同于 java.io.File 类，在编写程序时应注意使用上的区别。File 类包装了一个上传文件的所有信息，通过 File 类，可以得到上传文件的文件名、文件大小、扩展名、文件数据等信息。File 类提供的主要方法见表 9-2。

表 9-2　File 类提供的主要方法

序　号	方　法　名	主　要　功　能
1	saveAs()	将文件换名另存
2	isMissing()	用于判断用户是否选择了文件，即对应的表单项是否有值，返回布尔值
3	getFieldName()	获取 HTML 表单中对应于此上传文件的表单项的名字
4	getFileName()	获取文件名（不含目录信息）
5	getFilePathName()	获取文件全名（带目录）
6	getFileExt()	获取文件扩展名（后缀）
7	getSize()	获取文件长度（以字节计）
8	getBinaryData()	获取文件数据中指定位移处的一个字节，用于检测文件等处理
9	getContentType()	获取文件 MIME 类型，如 "text/plain" 等
10	getContentString()	获取文件的内容，返回值为 String 类型

在 saveAs 方法中，参数 optionSaveAs 选项有 3 个值，分别是 SAVEAS_PHYSICAL、SAVEAS_VIRTUAL 和 SAVEAS_AUTO。SAVEAS_PHYSICAL 表明以操作系统的根目录为文件根目录另存文件；SAVEAS_VIRTUAL 表明以 Web 应用程序的根目录为文件根目录另存文件；SAVEAS_AUTO 则表示让组件决定，当 Web 应用程序的根目录存在另存文件的目录时，就会选择 SAVEAS_VIRTUAL，否则会选择 SAVEAS_PHYSICAL。

例如，saveAs("/upload/sample.zip",SAVEAS_PHYSICAL) 执行后若 Web 服务器安装在 C 盘，则另存的文件名实际是 C:\upload\sample.zip；saveAs("/upload/sample.zip",SAVEAS_VIRTUAL) 执行后若 Web 应用程序的根目录是 webapps/

jspSmartUpload，则另存的文件名实际是 webapps/jspSmartUpload/upload/sample.
zip；saveAs("/upload/sample.zip",SAVEAS_AUTO) 执行时若 Web 应用程序根目录
下存在 upload 目录，则其效果同 saveAs("/upload/sample.zip", SAVEAS_VIRTU-
AL)，否则同 saveAs("/upload/sample. zip",SAVEAS_PHYSICAL)。对于 Web 程序的
开发来说，最好使用 SAVEAS_VIRTUAL，以便于程序的移植。

2. Files 类

Files 类表示所有上传文件的集合，通过 Files 类可以得到上传文件的数目、
大小等信息。Files 类提供的主要方法见表 9-3。

表 9-3　Files 类提供的主要方法

序　号	方　法　名	主　要　功　能
1	getCount()	取得上传文件的数目，返回值为 int 型
2	getFile(int index)	取得指定位移处的文件对象 File
3	getSize()	取得上传文件的总长度，返回值为 long 型
4	getCollection()	将所有上传文件对象以 Collection 的形式返回
5	getEnumeration()	将所有上传文件对象以 Enumeration（枚举）的形式返回

3. Request 类

Request 类的功能等同于 JSP 内置的对象 request。之所以提供这个
类，是因为通过 request 对象无法获得文件上传表单表项的值，必须通过
jspSmartUpload 组件提供的 Request 类来获取。Request 类提供的主要方法见
表 9-4。

表 9-4　Request 类提供的主要方法

序　号	方　法　名	主　要　功　能
1	getParameter(String name)	获取指定参数的值，当该表单元素不存在时，返回 null
2	getParameterValues(String name)	当一个参数可以有多个值时，用此方法来取值，返回字符串数组
3	getParameterNames()	取得 HTML 表单中所有表单元素的名字，返回枚举类型对象

4. SmartUpload 类

SmartUpload 类完成文件的上传和下载工作。SmartUpload 类提供的主要方
法见表 9-5。

表 9–5 SmartUpload 类提供的主要方法

序 号	方 法 名	主 要 功 能
1	initialize()	执行上传下载的初始化工作，必须第一个执行
2	upload()	上传文件数据
3	save()	将全部上传文件保存到指定目录下
4	getSize()	取得上传文件数据的总长度
5	getFiles()	取得全部上传文件
6	getRequest()	取得 request 对象
7	setAllowedFilesList()	设定允许上传带有指定扩展名的文件
8	setDeniedFilesList()	用于限制上传带有指定扩展名的文件
9	setMaxFileSize()	设定每个文件允许上传的最大长度
10	setTotalMaxFileSize()	设定允许上传的文件的总长度
11	setContentDisposition()	将数据追加到 MIME 文件头的 content-disposition 域
12	downloadFile()	实现文件下载

在 save() 方法中，参数 destPathName 为文件保存目录；option 为保存选项，它有 SAVE_ PHYSICAL,SAVE_VIRTUAL 和 SAVE_AUTO（同 File 类的 saveAs 方法）3 个值。save(destPathName) 的作用等同于 save (destPathName,SAVE_AUTO)。

在 setAllowedFilesList() 方法中，allowedFilesList 为允许上传的文件扩展名列表，各个扩展名之间以逗号分隔。如果允许上传没有扩展名的文件，可以用两个逗号表示。例如，setAllowedFilesList("doc,txt,,") 将允许上传带 doc 和 txt 扩展名的文件以及没有扩展名的文件。

在 setDeniedFilesList() 方法中，参数 deniedFilesList 为禁止上传的文件扩展名列表，各个扩展名之间以逗号分隔。如果想禁止上传没有扩展名的文件，可以用两个逗号来表示。例如，setDenied FilesList("exe,bat,,") 将禁止上传带 exe 和 bat 扩展名的文件以及没有扩展名的文件。

在 setContentDisposition() 方法中，参数 contentDisposition 为要添加的数据。如果 contentDisposition 为 null，则组件将自动添加 "attachment;"，表明将下载的文件作为附件，这样浏览器将会提示另存文件，而不是自动打开这个文件（浏览器一般根据下载的文件扩展名决定执行什么操作，扩展名为 doc 的将用 Word 程序打开，扩展名为 pdf 的将用 Acrobat 程序打开等）。

【任务目标】学习使用 jspSmartUpload 组件实现文件上传的方法。

【知识要点】jspSmartUpload 组件中上传类的使用、jspSmartUpload 组件的使用场合、jspSmartUpload 组件的使用方法。

【任务完成步骤】

① 在 Tomcat 的 webapps 文件夹中创建保存单元 9 程序文件的文件夹 chap09。

② 复制 WEB-INF 文件夹和 web.xml 文件，并部署 jspSmartUpload 组件到 chap09\WEB- INF\classes 文件夹中。

③ 编写上传文件的 HTML 页面 upload.html。

【程序代码】upload.html

```
1    <html>
2    <head>
3    <title> 文件上传 </title>
4    <http-equiv="content-type" content="text/html; charset=gb2312">
5    </head>
6    <body>
7    <p align="center"> 上传产品附加信息 </p>
8    <form method="post" action="do_upload. jsp" enctype="multipart/form-data">
9    <table width="90%" border="1" align="center">
10   <tr>
11   <td><div align="center"> 产品图片 :
12   <input type="file" name="file1" size="30">
13   </div></td>
14   </tr>
15   <tr>
16   <td><div align="center"> 产品说明 :
17   <input type="file" name="file2" size="30">
18   </div></td>
19   </tr>
20   <td><div align="center">
21   <input type="submit" name="submit" value=" 上传 ">
22   </div></td>
23   </tr>
24   </table>
25   </form>
26   </body>
27   </html>
```

【程序说明】

● 第 8 行：创建上传表单，指定以 POST 方式进行提交，由 do_upload.jsp 负责处理，同时指定 enctype 属性为 "multipart/form-data"。

● 第 9 ～ 24 行：以表格形式显示信息。

④ 编写处理上传文件操作的 JSP 文件 do_upload.jsp。

【程序代码】do_upload.jsp

```
1   <%@ page contentType="text/html;charset=GBK" import="java.util.*,com.
    jspsmart. upload.*" errorPage="" %>
2   <html>
3   <head>
4   <title>文件上传处理页面</title>
5   <meta http-equiv="Content-Type" content="text/html; charset=gb2312">
6   </head>
7   <body>
8   <%
9       SmartUpload su=new SmartUpload();
10      su.initialize(pageContext);
11      // su.setMaxFileSize(10000);
12      // su.setTotalMaxFileSize(20000);
13      // su.setAllowedFilesList("doc,txt");
14      // su.setDeniedFilesList("exe,bat,jsp,htm,html,,");
15      su.upload();
16      int count = su.save("/upload", su.SAVE_VIRTUAL);
17      out.println(count+" 个文件上传成功! <br>");
18      for (int i=0;i<su.getFiles().getCount();i++)
19      {
20          com.jspsmart.upload.File file = su.getFiles().getFile(i);
21          if (file.isMissing()) continue;
22          out.println("<br>文件名: " + file.getFileName()+"  长度:"+file.getSize());
23      }
24  %>
25  </body>
26  </html>
```

【程序说明】

● 第1行：设置页面属性，包括JSP页面类型、字符编码和指定使用的类。

● 第9行：使用 SmartUpload 新建上传对象 su。

● 第10行：使用 initialize() 方法进行上传初始化操作。

● 第11 ～ 14 行：设定上传限制。

● 第11 行：限制每个上传文件的最大长度（可选）。

● 第12 行：限制总上传数据的长度（可选）。

● 第13 行：通过扩展名限制设定允许上传的文件，这里仅允许 doc、txt 文件（可选）。

● 第14 行：通过扩展名限制设定禁止上传的文件，禁止上传带有 exe、

bat、jsp、htm、html 扩展名的文件和没有扩展名的文件（可选）。

- 第 15 行：使用 upload 方法实现文件上传。
- 第 16 行：将上传文件全部保存到指定目录，必须保证 upload 目录在应用程序根文件夹中存在。
- 第 17 行：提示成功上传文件的数量。
- 第 18 ~ 23 行：逐一提取上传文件信息，同时保存文件。
- 第 21 行：若文件不存在则继续。
- 第 22 行：显示当前成功上传的文件的信息。

⑤ 启动 Tomcat 服务器后，在 IE 的地址栏中输入"http://localhost:8080/chap09/upload.html"。

upload.hmtl 运行界面如图 9-2 所示，用户可以通过单击"浏览 ..."按钮从操作系统文件夹中选择要上传的文件（本例为 3.jpg 和 3.txt），然后单击"上传"按钮，将上传操作交给 do_upload.jsp 来完成。文件成功上传后的界面如图 9-3 所示。

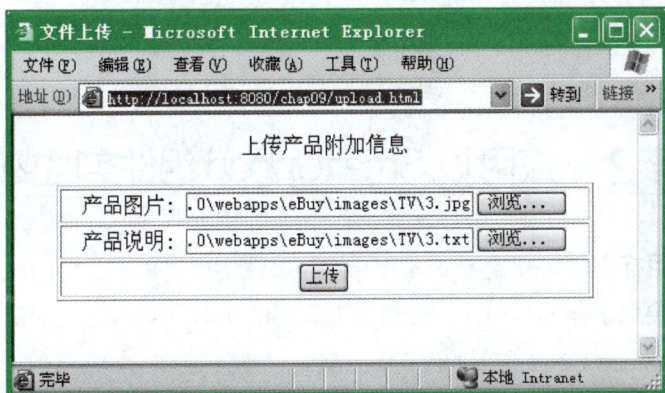

图 9-2　文件上传界面

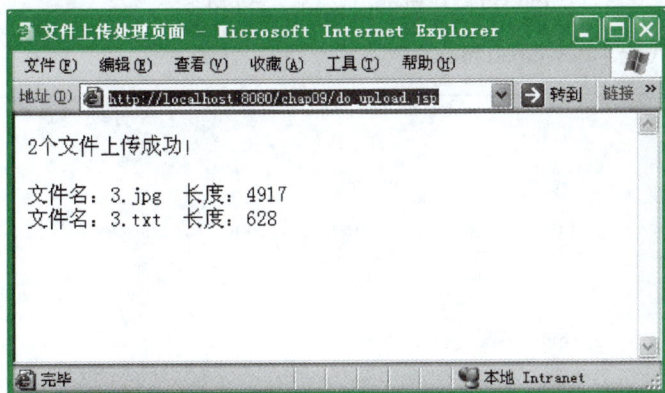

图 9-3　文件成功上传后的界面

do_upload.jsp 通过应用 jspSmartUpload 组件完成文件的上传，并显示所有上传的文件信息，包括上传文件数量、上传文件名和上传文件长度。

文件上传成功后，可以在应用程序文件夹的 upload 文件夹中查看到刚刚上传的文件（本例为 3.jpg 和 3.txt），如图 9-4 所示。

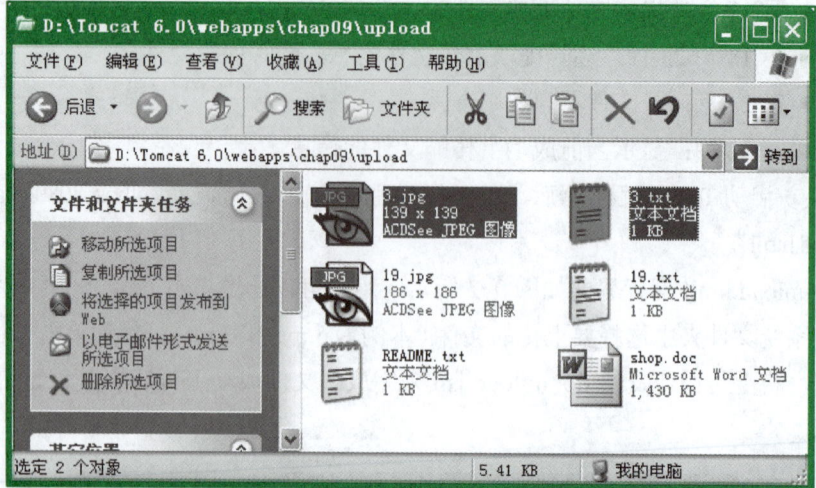

图 9-4　已上传文件

任务 2　应用 jspSmartUpload 组件实现文件下载

【任务目标】学习使用 jspSmartUpload 组件实现文件下载的方法。

【知识要点】jspSmartUpload 组件下载类的使用，jspSmartUpload 组件的使用场合，jspSmart Upload 组件的使用方法。

【任务完成步骤】

① 打开 webapps 文件夹中保存单元 9 程序文件的文件夹 chap09。

② 编写文件下载的 HTML 页面 download.html。

【程序代码】download.html

```
1  <html>
2  <head>
3  <title> 文件下载 </title>
4  <http-equiv="content-type" content="text/html; charset=gb2312">
5  </head>
6  <body>
7  <p align="center"> 下载文件页面 </p>
8  <form method="post" action="do_download. jsp" enctype="multipart/form-data">
```

9	`<table width="75%" border="1" align="center">`
10	`<tr>`
11	`<td><div align="center">`点击下载：
12	`<a href="upload/shop.doc">`电子商城使用说明书`</a>`
13	`<input type="submit" name="download" value="`下载`">`
14	`</div></td>`
15	`</tr>`
16	`</table>`
17	`</form>`
18	`</body>`
19	`</html>`

【程序说明】

● 第 8 行：创建上传表单，指定以 POST 方式进行提交，由 do_download.
jsp 负责处理，同时指定 enctype 属性为 "multipart/form-data"。

● 第 9 ~ 16 行：以表格形式显示信息。

③ 编写处理文件下载的 JSP 文件 do_download.jsp。

【程序代码】do_download.jsp

1	`<%@ page contentType="text/html;charset=GBK" import="java.util.*,com.jspsmart.pload.*" errorPage="" %>`
2	`<html>`
3	`<head>`
4	`<title>`文件上传处理页面`</title>`
5	`<meta http-equiv="Content-Type" content="text/html; charset=gb2312">`
6	`</head>`
7	`<body>`
8	`<%`
9	`    SmartUpload su = new SmartUpload();`
10	`    su.initialize(pageContext);`
11	`    su.setContentDisposition(null);`
12	`    su.downloadFile("upload/shop.doc");`
13	`%>`
14	`</body>`
15	`</html>`

【程序说明】

● 第 1 行：设置页面属性，包括 JSP 页面类型、字符编码和指定使用的类。

● 第 9 行：新建下载对象（上传和下载共用 SmartUpload 对象）。

● 第 10 行：su 对象初始化。

● 第 11 行：设定 contentDisposition 为 null 以禁止浏览器自动打开文件，保证点击链接后下载文件。若不设定，则下载的文件扩展名为 doc 时，浏览器将自动用 Word 打开；扩展名为 pdf 时，浏览器将用 Acrobat 打开。

● 第 12 行：应用 downloadFile 方法下载文件。

④ 启动 Tomcat 服务器后，在 IE 的地址栏中输入"http://localhost:8080/chap09/ download.html"。

下载文件界面如图 9-5 所示，用户可以通过单击"下载"按钮下载指定的文件（本例为 upload 文件夹下的 shop.doc）。由于"电子商城使用说明书"已制作成下载链接，因此点击该链接也可以完成文件的下载，但与单击"下载"按钮不同的是，这种下载方法是由浏览器自行完成的，而后者是通过用户编写的下载程序完成的。

单击"下载"按钮，do_download.jsp 对文件下载进行处理，并打开"文件下载"确认对话框，如图 9-6 所示，单击"保存"按钮，在选择好保存文件的路径后，进行文件的下载操作。

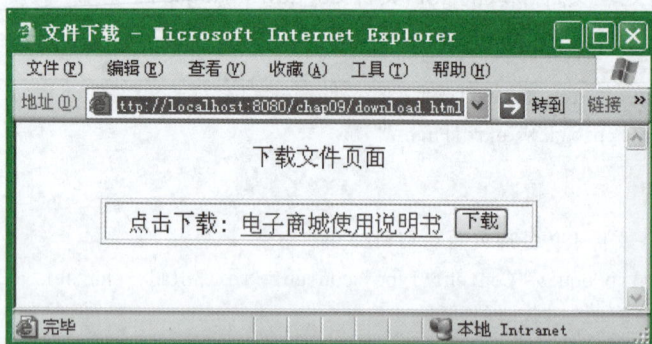

图 9-5　下载文件界面

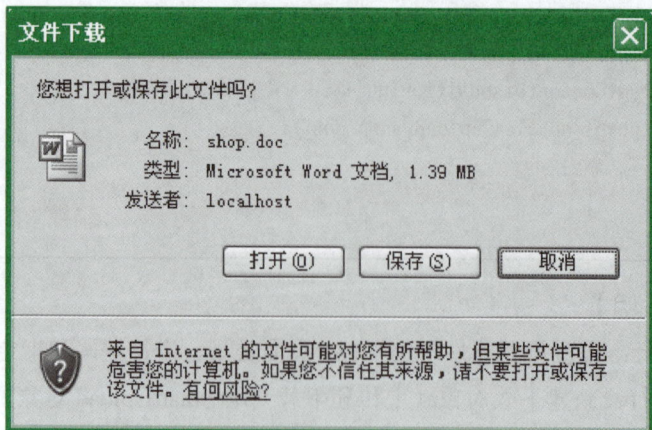

图 9-6　"文件下载"对话框

任务 3　应用 JavaMail 组件发送邮件

9.3.1　JavaMail 概述

JavaMail 是处理电子邮件的应用程序接口，它预置了一些最常用的邮件传送协议的实现方法，并且提供了很容易的调用方法。由于 JavaMail 目前还没有包含在 JDK 中，因此需要从官方网站上下载 JavaMail 类文件包。除此之外，还需要下载 JAF（JavaBeans Activation Framework），否则 JavaMail 将不能运行。

在官方网站相应页面可以下载 JavaMail 包和 JAF 包。JavaMail 包的安装和配置步骤如下。

① 将下载的压缩文件解压到指定文件夹。

② 将 JavaMail 包解压后的 mail.jar 文件和 JAF 包中 jaractivation.jar 复制到应用程序文件夹下的 WEB-INF\lib 文件夹中。

③ 重启服务器，JavaMail 便可以正常使用了。

9.3.2　JavaMail 常用类

JavaMail 提供了一些与电子邮件发送相关的 API，使用 Java 程序处理电子邮件非常容易。下面介绍应用 JavaMail 发送邮件时的一些常用类。

1. Properties 类

Properties 类用来创建一个 Session 对象。Properties 类寻找字符串 "mail.smtp.host"，该属性值就是发送邮件的主机，基本语句格式如下：

```
Properties props = new Properties ();
props.put("mail.smtp.host", "smtp.163.com");
```

其中，"smtp.163.com" 即为 SMTP（发送电子邮件协议）主机名。

2. Session 类

Session 类代表 JavaMail 中的一个邮件 session，每一个基于 JavaMail 的应用程序至少有一个 session，也可以有任意多的 session。Session 对象需要知道用来处理邮件的 SMTP 服务器。通常使用 Properties 来创建一个 Session 对象，基本语句格式如下：

```
Session sendMailSession;
sendMailSession = Session.getInstance(props, null);
```

3. Transport 类

邮件是既可以被发送也可以被接收的。JavaMail 使用了两个不同的类来完成这两个功能，即 Transport 和 Store。其中，Transport 类用来发送信息，而 Store 类用来接收信息。基本语句格式如下：

```
Transport transport;
transport = sendMailSession.getTransport("smtp");
```

使用 JavaMail Session 对象的 getTransport 方法初始化 Transport。方法中的字符串声明了对象所要使用的协议（如"smtp"）。这样将会节省很多时间，因为 JavaMail 已经内置了很多协议的实现方法。

4. Message 类

Message 对象存储实际发送的电子邮件信息。Message 对象被创建为一个 MimeMessage 对象时，需要知道应当选择哪一个 JavaMail Session。基本语句格式如下：

```
Message newMessage = new MimeMessage(sendMailSession);
```

【任务目标】学习使用 JavaMail 组件发送电子邮件的方法。

【知识要点】JavaMail 组件中的常用类、JavaMail 组件的使用场合、JavaMail 组件的使用方法。

【任务完成步骤】

① 打开 webapps 文件夹中保存单元 9 程序文件的文件夹 chap09。

② 将下载的 JavaMail 组件部署到 chap09\WEB-INF\lib 文件夹中。

③ 编写填写电子邮件信息的 HTML 页面 mailto.html。

【程序代码】mailto.html

```
1   <html>
2   <head>
3   <title>发送订单</title>
4   </head>
5   <meta http-equiv="Content-Type" content="text/html; charset=gb2312">
6   <body>
7   <center><h2>发送用户订单信息</h2></center>
8   <form action="sendmail.jsp" method="post">
9   <font size="2">
10  <table align="center" border="1" bordercolor="#99CCFF" cellpadding="0"
    cellspacing ="0"
11  style="border-collapse:collapse">
```

```
12  <tr>
13  <td width="50%">
14  收件人地址 :<br/><input name="to" size="25">
15  </td>
16  <td width="50%">
17  发件人地址 :<br/><input name="from" size="25">
18  </td>
19  </tr>
20  <tr>
21  <td colspan="2">
22  标题 :<br/><input name="subject" size="50">
23  </td>
24  </tr>
25  <tr>
26  <td colspan="2">
27  <p> 内容 :<br/>
28  <textarea name="text" rows=8 cols=60></textarea>
29  </p>
30  </td>
31  </tr>
32  </table>
33  <center><p>
34  <input type="submit" value=" 发送 ">     
35  <input type="reset" value=" 重写 ">
36  </p></center>
37  </form>
38  </body>
39  </html>
```

【程序说明】

● 第 8 行：创建文件发送表单，指定以 POST 方式进行提交，由 sendmail. jsp 负责处理邮件发送。

● 第 10 ～ 31 行：以表格形式书写邮件信息，包括收件人地址、发件人地址、邮件标题和邮件内容。

● 第 33 ～ 34 行：创建"发送""重写"按钮。

④ 编写应用 JavaMail 组件发送邮件的 JSP 文件 sendmail.jsp。

【程序代码】sendmail.jsp

```
1   <html>
2   <head>
3   <title>发送 e-mail</title>
4   </head>
5   <%@ page contentType="text/html;charset=GB2312"%>
6   <%@ page import="javax.mail.*,javax.mail.internet.*,javax.activation.*,java.
    util.*"%>
7   <body>
8   <%
9   try
10  {
11      Properties props=new Properties();
12      Session sendsession;
13      Transport transport;
14      sendsession = Session.getInstance(props, null);
15      props.put("mail.smtp.host", "smtp.163.com");
16      props.put("mail.smtp.auth","true");
17      sendsession.setDebug(true);
18      Message message = new MimeMessage(sendsession);
19      message.setFrom(new InternetAddress(request.getParameter("from")));
20      message.setRecipient(Message.RecipientType.TO,new
    InternetAddress(request. getParameter("to")));
21      message.setSubject(new String(request.getParameter("subject").
    getBytes ("ISO8859_1"),"GBK"));
22      message.setSentDate(new Date());
23      message.setText(new String(request.getParameter("text").getBytes
    ("ISO8859_ 1"),"GBK"));
24      message.saveChanges();
25      transport=sendsession.getTransport("smtp");
26      transport.connect("smtp.163.com","liuzc518","liuzc");
27      transport.sendMessage(message,message.getAllRecipients());
28      transport.close();
29  %>
30  <h3>用户订单已成功发送! </h3>
31  <%
32  }
33  catch(MessagingException me)
34  {
35      out.println(me.toString());
```

36	}
37	%>
38	\</body>
39	\</html>

【程序说明】

● 第 5～6 行：设置页面属性，包括 JSP 页面类型、字符编码和指定使用的类。

● 第 11 行：获得属性，并生成 Session 对象。

● 第 14 行：创建 Session 对象。

● 第 15 行：向属性中写入 SMTP 服务器的地址（本例为 smtp.163.com）。

● 第 16 行：设置 SMTP 服务器需要的权限认证。

● 第 17 行：设置输出调试信息。

● 第 18 行：根据 session 生成 Message 对象。

● 第 19 行：通过 request 对象的 from 属性设置发信人地址。

● 第 20 行：通过 request 对象的 to 属性设置收信人地址。

● 第 21 行：通过 request 对象的 subject 属性设置 E-mail 标题，并进行编码转换。

● 第 22 行：通过 Date 对象设置 E-mail 发送时间。

● 第 23 行：通过 request 对象的 text 属性设置 E-mail 内容，并进行编码转换。

● 第 24 行：保存对 E-mail 的修改。

● 第 25 行：根据 session 生成 Transport 对象。

● 第 26 行：通过指定发送邮件服务器的名称（本例为 smtp.163.com）、用户名（本例为 liuzc518）和密码（本例为 liuzc）连接到 SMTP 服务器。

● 第 27 行：发送 E-mail（这里为用户的订单信息）。

● 第 28 行：关闭 Transport 连接。

● 第 29 行：提示"用户订单已成功发送"信息。

● 第 33～36 行：进行异常处理。

⑤ 启动 Tomcat 服务器后，在 IE 的地址栏中输入"http://localhost:8080/chap09/mailto.html"。

mailto.hmtl 运行结果如图 9-7 所示，用户在填写完邮件基本信息和邮件内容后，可以通过单击"发送"按钮将邮件从源地址（本例为 liuzc518@163.com）发送到目标地址（本例为 amy_0414@163.com）。用户也可以单击"重写"按钮，清空所填写的内容。

发送邮件由 sendmail.jsp 完成，邮件成功发送后的结果如图 9-8 所示。

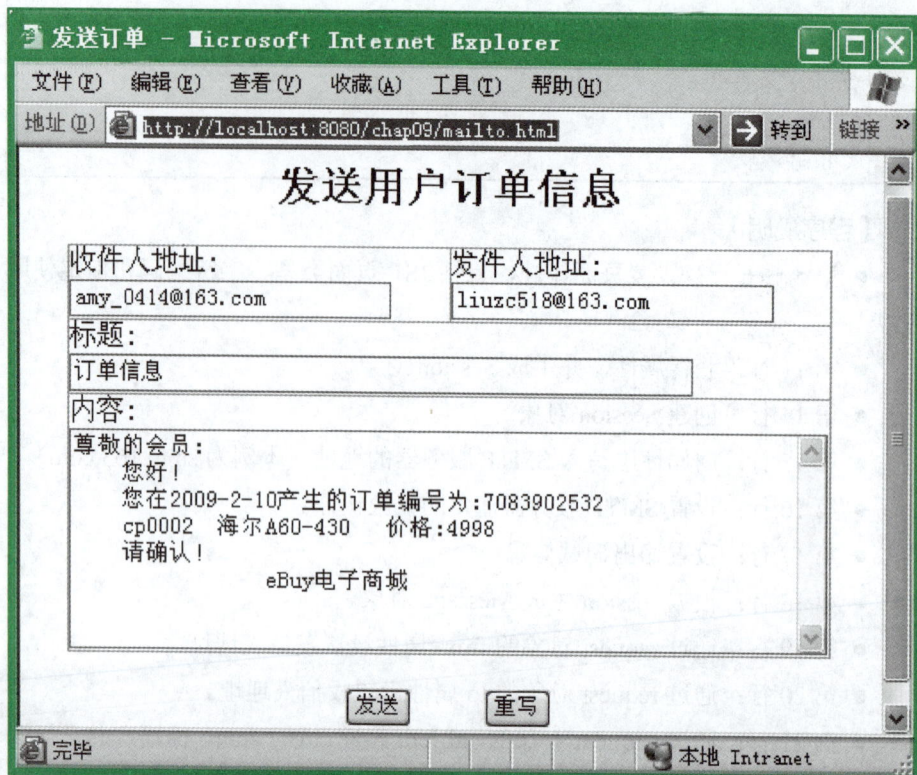

图 9-7 mailto.hmtl 运行结果

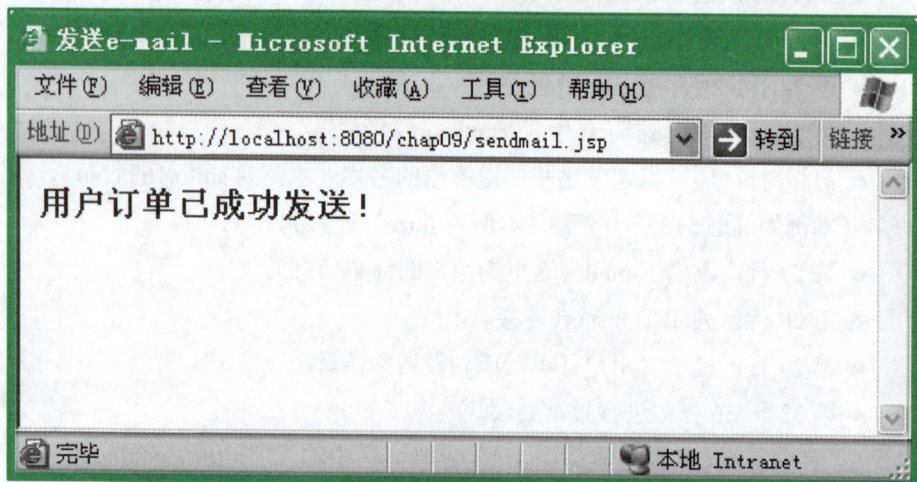

图 9-8 邮件成功发送后的结果

邮件发送成功后，进入 amy_0414@163.com 邮箱，可以查看到邮件的主题、发件人地址、收件人地址、发送时间和邮件内容，如图 9-9 所示。

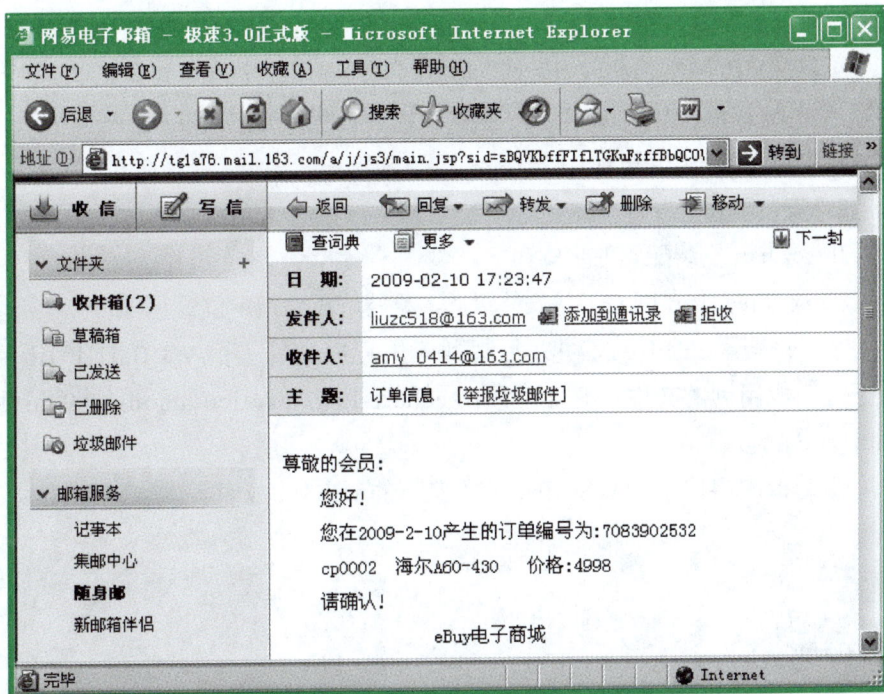

图 9-9　收取邮件

本例只包括电子邮件中最重要的信息，如"收件人""发件人""主题"和"邮件正文"。用户可以根据自己的需要定制"抄送"等功能。

任务 4　应用 JFreeChart 组件生成饼图

不管是进行 Windows 程序的开发还是 Web 项目的开发，经常需要将系统中的数据根据选定的条件进行统计，并且希望通过以图形的方式进行直观地显示。例如，在 eBuy 电子商城中，商家需要了解某段时间内产品销售的情况，这时就需要根据数据库中产品的销售情况，动态地生成直观的饼图或柱状图，在浏览器中输出，从而更好地指导商家的经营活动。可以使用 JFreeChart 在 JSP 程序中完成类似的功能。

1. JFreeChart 概述

JFreeChart 是一个开源的 Java 项目，主要用来开发各种各样的图表，这些图表包括饼图、柱状图、线图、区域图、分布图、混合图、甘特图等。这些不同样式的图表基本可以满足目前商业系统的需要。JFreeChart 是一种基于 Java 语言的图表开发技术，可用于 Servlet、JSP、Applet、Java Appication 环境中，可以通过 JDBC 动态显示任何数据库数据，结合 Itext 还可以输出至

PDF 文件。

可以从官方网站上获取 JFreeChart 最新版本和相关资料。这里将以当前最新版本（jfreechart-1.0.5.zip）为例说明饼图和柱状图的生成方法，在本书数字资源包中也提供了 jfreechart-1.0.5.zip。

2. 安装配置

JFreeChart 安装配置的步骤如下。

① 从 JFreeChart 网站下载安装包后，将其解压到指定位置。

② 将解压后的 lib 文件夹复制到应用程序文件夹的 WEB-INF\lib 目录下。一般用到的文件只有 3 个：jfreechart-1.0.5.jar、jcommon-1.0.9.jar 和 gnujaxp.jar。

③ 修改应用程序的 WEB-INF 文件夹下的 web.xml 文件，其内容如下：

```xml
<?xml version="1.0" encoding="ISO-8859-1"?>
<!DOCTYPE web-app
PUBLIC "-//Sun Microsystems, Inc.//DTD Web Application 2.3//EN"
"http://java.sun.com/dtd/web-app_2_3.dtd">
<web-app>
    <servlet>
      <servlet-name>DisplayChart</servlet-name>
      <servlet-class>org.jfree.chart.servlet.DisplayChart</servlet-class>
    </servlet>
    <servlet-mapping>
      <servlet-name>DisplayChart</servlet-name>
      <url-pattern>/servlet/DisplayChart</url-pattern>
    </servlet-mapping>
</web-app>
```

3. JFreeChart 核心类库介绍

JFreeChart 主要由两个大包组成：org.jfree.chart 和 org.jfree.data。其中，前者主要与图表本身有关，后者与图表显示的数据有关。其核心类主要有以下几类。

① org.jfree.chart.JFreeChart：图表对象，任何类型的图表的最终表现都是在该对象进行一些属性的定制。JFreeChart 引擎本身提供了一个工厂类，用于创建不同类型的图表对象。

② org.jfree.data.category.XXXDataSet：数据集对象，用于提供显示图表所用的数据。不同类型的图表对应着不同类型的数据集对象类。

③ org.jfree.chart.plot.XXXPlot：图表区域对象，基本上这个对象决定着创建什么样式的图表，创建该对象的时候需要 Axis、Renderer 以及数据集对

象的支持。

④ org.jfree.chart.axis.XXXAxis：用于处理图表的两个轴，即纵轴和横轴。

⑤ org.jfree.chart.render.XXXRender：负责显示一个图表对象。

⑥ org.jfree.chart.urls.XXXURLGenerator：用于生成 Web 图表中每个项目的鼠标点击链接。

⑦ XXXXXToolTipGenerator：用于生成图表的帮助提示，不同类型图表对应不同类型的工具提示类。

4. 利用 JFreeChart 生成动态统计图表

生成动态统计图表的基本步骤如下。

① 创建绘图数据集合。

② 创建 JFreeChart 实例。

③ 自定义图表绘制属性（可选）。

④ 生成指定格式的图片，并返回图片名称。

⑤ 组织图片浏览路径。

⑥ 通过 HTML 中的 <img> 标签显示图片。

借助于 JFreeChart 组件，可以生成普通效果的饼图（通过 ChartFactory 的 createPieChart() 方法），也可以生成 3D 效果的饼图（通过 ChartFactory 的 createPieChart3D() 方法）。createPieChart 和 createPieChart3D 方法的入口参数完全相同，各个参数的功能见表 9-6。

表 9-6　绘制饼图方法的入口参数

序　号	参数名称	参数功能
1	String title	图表标题
2	PieDataset dataset	绘图数据集
3	boolean legend	设定是否显示图例
4	boolean tooltips	设定是否采用标准生成器
5	boolean urls	设定是否生成链接

【任务目标】学习使用 JFreeChart 组件生成饼图的方法。

【知识要点】JFreeChart 组件的使用场合，JFreeChart 组件绘制饼图的方法。

【任务完成步骤】

① 打开 webapps 文件夹中保存单元 9 程序文件的文件夹 chap09。

② 将下载的 JFreeChart 组件部署到 chap09\WEB-INF\lib 文件夹中。

③ 编写根据指定的数据集生成 3D 效果饼图的 JSP 文件 chart_pie.jsp。

【程序代码】chart_pie.jsp

```
1    <%@ page contentType="text/html;charset=GBK"%>
2    <%@ page import="org.jfree.data.general.DefaultPieDataset"%>
3    <%@ page import="org.jfree.chart.*"%>
4    <%@ page import="org.jfree.chart.plot.*"%>
5    <%@ page import="org.jfree.chart.servlet.ServletUtilities"%>
6    <%@ page import="org.jfree.chart.labels.StandardPieToolTipGenerator"%>
7    <%@ page import="org.jfree.chart.urls.StandardPieURLGenerator"%>
8    <%@ page import="org.jfree.chart.entity.StandardEntityCollection"%>
9    <%@ page import="java.io.*"%>
10   <HTML>
11   <HEAD>
12   <META http-equiv=Content-Type content="text/html; charset=GBK">
13   <META NAME="Author" CONTENT="Alpha">
14   <TITLE>产品销量饼图</TITLE>
15   </HEAD>
16   <BODY>
17   <%
18           DefaultPieDataset data = new DefaultPieDataset();
19           data.setValue("海尔 A62-T20",300);
20           data.setValue("海尔 A60-430",200);
21           data.setValue("海尔 W36-T56",500);
22           data.setValue("海尔 W12-T225",400);
23           data.setValue("海尔 W36-T22",300);
24           PiePlot3D plot = new PiePlot3D(data);
25           //plot.setURLGenerator(new StandardPieURLGenerator("Deg-
     reedView.jsp"));// 设定图片链接
26           JFreeChart chart = new JFreeChart("",JFreeChart.DEFAULT_
     TITLE_FONT, plot, true);
27           chart.setBackgroundPaint(java.awt.Color.white);
28           chart.setTitle("产品销量饼图");
29           plot.setToolTipGenerator(new StandardPieToolTipGenerator());
30           StandardEntityCollection sec = new StandardEntityCollection();
31           ChartRenderingInfo info = new ChartRenderingInfo(sec);
32           PrintWriter w = new PrintWriter(out);
33           String filename = ServletUtilities.saveChartAsJPEG(chart,500,
     300,info, session);
34           ChartUtilities.writeImageMap(w,"map0",info,false);
35           String graphURL = request.getContextPath() + "/servlet/Dis-
     playChart?filename=" + filename;
36   %>
37   <P ALIGN="CENTER">
38   <img src="<%= graphURL %>" width=500 height=300 border=0 usemap="#map0">
39   </P>
```

40	</BODY>
41	</HTML>

【程序说明】

- 第 1～9 行：设置页面属性，包括 JSP 页面类型、字符编码和指定使用的类。
- 第 18 行：创建饼图数据集对象。
- 第 19～23 行：通过数据集对象的 setValue 方法进行数据初始化。
- 第 24 行：应用 PiePlot3D 类以数据集为参数生成一个 3D 饼图。
- 第 26 行：生成 JFreeChart 对象。
- 第 27 行：设置图片背景色（可选）。
- 第 28 行：设置图片标题（可选）。
- 第 32 行：输出 MAP 信息。
- 第 33 行：将得到的图片存储为宽度为 500 像素、高度为 300 像素的 JPEG 图片。
- 第 34 行：生成图片映射。
- 第 35 行：获得图片文件的 URL 地址。
- 第 38 行：应用 img 标签将生成的图片显示在浏览器中。

④ 启动 Tomcat 服务器后，在 IE 的地址栏中输入 "http://localhost:8080/ chap09/ chart_pie.jsp"。

程序运行结果如图 9-10 所示。

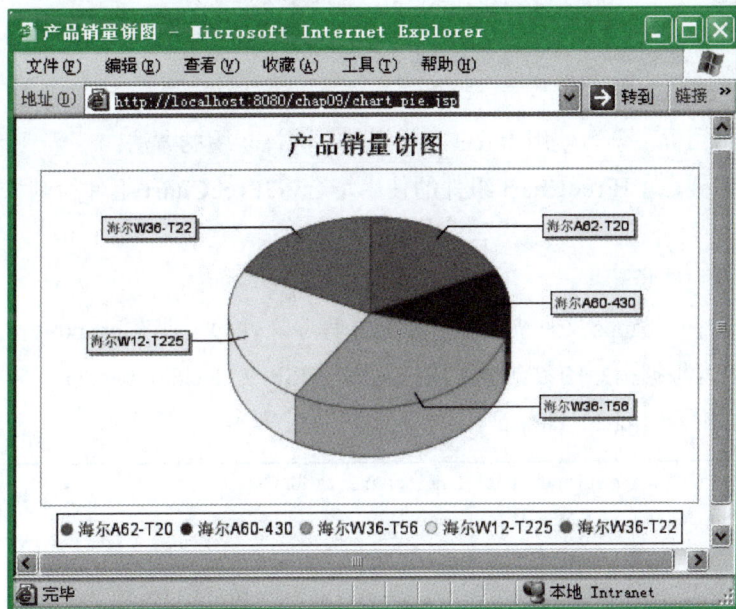

图 9-10　产品销量饼图

任务 5 应用 JFreeChart 组件实现柱状图

借助于 JFreeChart 组件，可以生成普通效果的柱状图（通过 ChartFactory 的 createBarChart 方法），也可以生成 3D 效果的柱状图（通过 ChartFactory 的 createBarChart3D 方法）。createBarChart 和 createBarChart3D 方法的入口参数完全相同，各个参数的类型及功能见表 9-7。

表 9-7 绘制柱状图方法的入口参数

序 号	参 数 名 称	参 数 功 能
1	String title	图表标题
2	String categoryAxisLabel	统计种类轴标题（相当于 X 轴标题）
3	String valueAxisLabel	统计值轴标题（相当于 Y 轴标题）
4	CategoryDataset dataset	绘图数据集
5	PlotOrientation orientation	设定柱状图的绘制方向： 垂直 (PlotOrientation.VERTICAL) 水平 (PlotOrientation.HORIZONAL)
6	boolean legend	设定是否显示图例
7	boolean tooltips	设定是否采用标准生成器
8	boolean urls	设定是否生成链接

【任务目标】学习使用 JFreeChart 组件生成柱状图的方法。

【知识要点】JFreeChart 组件的使用场合，JFreeChart 组件绘制柱状图的方法。

【任务完成步骤】

① 打开 webapps 文件夹中保存单元 9 程序文件的文件夹 chap09。

② 编写根据指定的数据集生成柱状图的 JSP 文件 chart_bar.jsp。

【程序代码】chart_bar.jsp

```
1  <%@ page contentType="text/html;charset=GBK"%>
2  <%@ page import="org.jfree.chart.*,
3                   org.jfree.chart.plot.PlotOrientation,
4                   org.jfree.chart.servlet.ServletUtilities,
```

```
 5                          org.jfree.data.category.DefaultCategoryDataset"
 6                     %>
 7   <HTML>
 8   <HEAD>
 9   <META http-equiv=Content-Type content="text/html; charset=GBK">
10   <META NAME="Author" CONTENT="Alpha">
11   <TITLE>产品销量柱状图</TITLE>
12   </HEAD>
13   <BODY>
14   <%
15       DefaultCategoryDataset dataset = new DefaultCategoryDataset();
16       dataset.addValue(300, "eBuy", "海尔 A62-T20");
17       dataset.addValue(200, "eBuy", "海尔 A60-430");
18       dataset.addValue(500, "eBuy", "海尔 W36-T56");
19       dataset.addValue(400, "eBuy", "海尔 W12-T225");
20       dataset.addValue(300, "eBuy", "海尔 W36-T22");
21       JFreeChart chart = ChartFactory.createBarChart3D("产品销量柱状图",
22                   "产品名称",
23                   "销量数量",
24                   dataset,
25                   PlotOrientation.VERTICAL,
26                   false,
27                   false,
28                   false);
29       String filename = ServletUtilities.saveChartAsPNG(chart, 550, 300,
     null, session);
30       String graphURL = request.getContextPath() + "/servlet/
     DisplayChart?filename= " + filename;
31   %>
32   <img src="<%= graphURL %>" width=500 height=300 border=0 usemap="#<%=
33   filename %>">
34   </BODY>
35   </HTML>
```

【程序说明】

● 第 1 ～ 6 行：设置页面属性，包括 JSP 页面类型、字符编码和指定使用的类。

● 第 15 行：创建柱状图数据集对象。

● 第 16 ～ 20 行：通过数据集对象的 addValue 方法进行数据初始化。

● 第 21 ～ 28 行：应用 ChartFactory.createBarChart3D 方法生成一个柱状图。

● 第 29 行：将得到的图片存储为宽度为 500 像素、高度为 300 像素的

PNG 图片。

- 第 30 行：获得图片文件的 URL 地址。
- 第 32 行：应用 img 标签将生成的图片在浏览器中显示。

③ 启动 Tomcat 服务器后，在 IE 的地址栏中输入 "http://localhost:8080/ chap09/chart_ bar.jsp"。

程序运行结果如图 9-11 所示。

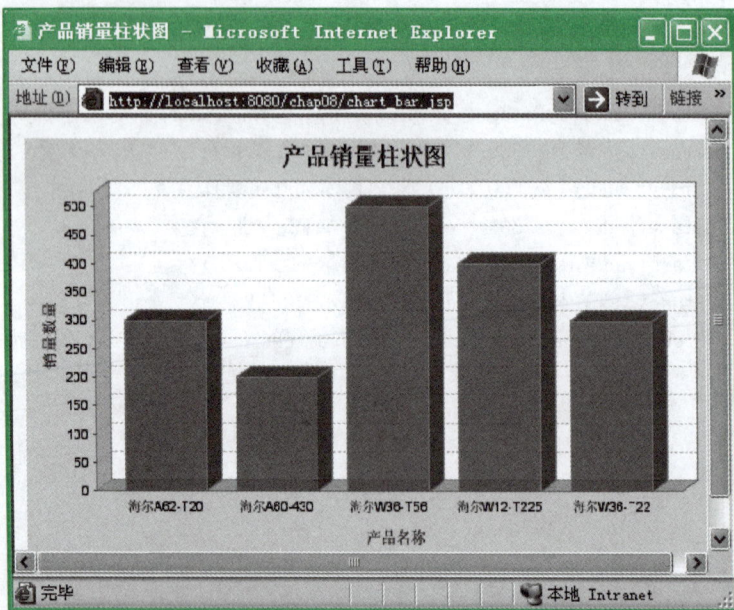

图 9-11　产品销量柱状图

任务 6　应用 jExcelAPI 组件生成 Excel 文件

Excel 是 Office 的重要成员之一，是保存统计数据的一种常用格式，在企业中通用，打印和管理也比较方便。在 Web 应用中，将一部分数据生成 Excel 格式，是与其他系统无缝连接的重要手段。jExcelAPI 就是这样的一个开源组件。jExcelAPI 的主要特点有以下几项。

- 支持 Excel 2000 及以后的所有版本。
- 生成 Excel 2000 标准格式。
- 支持字体、数字、日期操作。
- 能够修饰单元格属性。
- 支持图像和图表。

　　jExcelAPI 的功能已经能够满足基本的 Web 应用的需要。需要说明的是，这套 API 对图形和图表的支持很有限，而且仅仅识别 PNG 格式。

　　如果需要在 Web 应用程序中使用 jExcelAPI 组件，只需要将下载后的文件解压，将其中的 jxl.jar 保存到 classpath（如 C:\jdk1.6.0\jre\lib\ext）即可。

　　【任务目标】学习使用 jExcelAPI 组件动态生成 Excel 文件的方法。

　　【知识要点】jExcelAPI 组件的使用场合，jExcelAPI 组件生成 Excel 文件的方法。

　　【任务完成步骤】

　　① 打开 webapps 文件夹中保存单元 9 程序文件的文件夹 chap09。

　　② 将下载的 Excel 文件组件部署到 classpath（如 C:\jdk1.6.0\jre\lib\ext）中。

　　③ 编写动态生成 Excel 文件的 JavaBean：ExcelBean.java。

　　【程序代码】ExcelBean.java

```
1   package mybean;
2   import java.io.*;
3   import jxl.*;
4   import jxl.write.*;
5   import jxl.format.*;
6   import java.util.*;
7   import java.awt.Color;
8   public class ExcelBean
9   {
10      public static void writeExcel(OutputStream os) throws Exception
11      {
12          WritableWorkbook wwb = Workbook.createWorkbook(os);
13          WritableSheet ws = wwb.createSheet("第 1 页", 0);
14          Label labelC = new jxl.write.Label(0, 0, "我爱祖国");
15          ws.addCell(labelC);
16          WritableFont wfc = new WritableFont(WritableFont.ARIAL, 20, Writ-
    ableFont.BOLD, false,
            UnderlineStyle.NO_UNDERLINE, jxl.format.Colour.GREEN);
17          WritableCellFormat wcfFC = new WritableCellFormat(wfc);
18          wcfFC.setBackground(jxl.format.Colour.RED);
19          labelC = new Label(6, 0, "祖国爱我", wcfFC);
20          ws.addCell(labelC);
21          wwb.write();
```

图形处理

22	wwb.close();
23	}
24	}

【程序说明】

- 第 2 ～ 7 行：引入相关包。
- 第 10 ～ 23 行：动态生成 Excel 文件的方法 writeExcel。
- 第 12 行：创建工作簿对象。
- 第 13 行：创建工作表对象。
- 第 14 ～ 15 行：创建并添加单元格对象。
- 第 16 行：创建字体对象。
- 第 17 行：创建单元格格式对象。
- 第 18 行：设置单元格背景。
- 第 19 ～ 20 行：创建并添加新的单元格对象。
- 第 21 行：写入 Excel 工作簿。
- 第 22 行：关闭 Excel 工作簿对象。

④ 编译并部署 ExcelBean.class。

⑤ 编写测试 JavaBean 的 JSP 文件 exceldemo.jsp。

【程序代码】exceldemo.jsp

```
1  <%@page import="mybean.ExcelBean" %>
2  <%
3      response.reset();
4      response.setContentType("application/vnd.ms-excel;charset=GBK");
5      ExcelBean.writeExcel(response.getOutputStream());
6  %>
```

【程序说明】

- 第 1 行：引入相关包。
- 第 4 行：设置响应头格式，以保证在浏览器中打开 Excel 并正常显示汉字。

⑥ 启动 Tomcat 服务器后，在 IE 的地址栏中输入 "http://localhost:8080/chap09/ exceldemo.jsp"。

程序运行后，首先打开 "文件下载" 对话框，单击 "保存" 按钮，可以保存生成的 exceldemo.xls 文件。单击 "打开" 按钮，在浏览器中打开生成的 Excel 文件，结果如图 9-12 所示。

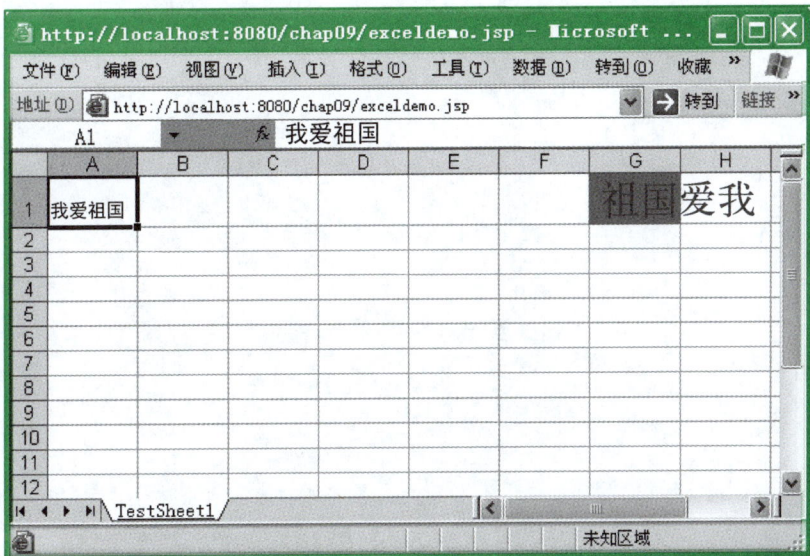

图 9-12　在浏览器中打开生成的 Excel 文件

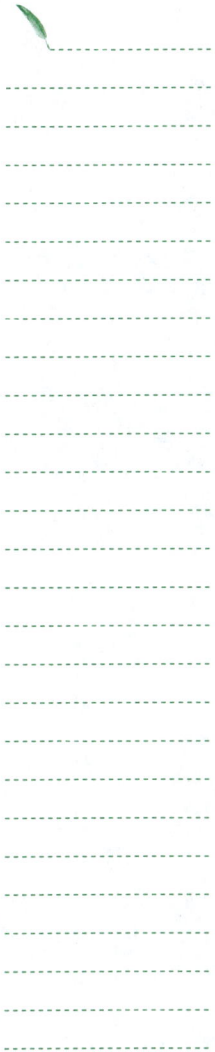

课外拓展

【拓展 1】参照本书说明，配置好 jspSmartUpload 组件的使用环境。在 eBuy 的后台商品管理模块中添加应用 jspSmartUpload 组件上传商品图片的功能。

【拓展 2】参照本书说明，配置好 JavaMail 组件的使用环境。在 eBuy 的后台订单管理模块中添加应用 JavaMail 组件发送会员订单的功能。

【拓展 3】参照本书说明，配置好 JFreeChart 组件的使用环境。在后台管理添加一个应用 JFreeChart 组件统计销售量的功能。

【拓展 4】参照本书说明，配置好 jExcelAPI 组件的使用环境。在后台管理添加一个应用 jExcelAPI 组件导出商品信息到 Excel 文件的功能。

课后练习

【填空题】

1. 在使用 jspSmartUpload 组件完成文件的上传和下载工作时需要使用＿＿＿＿＿类。要获取具体的上传文件数据，需要使用该类的＿＿＿＿＿方法；要实现文件下载功能，需要使用该类的＿＿＿＿＿方法。

2. JavaMail 提供了一些与电子邮件发送相关的 API 若要根据指定的用户名和密码连接到指定的邮件服务器，需要使用 Transport 类中的＿＿＿＿＿方法。

【简答题】

1. 怎样实现电子邮件的自动发送？怎样发送带附件的电子邮件？

2. 简要说明通过输入 / 输出流类实现文件上传和下载功能的基本思路。

参 考 文 献

[1] 卢翰，王国辉. JSP项目开发案例全程实录[M]. 北京：清华大学出版社，2011.

[2] 郑睿. JSP Web应用程序设计[M]. 北京：高等教育出版社，2010.

[3] 刘志成. JSP程序设计实例教程[M]. 2版. 北京：人民邮电出版社，2022.

[4] 沈大林，魏雪英. JSP 2.0动态网站设计案例教程[M]. 北京：中国铁道出版社，2011.

[5] 刘素芳. JSP动态网站开发案例教程[M]. 北京：机械工业出版社，2012.

[6] 孙鑫. Java Web开发详解：XML+DTD+XML Schema+XSLT+Servlet3.0+JSP2深入剖析与实例
    应用[M]. 北京：电子工业出版社，2012.

[7] 林巧民. JSP动态网站开发实用教程[M]. 北京：清华大学出版社，2009.

[8] 刘华贞. JSP+Servlet+Tomcat应用开发从零开始学[M]. 3版. 北京：清华大学出版社，2023.

[9] 明日科技. JSP程序开发范例宝典[M]. 北京：人民邮电出版社，2007.

[10] 张晓蕾. JSP动态网页基础教程[M]. 北京：人民邮电出版社，2006.

读者意见反馈

为收集对教材的意见建议，进一步完善教材编写并做好服务工作，读者可将对本教材的意见建议通过如下渠道反馈至我社。

咨询电话　400-810-0598

反馈邮箱　gjdzfwb@pub.hep.cn

通信地址　北京市朝阳区惠新东街 4 号富盛大厦 1 座　高等教育出版社总编辑办公室

邮政编码　100029

资源获取说明

授课教师如需获得本书配套教辅资源，请登录"高等教育出版社产品信息检索系统"（xuanshu.hep.com.cn）搜索下载。首次使用本系统的用户，请先进行注册并完成教师资格认证。